人間安全保障工学

松岡 譲・吉田 護 編

京都大学学術出版会

はしがき

　社会基盤の整備，衛生環境の改善，エネルギーや水資源の確保，防災・減災への取り組みなど，都市が抱える課題は多い。これらの課題は，21世紀になって顕在化したものではなく，多くの研究者・実務者がかねてから指摘し，取り組んできた，いわば都市に内在する伝統的かつ恒久的な課題である。このような課題に対し，その解決を図るための技術を開発し，またそれを実践してきたことは，先人達の成し遂げてきた輝かしい功績である。さらに，いまなお，この課題に挑戦することは研究者・実務者の責務であり，社会的役割である。

　21世紀に入り久しいが，近年，これら伝統的な都市課題の複雑性は増してきた。人口の爆発的増加，グローバリゼーションの進展，新型感染症やテロリスクの出現など，都市が置かれている状況は20世紀とはかなり異なっている。これまで研究者・実務者は，都市課題の解決に寄与するため，さまざまな技術を適用，応用してきたが，技術が進歩し知識が拡大した結果，これまで気にも留めていなかった問題を発見したり，開発した技術の適用そのものが新たな問題を生み出したりもしている。研究者や実務者が生み出す技術は，実践の場を通じて見直され，また実践の場から必要とされる技術そのものが発見されたりする。

　このような事実を前提とした上で，本書は，「人間安全保障工学（Human Security Engineering）」という新たな工学領域の構築を目指したものである。本書では，「人間安全保障工学」の定義を「人々の生活を，日々の生活に埋め込まれた非衛生・不健康および非日常的な大規模災害・大規模環境破壊などの脅威から解放し，各人が尊厳ある生命を快適に全うすることができる社会を，デザイン・管理する技術の体系」とする。人間安全保障工学は，「都市ガバナンス」，「社会基盤マネジメント」，「健康リスク管理」，「災害リスク管理」の四つの領域（ディシプリン）から構成され，各領域が備えるべき特徴として，1) 人間安全保障工学を確立する技法としての目的性，2) 徹底した現場主義と地域固有性の積極的取り込み，3) 技術と都市経営管理と制度づ

くりの共進化，4）多様なアクターが主体となる重層的ガバナンス構造，の4点を提案する。

　もちろん，人間安全保障工学は土木工学，建築学，環境工学など既往の学問領域が目指した理念や目標と重なる面も多い。しかし，これらの領域が，個別の課題に対して専門化，先鋭化されがちであったことに対し，都市が抱える丸ごとの課題に包括的，体系的な視点から取り組むための技術とその実践が軽視されがちであることも否めない。そこには，工学者としての，またアカデミズムの中での厳密性と，都市が抱える問題を解決するための実践に伴う適切性のジレンマが存在し，研究者自身，本来の目的を見失いがちであった点は否定しにくいのではなかろうか。細分化された専門性により，都市が抱える課題に正面から包括的に挑むことが困難になりつつある現状を鑑みれば，人間安全保障工学は，都市に住む人々が抱える課題を中心に据えながら，人間の安全保障を確保するための技術の開発と，その実践を志す学問領域に他ならない。

　以下，本書の構成について概略を述べる。1章（松岡 譲）では，「人間安全保障工学とは」という題目にて，人間安全保障工学という領域を立ち上げるに至った背景と世界，特にアジアのメガシティが抱える課題について包括的な観点から述べると同時に，人間安全保障工学の理念と目的，人間の安全保障との関わりについて説明する。2章（小林潔司）では，「実践的アプローチとしての人間安全保障工学」と題して，人間安全保障工学に本質的に内包されている実践という側面を鑑み，人間安全保障工学が学問として満たすべき要件や，方法論，その評価基準について説明する。3章（大津宏康）では，「社会基盤施設の整備と展開」と題して，社会基盤整備が抱える動学的な課題について，地盤沈下や洪水，土砂災害対策など，具体的な事例を挙げながら説明する。4章（田中宏明）では，「健康リスク管理と都市環境インフラの共進化」という題目にて，世界やアジアにおける人間の健康リスクの要因について概観するとともに，都市の水資源や水衛生環境に着目し，循環性，持続性を考慮した都市の環境インフラ整備の方向性について説明する。5章（多々納裕一・吉田 護）では，「人間安全保障工学の視点からの総合的災害リスク管理」という題目にて，世界における災害の発生状況と今後の見込みについて述べ

るとともに，それに対処するべき方策としての総合的災害リスクマネジメントおよびリスクガバナンスの枠組について説明する．6章（ショウ ラジブ）では，「都市の人間の安全保障におけるコミュニティ次元」という題目にて，人間の安全保障の概念について整理するとともに，気候変動や自然災害に起因した都市の回復力（resilience）を俯瞰的に見るために開発されたCDRI（Climate Disaster Resilience Initiative）と実際の適用事例について説明する．7章（小林潔司）では，「アセットマネジメントとは」という題目にて，グローバル化が進展し，国際競争著しい社会基盤整備技術の中で，アセットマネジメント技術に焦点を当て，そのマネジメントの枠組や技術を取り巻く制度的環境である国際標準化について説明する．8章（米田 稔）では，「人間安全保障工学の教育体系の実装」という題目にて，人間安全保障工学の教育的側面に焦点を当て，人材育成の観点から押さえておくべきと考えられる要件について説明する．さらに，これらの要件を踏まえ京都大学内で発足した「人間安全保障工学プログラム」について，実際のカリキュラムや学生からの意見を紹介する．

なお，「人間安全保障工学」は，文部科学省が支援するグローバルCOE（Global Center Of Excellence）事業の一つとして採択された「アジア・メガシティの人間安全保障工学拠点（FY2008-2012）」に基づいて，京都大学地球系・建築系グループに所属する教員，また本事業で設置したシンセン（清華大学）拠点，ハノイ（ハノイ工科大学）拠点，シンガポール（シンガポール国立大学）拠点，バンコク（アジア工科大学）拠点，バンドン（バンドン工科大学）拠点，ムンバイ（ムンバイ市公営公社，計画・建築大学（ニューデリー））拠点，マレーシア（マラヤ大学）拠点から多くの研究者・実務者の協力を得て発展・展開した概念である．清華大学からは，胡洪営教授，管运涛教授，フエ農林大学から，Le Van An教授，Ho Dac Thai Hoang教授，ハノイ理工科大学から，Huynh Trung Hai教授，Mai Thanh Tung教授，ダナン工科大学からTran Van Quang教授，シンガポール国立大学からBernard Tan Tiong Gie教授，Fwa Tien Fang教授，バンドン工科大学からは，Djoko Santoso教授（現，インドネシア文部省，高等教育局長），Wawan Gunawan教授，Rachmat Sule講師，アジア工科大学から，Noppadol Phien-wej教授，Pham Huy Giao准教授，マラヤ

大学から Dato Mohd Jamil Maah 教授，Nik Meriam Nik Sulaiman 教授，Noor Zalina Mahmood 教授，計画・建築大学（ニューデリー）から，Vaidya Chetan Kumar Vanmanrao 教授，Bijay Anand Misra 名誉教授，また京都大学・都市の人間安全保障工学教育・研究センターの大谷佳代さん，ブロケット三千代さん，星原花絵さんなど多くの方々に支援頂いた。また本著の刊行に至るまで，京都大学学術出版会の鈴木哲也編集長，永野祥子さんから数多くのご示唆を頂いた。紙面をお借りし，深く感謝申し上げる。

　最後に，本書の誤記，記述内容の誤りなどは，私たちの不勉強・不理解に起因するものである点は申し添えておきたい。その上で，本書が「人間安全保障工学」の確立はもとより，都市に生きる人々の人間安全保障を確保するための，人的・知的ネットワークの構築に少しでも貢献することができれば，これ以上の喜びはない。

2013 年 8 月

編者　松岡 譲，吉田 護

目　次

はしがき　i

第1章　人間安全保障工学とは　　　　　　　　　　　　　［松岡 譲］　1

1　人類は災害や環境破壊とどう戦ってきたか　2
- 1.1　現代における災害や環境破壊の脅威　2
- 1.2　脅威から逃れるため，これまで世界はなにをしてきたか？　7
- 1.3　経験からなにを学んだのか？　10
- 1.4　失敗したことばかりではなかった ── 日本の経験を中心に　14
- コラム1　日本におけるインフラストラクチャー整備の努力　18

2　人間安全保障工学の提案　19
- 2.1　人間安全保障工学とはなにか？　19
- 2.2　「人間の安全保障」と「人間安全保障工学」　23
- 2.3　人間安全保障工学の4つの原則　31
- 2.4　人間安全保障工学の内容　35

3　おわりに　37

第2章　実践的アプローチとしての人間安全保障工学
　　　　　　　　　　　　　　　　　　　　　　　　　　［小林 潔司］　39

1　実践者としてのエンジニア　40
2　エンジニアに必要となる「フィールド的な知」　41
- 2.1　従来の諸学問の基本原理　41
- 2.2　フィールド的な暗黙知　42
- 2.3　客観化と「客観化の客観化」　43

3　エンジニアの実践における課題　45
- 3.1　専門性の問題　45
- 3.2　正統化の問題　47
- 3.3　フレームの相対化の必要性　50

3.4　実践と行為の中の省察　52
　4　実践的アプローチとは　54
　　4.1　実践的アプローチの問題点と課題　54
　　4.2　実践的アプローチ ── フレーム分析　57
　　4.3　実践的アプローチ ── フィールド実験　60
　　4.4　実践的アプローチ ── 橋渡し理論　62
　　4.5　実践的アプローチ ──「行為の中の省察」プロセス　64
　　4.6　実践的アプローチの評価　65
　5　人間安全保障工学の発展のために　67
　　5.1　行政・市民パートナーシップ　67
　　5.2　プロフェッショナルとしてのエンジニアの役割　68
　　5.3　技術と社会の共進化 ── 地域学習アプローチ　70
　6　おわりに　71

第3章　社会基盤施設の整備と展開　　　　　　　　　　［大津　宏康］　73

　1　メガシティと地方のリンクモデル　74
　2　メガシティに内在する課題と地方リンクに関する課題　77
　　2.1　都市の発展過程における地盤沈下問題
　　　　── 大阪，バンコクを事例として　77
　　2.2　都市の開発速度と洪水対策 ── バンコク大水害を事例として　83
　　2.3　地すべり・土石流災害と早期警戒体制の整備
　　　　── 日本，タイを事例として　89
　3　新たな都市経営者育成モデル　93

第4章　健康リスク管理と都市環境インフラの共進化
　　　　　　　　　　　　　　　　　　　　　　　　　　　　［田中　宏明］　97

　1　世界の疾病と死亡の要因　99
　2　都市環境が関わる健康問題　101
　　2.1　DALYs に関わる環境要因　101
　　2.2　水と衛生　103

  2.3 大気汚染 107
  2.4 化学物質 108
  2.5 地球温暖化 109
  2.6 廃棄物問題 110
  2.7 環境要因がより深刻となる途上国 110
3 深刻化する生物保全 111
4 健康リスク管理（Health risk management）に向けて 113
5 アジア・メガシティを支える都市環境インフラ 114
6 都市の水インフラの課題と上下水道の分断 115
  6.1 増加する水需要を支える水インフラ 115
  6.2 都市でのし尿問題 116
  6.3 水供給システムと排水システムの整備ギャップによる水汚染 118
  6.4 排除のための管渠システムの構築 119
  6.5 集中型下水処理システムによる効率化と集中化による課題 120
  6.6 水洗化によるし尿処理の変化と水環境汚染 121
7 水・エネルギー・物質の都市代謝の統合化への都市環境インフラの進化 123
  7.1 俯瞰的な視点の必要性 123
  7.2 都市での水・資源・エネルギーの統合管理の重要化 124
  7.3 都市の水インフラシステムのエネルギー消費の限界 125
  7.4 廃棄のための処理から水・資源・エネルギーの回収利用へ 127
8 都市環境インフラの視点から見た人間安全保障工学の深化 128
  8.1 都市水循環系とエネルギー問題の再利用による複合解決 128
  8.2 雨水利用と内水対策の複合解決 130
  8.3 循環型資源利用に潜むリスクとその低減 131
  8.4 都市の環境・エネルギー・防災問題・都市ガバナンスの複合解決 131
  コラム2 東日本大震災と下水処理の問題点 132

第5章 人間安全保障工学の視点からの総合的災害リスク管理
[多々納 裕一・吉田 護] 135

1 自然災害と人間安全保障 136
  1.1 世界における災害の発生傾向 136

  1.2　アジアにおける災害の特徴　143
  1.3　ムンバイにおける災害リスク管理　149
 2　人間の安全保障を目指した災害リスク管理　152
  2.1　人間・生活の災害脆弱性の形成過程　152
  コラム3　富や権力は災害の被害の大きさに影響を及ぼす？　154
  2.2　災害リスク管理の手段　158
  2.3　レジリエンシー ―― 抵抗力と回復力　160
  2.4　災害リスク管理の主体　161
  2.5　災害リスク管理のプロセス　163
  2.6　災害リスクガバナンスとコミュニケーションのデザイン　165
 3　総合的災害リスク管理の実現に向けて　169

第6章　都市の人間の安全保障におけるコミュニティ次元
[ショウ ラジブ]　173

 1　「人間の安全保障」をめぐるさまざまな主張　174
 2　人間の安全保障と災害リスク軽減枠組　177
  2.1　災害に対する人間の安全保障　177
  2.2　兵庫行動枠組の展開と課題　178
  2.3　人間の安全保障と兵庫行動枠組　180
  2.4　兵庫行動枠組のもとでの自治体の取り組み　180
 3　アジア地域の都市リスクおよび都市回復力と人間の安全保障に関わる課題　183
  3.1　アジア都市が直面する災害リスク　183
  3.2　都市化するアジア・メガシティ　184
  3.3　災害リスクにさらされる都市貧困層　185
 4　都市回復力の分析ツールとアプローチ　187
  4.1　都市回復力の概念について　187
  4.2　CDRI（気象および災害からの回復力評価イニシアティブ）　189
  4.3　CDRI指標と人間の安全保障および兵庫行動枠組　194
  4.4　CDRI評価の実践事例　195
 5　人間の安全保障強化のためのコミュニティ主体アプローチ　200
  5.1　人間の安全保障強化のためのコミュニティ次元　200

5.2　コミュニティ行動計画 (CAP)　201
　　5.3　行動および実施型回復力評価 (AoRA)　203
　　5.4　社会，制度および経済回復力行動 (SIERA)　207
6　今後の展開　209

第 7 章　アセットマネジメントとは　　　　　　　　　　　[小林 潔司]　213

1　アセットマネジメントの必要性　214
　　1.1　アセットマネジメントの背景　214
　　1.2　日本におけるアセットマネジメントの現状　215
2　アセットマネジメントの概要　216
　　2.1　アセットマネジメントシステムの必要性　216
　　2.2　アセットマネジメントシステム　217
　　2.3　アセットマネジメントシステムの構成　220
3　アセットマネジメント標準　221
　　3.1　ISO5500X　221
　　3.2　日本におけるマネジメント標準の役割　222
　　3.3　メタマネジメントとしての PDCA　224
4　アセットマネジメントの国際標準化戦略　226
　　4.1　国際標準の種類　226
　　4.2　標準化競争とつきあいの原理　228
　　4.3　国際標準化戦略　230
5　アセットマネジメント導入事例　232
　　5.1　ベトナムでの導入事例　232
　　5.2　多様化標準システム　235
　　5.3　京都モデル　237
6　おわりに　244

第 8 章　人間安全保障工学の教育体系の実装　　　　　　　[米田 稔]　247

1　人間安全保障工学を習得するには　248
2　京都大学での教育実践　249

2.1　人間安全保障工学と「人間安全保障工学教育プログラム」　249
　　　2.2　人材が備えるべき素養　250
　　　2.3　必修科目とコア科目　252
　　　2.4　モード 2 学問としてのインターンシップ　255
　　　2.5　社会人を対象とした短期コースの実施　256
　　　2.6　教育システムの運営で考慮すべき事項　258
　3　今後の展開　260
　　　コラム 4　プログラム修了生の声　263
　付録　履修生らのインターンシップ報告から　265

用語集　271
索引　279
執筆者紹介　286

人間安全保障工学とは

松岡　譲

人類は災害や環境破壊とどう戦ってきたか

1.1 現代における災害や環境破壊の脅威

2011年に日本を襲った東日本大震災は，災害に強い国土構造と社会システムの重要性を改めて喚起した。加えて，安全な住居やエネルギー，水，食糧の安定供給は，人々の生活にとって必須である。この事情は，世界どこでも同様であり，自然災害，水・食糧不足，環境破壊などの問題は，人類全体が直面している喫緊の課題である。

自然災害，都市災害，放射能事故，日常生活に潜むさまざまな事故，労働災害，環境汚染あるいは食品添加物と医薬品のリスクなどの危険は，人々を恐怖に慄かせ，寿命を縮め，時には国家滅亡をもたらした。フランスの歴史人口学者マッシモ・リビバッチ[1]は，狩猟採集時代における人の平均寿命を20～26年，古代から中世で22～29年，18世紀ヨーロッパで25～33年と推計している。先進国では，現在，80年以上になっているから，近代初期に至るまで，人類は激甚な脅威にさらされていたことがわかる。では，現在それらの脅威から人々が解放されたかというと決してそうではない。アフリカ諸国の多くでは，平均寿命は依然として60年以下であり，アジアにおいても，例えばインドでは65年，カンボジアでは61年（いずれも2009年での値[2]）と，先進国との間で20年以上の隔たりがある。それでは，80年以上となっている国々において，これらの危険から解放されたかというと，東日本大震災の例を引くまでもなくそうではない。むしろリスクの種類から言えば，高度技術，巨大技術および新規化学物質の開発，都市社会の進展による各種のリスクなどによって，ますます問題は多様化・複雑化し，さらに，経済的発展はこの状況をいっそう鮮明化させた。また，近年のグローバル化や地球環境問題の進展に伴って，地球温暖化，環境難民，新興感染症あるいは同時多発テ

---

1) Livi-Bacci, M., 2006, Concise history of world population, 4th ed., Wiley-Blackwell.
2) World Health Organization, 2012, World health statistics 2012.

ロなどのグローバルリスクも顕在化してきた。

　本項では，まず，現在の我々を脅かしている脅威にはどんなものがあり，その程度はどれほどかを総覧してみよう。表 1-1 は，環境起因や災害によるリスクを，2004 年での世界全域および西太平洋地域（日本を含む東アジア，東南アジア，オセアニアなど）の死亡率と疾病負担として，それらの推計値を一覧したものである。世界全域での死亡率（粗死亡率[3]）は全死因で 1000 弱（10 万人あたり）であり，この時の人口は 64 億人であったから，年間 6000 万人が死亡していたことになる。この表では，これらのうち，災害や環境汚染などで死亡したり被害を受けた分について，原因別に帰属させた値を載せている[4]。

　まず，表の左半分の死亡率のうち，世界全域を見てみると，安全な水の不足（浄化された水源を継続して利用できない），非衛生（適切な衛生設備を利用できない）および室内外の空気汚染などの劣悪な環境条件で約 10％，災害・事故に伴う傷害で 10％程度となっており，両者でおおよそ全死因の 20％弱である 170 程度（10 万人あたり）になっている。劣悪環境の分類別では，安全な水の不足・非衛生および室内空気汚染で 3％強，都市大気汚染で 2％，また量自体はそれほど大きくないが鉛暴露や気候変化によるものもある。一方，傷害は，不慮のものと故意のものとに分けられており，不慮が 6％強，故意が 3％があり，不慮では道路交通事故が 2％，次いで溺死，転落，毒物事故，火傷などがこれに続く。

　表には，西太平洋地域について高所得国・中低所得国の別に示している。どの死因でも世界全域より小さめであるが，特に，安全な水の不足・非衛生では太平洋西側の先進地域で 0.5 となっており，世界平均である 29.6 の 60 分の 1 となっている。室内空気汚染，鉛暴露も，この地域の高所得国ではほぼ克服しつつある脅威といえる。加害による傷害，火傷，毒物事故も 5 分の 1 程度になっているが，その他の死因については大きな差はない。また，都

---

[3] 1 年間の死亡数をその年の人口で割った値。
[4] World Health Organization, 2009, Global health risks: mortality and burden of disease attributable to selected major risks.

表1-1 ● 劣悪な環境および傷害が原因となった世界の死亡率および疾病負担（2004年）

	死亡率（10万人当たり）				疾病負担（DALY, 100万年）			
	世界		西太平洋地域		世界		西太平洋地域	
			高所得国 (1)	中低所得国 (2)			高所得国 (1)	中低所得国 (2)
		(%)				(%)		
人口（100万人）	6,437		204	1,534	6,437		204	1,534
総計（下記以外の起因を含む）	913.0	100.00%	724.5	698.4	1,523.3	100.0%	22.31	242.47
劣悪な環境が原因	82.5	9.03%	23.5	70.7	128.4	8.4%	0.33	13.64
安全な水の不足・非衛生	29.6	3.25%	0.5	6.1	64.2	4.2%	0.09	4.51
都市大気汚染	17.9	1.96%	23.0	24.3	8.7	0.6%	0.23	2.41
室内空気汚染	30.5	3.34%	0.0	38.5	41.0	2.7%	0.00	5.00
鉛暴露	2.2	0.24%	0.0	1.4	9.0	0.6%	0.01	1.52
気候変動 (3)	2.2	0.24%	0.0	0.3	5.4	0.4%	0.00	0.19
傷害が原因	83.2	9.11%	53.7	74.1	187.7	12.3%	2.17	36.02
不慮の傷害	57.8	6.33%	30.5	50.7	137.4	9.0%	1.31	27.34
道路交通事故	19.7	2.16%	9.2	18.7	40.2	2.6%	0.43	8.58
毒物事故	5.6	0.62%	1.1	4.8	8.0	0.5%	0.06	1.59
転倒・転落	6.3	0.69%	4.6	6.8	16.5	1.1%	0.24	4.41
火傷	5.1	0.56%	1.0	1.2	11.6	0.8%	0.03	0.56
溺死および溺水	6.7	0.73%	4.0	8.7	12.7	0.8%	0.09	4.07
その他の不慮の傷害	14.4	1.57%	10.6	10.5	48.6	3.2%	0.46	8.12
故意の傷害	25.4	2.78%	23.2	23.4	50.2	3.3%	0.86	8.68
自傷および自殺	14.0	1.53%	22.4	18.9	21.2	1.4%	0.82	6.13
加害にもとづく傷害および死亡	8.3	0.91%	0.8	4.3	21.3	1.4%	0.05	2.43
戦争	2.9	0.32%	0.0	0.1	7.3	0.5%	0.00	0.09
他の故意の障害	0.2	0.03%	0.0	0.1	0.4	0.0%	0.00	0.03

(1) 日本，オーストラリア，ブルネイ，ニュージーランド，韓国，シンガポール
(2) カンボジア，中国，クック諸島，フィジー，キリバス，ラオス，マレーシア，マーシャル諸島，ミクロネシア連邦，モンゴル，ナウル，ニウエ，パラウ，パプアニューギニア，フィリピン，サモア，ソロモン諸島，トンガ，ツバル，バヌアツ，ベトナム
(3) 気候変動とは，1961年～1990年の気候からの気候変化が原因となった死亡および疾病負担。マラリア・下痢・栄養不良・洪水からなる。「傷害が原因」中の「溺死及び溺水」と一部重複。

以下の資料から作成。
World Health Organization, 2009, Global health risks: mortality and burden of disease attributable to selected major risks, Ezzati, M., Lopez, D., Rodgers, A. and Murray, C., 2004, Comparative Quantification of Health Risks Global and Regional Burden of Disease Attributable to Selected Major Risk Factors, World Health Organization, WHO, 2002, Causes of death and burden of disease estimates by country, WHO, Disease and injury regional estimates for 2004.

表 1-2 災害による死亡率（2001〜2010年，10万人あたり）

分類	人間開発指数による地域分類				
	最高位国	高位国	中位国	低位国	計
自然災害	0.866	1.109	1.110	14.223	1.831
気象災害	0.862	0.760	0.142	8.393	0.810
干ばつ・食糧不安	n. a.	0.000	0.001	3.986	0.231
強風・たつ巻	0.058	0.010	0.037	3.883	0.258
異常高温	0.788	0.659	0.013	0.082	0.221
洪水	0.011	0.078	0.076	0.388	0.084
山・森林火災	0.004	0.001	0.000	0.002	0.001
土砂災害（気象原因）	0.001	0.013	0.015	0.052	0.015
地質災害	0.004	0.349	0.968	5.831	1.021
地震・津波	0.004	0.348	0.967	5.825	1.020
土砂災害（地質原因）	n. a.	0.001	0.000	0.000	0.000
噴火	n. a.	0.000	0.001	0.006	0.001
人為災害	0.057	0.195	0.086	0.796	0.138
産業災害	0.004	0.018	0.023	0.059	0.021
その他災害	0.013	0.035	0.016	0.090	0.022
交通災害	0.041	0.141	0.048	0.646	0.094
合計	0.924	1.304	1.196	15.019	1.969

International Federation of Red Cross and Red Crescent Societies, 2011, World Disasters Report から算出。

市大気汚染および自殺は，高所得国の方が大きくなっている。表の右半分は，DALY（障害調整生存年数，disability-adjusted life year）で示した疾病負担の原因別の内訳を示す。DALY とは，疾病のために早死したり非健康で過ごすことによって損失した年数であり，死亡率だけでなく非健康で過ごした期間も考慮できるのが特徴である。原因別割合を比べてみると，傷害では DALY の方がやや大きい。

　表 1-1 の中の傷害は，事象の大きさにかかわらず数え上げたものだが，このうち規模が大きく個人レベルでの対策が困難な災害について災害の種別に分類したものを，表 1-2[5])に示す。この表データはベルギーのルーヴァン・カトリック大学にある災害疫学研究センター（CRED）が，2001年〜2010年

---

5) International Federation of Red Cross and Red Crescent Societies, 2011, World Disasters Report から算出。

の10年間に発生した，1) 死者数10人以上，2) 被害者数100人以上，3) 緊急事態宣言がだされたもの，4) 国際的な支援が要請されたもの，のいずれかに該当した7070件の災害について調べたものである。これによると，大災害による世界全体の死亡率は，1.8/（10万人・年）となっており，原因別では，地震・津波，強風・たつ巻，干ばつ・食糧不安の順となる。国別では，人間開発低位国[6]がその他の国に比べ10倍以上となっており，特に，干ばつ・食糧不安，強風・たつ巻，交通災害で差が著しい。なお，地震・津波は，低位国および中位国で大きいが，これは2010年のハイチ地震および2004年のスマトラ島沖地震のせいであり，この2つで21世紀最初の10年の自然災害による死者数131.3万人の3分の1を占めた。また，人間開発最高位国および高位国では，異常高温に大きい死亡率が発生しているが，これは7万人以上の死者を出した2003年6月～8月に欧州大陸を襲った熱波のせいで，これを除けば，自然災害による死亡率は，最高位国で0.074, 高位国では0.101となる。この結果は，人間開発と災害による死亡率の関連性を如実に示すものであるが，一方，異常高温に対する先進国の脆弱性を浮かび上がらせる結果ともなっている。

　このように，現在社会は，激甚なリスクに脅かされている。死亡の20%，すなわち年間1200万人程度は，劣悪な環境・災害・交通事故などが原因である。これは，戦争時の年間死者数を上回る。歴史上，最大の死者を出した第二次世界大戦では，戦闘，爆撃，暴動の制圧，疾病や飢餓などで，1939年から1945年の7年間に5400万人[7]が亡くなったといわれているから，1年間に直すと770万人である。すなわち，現在の劣悪な環境・災害・交通事故は，第二次世界大戦時を上回る年間死者数を出していることになる。

---

6) 1人あたりの国内総生産（GDP），平均寿命，識字率，就学率を基本にして人間開発の程度を0～1で指数化（人間開発指数）して，その値を用い世界の国々を四分し，その中で最下位クラスとなった国。なお，上位から最高位国，高位国，中位国，低位国と名付けている。分類は，2010年の値を使用。

7) Sivard, R., 1996, World military and social expenditures, 16th ed., World Priorities.

1.2 脅威から逃れるため,これまで世界はなにをしてきたか？

こうした状況に対し,人類は何もして来なかったわけではない。例えば,欧米諸国や日本では,過去100年以上にわたり,さまざまな対策と努力を払い続けてきた(コラム1参照)。すなわち表1-1の西太平洋地域高所得国の所で示した「安全な水の不足・非衛生」の値や,表1-2の人間開発最高位国における低い死亡率は,こうした努力の成果なのである。

それでは,先進国以外の地域ではこうした努力をして来なかったのであろうか。第二次世界大戦後に起こった民族自決・独立の運動に伴う混乱がほぼ終焉した1960年代から1970年代にかけて,途上国はようやく深刻化する貧困問題やベーシック・ヒューマン・ニーズ(BHN)[8]に目を向ける余裕ができ,国際社会もその支援を始めた。1960年に発足した国際開発協会(IDA)[9]や開発援助グループ(DAG,後にOECDの開発援助委員会(DAC)[10]となる)などが,その中心となった。その結果として,1970年代,1980年代における人々の生活を支える基礎的インフラストラクチャー整備は進んだ。図1-1は,1970年代〜80年代におけるこれらのインフラストラクチャーの増加速度である[11]。

この期間はまた,開発と発展が人々の脅威からの自由をもたらすことに,大きな希望を持った時代でもあった。1977年3月にアルゼンチンのマル・デル・プラタで開催した国連水会議では,安全な水の供給と適切な衛生施設の整備に世界規模で取り組むことを決議し,1981年から1990年を「国連水道(飲料水)と衛生の10年(IDWSSD, International Drinking Water Supply and

---

8) 食料,住居,衣服など,生活するうえで必要最低限の物資や安全な飲み水,衛生設備,保健,教育など人間としての基本的なニーズ。

9) International Development Association。1960年に設立された世界銀行グループに属する機関。最貧国に対する長期無利息の借款を長期に貸し出す業務を行っている。

10) Development Assistance Committee。発展途上国への援助問題を討議するため,OECDによって組織された。二国間援助の効果的な方法の検討と勧告,援助実績に関する相互報告を行っている。

11) World Bank, 1994, World Development Report 1994: infrastructure for development.

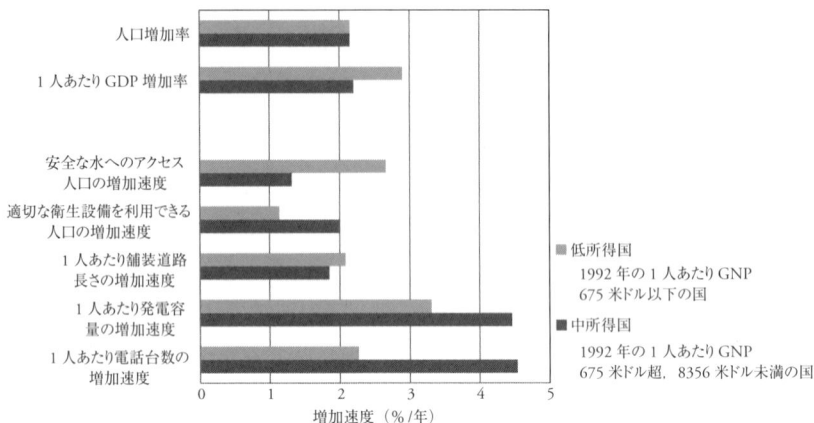

図1-1●1970年代〜80年代の開発途上国におけるインフラストラクチャー整備の速度
出典：World Bank, 1994, World Development Report 1994: infrastructure for development

Sanitation Decade)」とすることにした。さらに，その具体的な目標を1980年の国連総会で決めたが，それによると1990年には安全な水と適切な衛生施設へのアクセス率を全ての国で100％にするという，「全ての人に水と衛生を」(Water and Sanitation for All) という目標を設定していた。

同様の目標は，健康に関しても宣言された。世界保健機関（WHO）と国際連合児童基金（UNICEF）は，1978年9月にカザフスタンのアルマ・アタにて，第1回のプライマリ・ヘルス・ケアに関する国際会議を開催した。この会議では，世界の政府，保健・開発従事者および市民がすべての人々の健康を守り促進するため，至急のアクションをとる必要性を強調し，「2000年までに全世界すべての人々に健康を」(HFA, Health For All) を約束した。

しかし，こうした目標は，達成できなかった。21世紀になっても何百万もの人が，容易に予防したり治療できる伝染病やその他の疾病で死亡している。また，安全な水の供給と適切な衛生施設へのアクセスに関しても達成されなかったが，こちらに関しては出発点が悪すぎたともいえる。マル・デル・プラタ会議のすぐ後，WHOと世界銀行は，途上国100ヶ国以上でアクセスできない人数を概算したが，中国を除く途上国の22億人のうち，12億人は

第 1 章　人間安全保障工学とは

安全な水にアクセスできず，17 億人は適切な衛生施設へアクセスできていないと推計され，その結果，年間 1000 万人の死亡者が発生していると見積もられた[12]。したがって，IDWSSD の期間中にこれをなくすには，例えば安全な水へのアクセスの場合，開始時点の非アクセス人口の分だけでも $(12/22) \times (1/10) = 0.055$，すなわち毎年 5.5 ％でアクセス人口率を増やさなければならず，これに人口増加率である年 2 ％を加えると年 7.5 ％の速度が必要であったことになる。これは，実際に実現できた値である 1〜2.5 ％（図 1-1）の 3 倍以上である。図 1-1 からわかるように，安全な水供給と衛生設備の普及速度は，低所得国での安全な水の場合を除き，人口増加率以下であったから，結果的にアクセスできない人口は増加したのであった。

　こうした結果になってしまった原因はいくつかある。1980 年代は一次産品の価格暴落や金利上昇などのため国の財政が思わしくなく，水・衛生施設への投資も減ってしまったこともその 1 つである。

　しかし，もっと重要だったのは，次の諸点，すなわち，1) 政治的なプレゼンスによる過大な新規投資，2) 需要ニーズとのミスマッチ，3) 誤ったサービス価格設定，4) 不十分・非効率な維持管理，であった。過大な新規投資は施設効率を低迷させ，維持管理・設備更新およびサービスの質改善のための資金を吸収してしまった。需要ニーズとのミスマッチは，安価だが質が悪く使う気をなくす場合と，質は良いが支払い意思額を超える場合のいずれもが発生した。サービス価格設定の誤りは，例えば，補助金に頼って原価に比べはるかに安い価格設定をしたり，サービス供給が独占体制などの場合に起こった。いずれの場合も，経営の健全性および社会的公平性を欠く話であり，事業を持続する上で大きな問題となった。

　こうした問題は，決して一部の話でなく世界各国で広範囲に起こっていた。イングラムら[11]は，1990 年代初期において，上記 3) の誤ったサービス価格設定，および，4) の不十分・非効率な維持管理による追加的費用を見積もっている（図 1-2）。前者で年間 1230 億米ドル，後者で年間 550 億米ドルにも

---

12) Water, Engineering and Development Centre (WEDC), 1998, Guidance manual on water supply and sanitation programmes, Department for International Development (DFID).

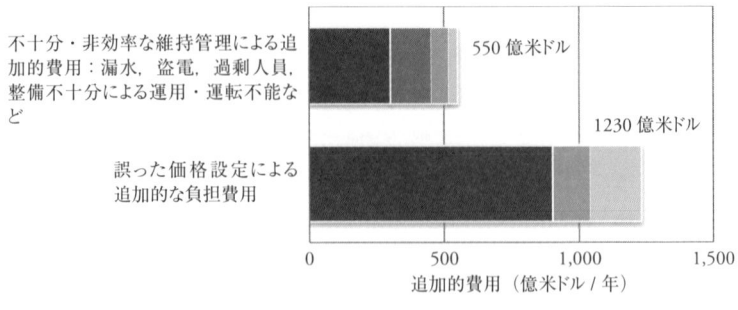

図 1-2 ●基礎インフラストラクチャーの不適切な維持・管理により発生した追加的費用
出典：World Bank, 1994, World Development Report 1994: infrastructure for development

なり，途上国における当時のインフラストラクチャー投資額であった年間2000億米ドルの62％および28％，あるいは政府歳入の10％および5％にもなっていた。

ニーズのギャップ，非効率性の存在などは，目標達成を困難にし，政策・経営のやる気と持続性を損なう。このことは，2000年代に行われた途上国開発援助に関連した国際会議での大きな問題となった。これらの経験を踏まえ，何点かのポイント，例えば，社会の進展度合や経済状況とフレキシブルに同期した整備計画，ユーザー・ニーズと支払い意思額の合致，経営的・技術的に持続可能な運営・管理などの重要性が浮き彫りになってきた。

1.3　経験からなにを学んだのか？

こうした経験で浮かび上がってきた問題点をまとめると，以下のようになる。

(1) サービス・レベルがニーズと合うことの重要性

一口に安全な水や衛生サービスといっても，さまざまなレベルがある。コミュニティ内で1つの水栓を共用するレベルなのか，室内に引き込むことができ，しかも追加的に滅菌しなくても飲用できるレベルなのか，それによっ

て費用も維持管理に必要な技術レベルも全く異なってしまう。1980年に始まったIDWSSDは，結局，11億人の安全な水にアクセスできない人と24億人の適切な衛生設備を利用できない人を残して終わったが，いくつかの重要な教訓を残した。その1つは，安全な水や衛生サービスを供給するには，費用がかかることである。下痢の危険などから逃れるには，清浄な水を，飲用・炊事・手洗い・洗濯・浴用などにふんだんに使えばよいが，それなりの費用がかかる。従って，資金的にそれが困難ならば，とりあえず飲用・炊事・手洗いに必要となる1人1日あたり20 L程度の給水から始めたらよい。この最初の20 Lは健康を劇的に改善する。そして，余裕に応じ通常生活に必要とされる50 L，さらに先進国なみの100 L以上へとレベルアップする道を選べばよい。このことはIDWSSDでも「低コストの支払い可能な技術」(low cost affordable technology)として強く推奨されていたのだが，往々にして，それを実行することは困難だった。

(2) 自助努力およびオーナーシップ（当事者意識）の重要性

インフラストラクチャーを整備し，サービス供給を開始したとしても，引き続き，それを経営・運用していくのは当事者たちである。それが可能となるのは，資金的にも技術的にもその能力があり，また，その意欲を持っている場合だけである。整備した施設・設備が，当事者の意図と違っていたり，管理・運営のことを甘く考えていたり，能力的にそれが無理だったりした場合，せっかく開始した事業を中断せざるを得なくなる。こうしたミスマッチングはしばしば発生した。とりわけ，外国や政府などの支援に対し頼り癖がついてしまい，自助努力や当事者意識に欠ける場合も多く見られた。同様の話はこの他にも，よく発生した。例えば，国や地方政府による防災施設の整備は，往々にして市民の「自助努力」の低下につながる。「自助努力」が人間の安全保障を進める上で，もっとも重要な要素の1つであることは，時代が移っても変わらず，繰り返し，繰り返し強調されなければならなかった。1978年にアルマ・アタで宣言した「2000年までに全世界すべての人々に健康を」では，住民およびコミュニティを対応の中心として位置づけ，彼らの自助努力に重要な役割を与えた。また，日本では，2011年の東日本大震災

の経験に基づき，改めて「自助」の重要性を強調する法律改正を行っている。このように，個人のみならずコミュニティ，地域，国および国際社会などの各主体の「自助努力」を，どのようにして増強していくかは，人間の安全保障を講ずる上で，最も重要なポイントであることが再認識された。

(3) パートナーシップ[13]の重要性

　自助努力やオーナーシップは重要だが，これだけではどうしようもないことも多い。これに関わるさまざまな主体との協働を前提とすることも多いし，そうでなくても協働によって，いっそうの効果が期待できる。例えば，自助努力の重要性を強調したアルマ・アタ宣言は，その後，健康改善は個人の努力のみで実現できるものではなく社会環境の整備などが必須であるとしたオタワ宣言 (1986) によって軌道修正せざるを得なかった。国，地域，コミュニティ，個人，民間，国際機関あるいは専門家集団などを主体とした，お互いの長所をうまく組み合わせたパートナーシップの構築・強化は，人々の安全保障にとって必須であり，マクロなレベルあるいはミクロなレベルで，さまざまな形のパートナーシップの重要性が強調された。援助国・援助機関と被援助国との間のパートナーシップ，官民パートナーシップ (PPP, Private Public Partnership)，国際的なグローバル・パートナーシップなどであり，マイクロクレジット[14]のような新たなパートナーシップ・モデルも提案された。防災や社会保障の分野でよく使用されている，公助 (行政による対応)，共助・互助 (地域組織，血縁組織などによる支援)，自助 (家族や住民一人ひとりによる対応努力) も，パートナーシップの重要性を表すものとしてしばしば強調されなければならなかった。

---

13) 共通の目標を追求するさまざまな主体間の相互の協力および責任の共有の関係。
14) 失業者や資金力がない起業家，または貧困状態で銀行からの融資を受けられない人々を対象とした小額融資。貧困緩和に効果的な方策として注目をあびた。1970年頃からバングラデシュで始まったグラミン銀行 (注18も参照) が有名。

(4) プロジェクト単位のマネジメントの限界と，包括的アプローチおよび総合的課題対応能力の重要性

インフラ整備などのプロジェクトを行い，施設整備し供用を始めても，それだけでは，本来の目標である安全かつ快適な生活が可能となるわけではない。関連する制度や組織などを並行して整備しつつ，次のプロジェクトと有機的に関連付けていかなければ目的に接近できない。しかし，その努力をしている間に政権は交代し，経済や技術の状況あるいは当事者の認識も変化するかもしれない。そうしたリスクも考慮すると，どのようなプロジェクト・マネジメントをするのが効率的なのであろうか。さまざまな手法が試みられてきた。PCM（プロジェクト・サイクル・マネジメント）は，しばしば採用された手法であるが，フレキシビリティに欠けたし，長期的視野からはプロジェクト終了後の自立発展性（事業後での効果持続性）こそ重要だったのに，それに対する十分な配慮もできなかった[15]。

しかし，上に述べてきたことは，個々のプロジェクトを考えていただけでは解決できない。つまり，本来の目的である安全かつ快適な生活に到達するには，個々のプロジェクト管理も大事だが，それとならんで重要なのは，目的に向け，より大局的な見地から，関連する各事業や政策・制度を一連の有機的流れとして捉えることであり，それらを各主体の強力なオーナーシップとパートナーシップのもとで取りまとめていくことである。言い換えれば，どの事業を，だれが，どのように展開していけば目標とする安全かつ快適な生活に接近できるか，といった戦略の策定とその運用である。しかし，これが可能なのは，当事者にこうした戦略を企画・展開できる能力がなければならず，それを涵養するには，個々の政策決定者，行政者，専門家の能力向上のみではなく，組織，あるいは社会全体としての課題対処能力を総合したキャパシティを向上させること（キャパシティ・デベロップメント）が不可欠であり，さらに，その戦略遂行を可能とする強いリーダーシップが必要なのであ

---

[15] 国際協力機構，2006，キャパシティ・ディベロップメント（CD），国際協力機構国際協力総合研修所.

る。OECD の開発援助委員会（DAC）[16]や UNDP[17]は，こうした主張を行い，モノよりも，人と組織・制度の向上こそがより本質的であることを強調した。

1.4　失敗したことばかりではなかった ── 日本の経験を中心に

　これらの指摘は，過去 50 年の特に開発途上国を中心としたものである。しかし先進国においても同様な経験を辿ってきたし，また，こうした努力の結果，当初，想定したような成果を挙げられなかった，とのもどかしさはあるものの，世界全体として人々の安全が向上してきたのは疑いない。図 1-3 は，過去 50 年の粗死亡率を示したもので，途上国では，1950 年代前半の 2500（10 万人あたり）は，2000 年代後半には 1000 程度まで下がってきた。なお，この図で先進国および日本の死亡率が改善していないのは，高年齢化の影響に打ち消されたためであり，寿命で見れば，この期間に 62 歳から 83 歳と伸びている（日本の場合）。また，後発開発途上国の 1970 年代前半に見られる山は，バングラデシュやエチオピアで発生した飢饉の影響を受けたものであり，ムハンマド・ユヌス[18]がグラミン銀行を始めるきっかけにもなった出来事でもある。

　日本の場合，1950 年には 1000 程度に下がっているが，19 世紀末までは 2000 以上あったから，この間の半世紀に行った必死な努力の結果である。この改善には国民と政府のパートナーシップが大きな役割を占めた。長與專齋[19]は明治維新後の日本の近代医療制度や水道事業の整備を行った中心的人物であるが，衛生分野における自助努力とパートナーシップの重要性をよく認識していた。政府がトップダウン的な衛生行政を行おうとしたのに対し，民間が主体となった「大日本私立衛生会」を設立し，その創立総会において

---

16) OECD/DAC, 1991, Principles for new orientations in technical cooperation.
17) Fukuda-Parr, S., Lopes, C., Malik, K., 2002, Capacity for development: New solutions to old problems, Earthscan.
18) 1940 年生。バングラデシュ人。貧困層の経済的・社会的基盤の構築に対する貢献で 2006 年のノーベル平和賞を受賞。
19) 1838-1902 年。日本人。日本の近代的衛生行政の創設者。

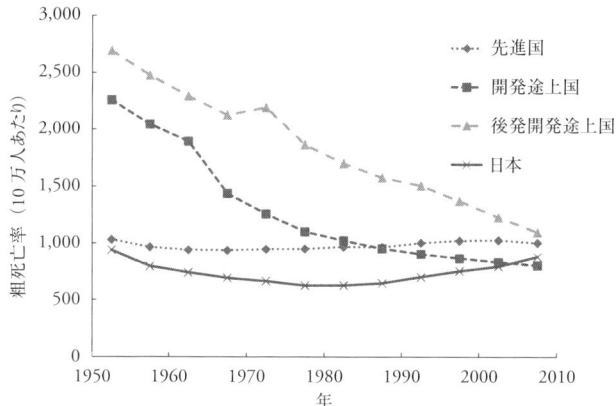

先進国：北米，ヨーロッパ，オーストラリア，ニュージーランド，日本
後発開発途上国：国連が定義する国群で，2011年はアフガニスタン，バングラデシュ，ブータン，カンボジア，ラオス，ミャンマー，ネパール，サモア，ソロモン諸島，バヌアツなど48ヶ国。
開発途上国：その他の国

図1-3●粗死亡率の変化

出典：United Nations, Department of Economic and Social Affairs, Population Division, 2011, United World Population Prospects: The 2010 Revision

次のようにのべている。

> 世ノ開明ニ赴クニ随ヒ，交通漸ク盛ニ工業漸ク興リ，都府ノ群集稠密ヲ加ヘ，学校ノ課程繁激ヲ増シ，総テ開明ノ事業ト称スルモノハ皆健康ヲ害スルノ原因タラザルハナシ。……他事ハ知ラス衛生ノ事ニ限リテハ技術ニ加ヘ人民ニ結束ト真心ナクシテハ如何ナル善美ノ法律アリトモ，到底其成績ヲ収ムルコト能ハザルハ理論ニ於テモ実験ニ於テモ断ジテ疑ヘカラザルコトナリ。(長與專齋，大日本私立衛生会創立総会祝辞，1883)

こうしたボトムアップ的アプローチは，特に結核や母子保健サービスが重要な課題となってきた1920年頃からの日本の衛生対策の大きな特徴となったが，健康分野における自助・互助の重要性を宣言したアルマ・アタ宣言（1978）より100年ほど前の話であった。

コラム1の図1-Aは，日本の水道の普及率の変遷を描いたものであった。2010年には97.5％に達し，大多数の人々は震災などの災害時を除きその恩恵に浴しているが，それは最近40年の話であり，それまでは安全な水を確保するため，各地の住民・コミュニティは必死の努力をしていた。井戸を持つ家庭が，そうでない近隣と水を分配する互助の精神は，以前から日本の各地で広く見られたが，こうした慣習は，水道普及率が低く断水率も高かった1970年代頃まで，上水道を補完する方法として重要な役割を持っていた。山村などのように水道敷設が困難な地域では，住民たちがコミュニティ単位で，独自に技術を習得し，労働力を提供し，簡易水道[20]を建設・運営した。簡易水道は，1952年の補助金制度（補助率は4分の1）の開始で，日本中に一挙に広まったが，これに加え，例えば，建設費節約のため住民の役務提供や自己負担金を準備するために婦人会や青年団も大きな役割を果たした。図に見られる1950年から1970年の飛躍の原因の1つは，こうした地域レベルのオーナーシップと自助努力であった[21]。

　衛生施設の普及にも同様な状況がみられた。日本では，下水道は上水道に比べ建設費用が高くその普及はかなり遅れた。特に，人口密度が低い地域においては下水道整備の費用効率性が低くなるため，安価な浄化槽[22]が提案され，トイレの水洗化要求の高まりもあって急速に普及した。当初は，し尿のみを処理する単独浄化槽であったが，これでは生活雑排水が環境中にそのまま排出されてしまうため，し尿と生活雑排水を合わせて処理する合併浄化槽への転換が行われている。この場合も，補助金制度が普及を促進する原因の1つであったが，それに加えて，設置・維持管理の質を保つための制度や体制作りも，大きい役割を果たした。「低コストの支払い可能な技術」からス

---
20) 給水人口が100人を超え5000人以下の水道。良質な水源が得られ消毒などの簡単な処理のみで安全性を確保でき，かつサービス人口が多くないときには，管理および資金調達の容易性などの優位性が高い。
21) 駒澤牧子，2004，補章　環境衛生 ── 上下水道とし尿処理を中心として，日本の保健医療の経験 ── 途上国の保健医療改善を考える，国際協力機構国際協力総合研修所．
22) 小規模排水の処理に使用し，嫌気性微生物や好気性微生物を使って処理する設備。

タートし，時代の要請とともに技術仕様が高度化していった例であり，装置単体だけではなくそれを生産・設置・管理し環境汚染抑制に向けた監視体制も含んだ技術的・社会的に総合的なシステムとして発達してきたのも，大きな特徴である。

　技術水準が時代の要請とともに高度化し，それに応じその効果を発揮できるように制度・規則が変わっていくのは，技術が持っている本質的な特徴であるが，逆に，厳しい安全レベルに向けた制度・規則を前もって決めておき，それを満たすような技術進展を強制することも行われた。日本版マスキー法と称されたものがそれである。

　日本は，1960年頃から急速なモータリゼーションが始まり，大気汚染や騒音・振動などの問題を引き起こした。とりわけ1965年頃には，自動車排出ガスによる大気汚染が深刻となり，自動車環境対策の強化が求められていた。この状況は，他の先進国でも同様であり，米国では民主党上院議員であったエドモンド・マスキーが提案した「1975年までにガソリン乗用車からの窒素酸化物などの排出量を90％以上削減し，それができなければ交通量を削減する」との法律（マスキー法）を成立させその準備を進めていた。こうした中で，日本政府も，同様の規制を行わなければ国民に大きな健康被害をもたらす可能性が高いと判断し，1976年から規制を開始することとしたが，自動車メーカー側には技術的目処が立っていなかった。また，日本政府内でも，通産省はこの規制によって自動車価格の上昇など多大な経済的ロスが発生することを喧伝した。1976年頃までこうした状態が続いたが，この間，自動車メーカーの技術者たちは技術開発を行い1978年には，規制を開始することができた。一方，米国での開始は，何回にもわたって延期され，結局，開始できたのは1994年であった。この出来事は，強力な政府のリーダーシップと自動車メーカーとのパートナーシップがうまくカップリングし，結果的に良好な成果をもたらした例である。メーカー側から見るならば，この課題を乗り越えることによって，同業他社に差をつける絶好のチャンスであったわけで，実際，二番手であったメーカーがよく頑張った。この経験は，日本車の低燃費，信頼性向上に大きく役立ったと考えられている。

　1.3項あるいは1.4項では，技術のみならずそれに関連した制度や組織を

使い，どうにかして人々の安全を確保しようとした努力の例をいくつか述べた。こうした努力は，決して特定の地域に限定された話ではなく，世界中で広く見られたことである。人間の安全保障に向け，これまで，多くの試みがなされ，うまくいったものもあるしうまくいかなかった場合もあるが，こうした経験は，本書の主題である「人間安全保障工学」のあり方を考えるとき，十分に参考となることである。

日本におけるインフラストラクチャー整備の努力

　日本は，1868年の明治維新以降，欧米との交流を活発に始めたが，そのおかげでコレラの流行も招き，数万人単位の死者を出していた。その対策として取り上げられたのが上水道であり，横浜市などの港湾都市から整備されていった。都市衛生，とりわけ伝染病の発生を抑えるには，上水道か下水道のいずれを優先すべきかとの議論もあったが，財政上の問題から上水道が優先され，第二次世界大戦以前の1940年頃には，水道普及率（給水人口／全人口）は25％以上となっていた。その後，戦争の影響もあり若干下がったが，1950年頃からは，簡易水道の促進などに押され一挙に上昇し1970年には80％を超え，現在（2010年）は97.5％に達している（図1-A）。なお，この図から水道普及率の上昇とともに，腸チフス，赤痢などの水系伝染

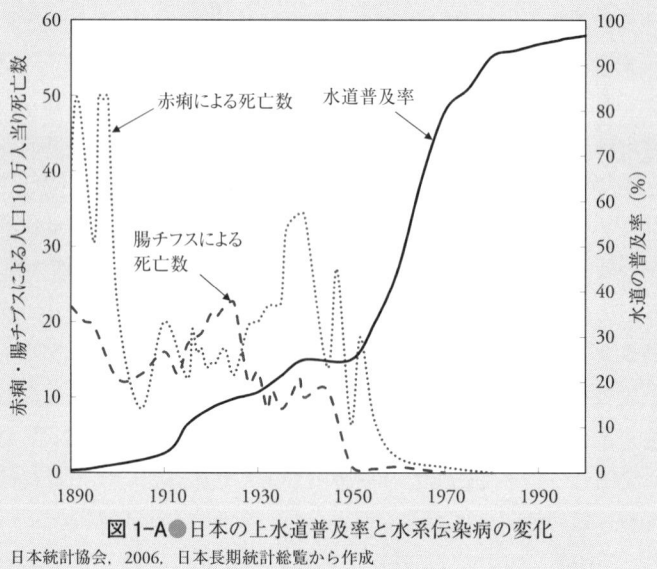

図1-A●日本の上水道普及率と水系伝染病の変化
日本統計協会，2006，日本長期統計総覧から作成

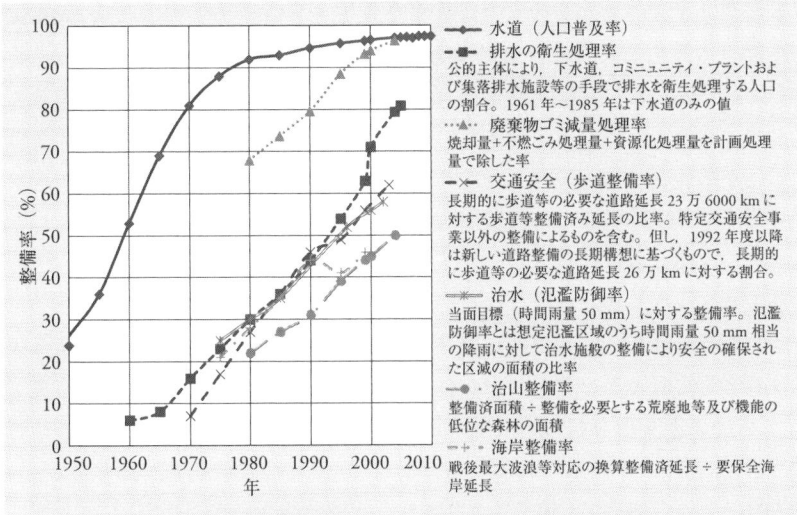

図 1-B 日本のインフラストラクチャー整備の推移

日本の社会資本 2007，内閣府政策統括官（経済社会システム担当）から作成

病の被害も低下していったことがわかる。

上水道以外のインフラストラクチャーの整備，特に公的な努力による整備状況は，まちまちである。図 1-B は，過去 40 年の経緯を示したものである。整備目標の取り方によるが，目標の半分程度まで到達したといったところであろうか。

人間安全保障工学の提案

2.1　人間安全保障工学とはなにか？

前節では，今，世界の人々を取り巻いている脅威と，それを低減するためこれまで人々が何をしてきたかについて述べた。そこでは，脅威を可能な限り低減するといった「目的」に向けた強い意志，それに役立つ技術・制度・組織・体制などを，その「目的」達成に向けて有機的に組み立てていく各主体の自助努力とパートナーシップ，さらに，そうした営みを可能かつ持続的なものとする能力開発がポイントであった。

本書では，この営みを行うのに必要であり，かつ，それを合理的に推進する技術の体系を，人間の安全保障を支える工学という意味で，「人間安全保障工学」と称することにする。これを具体的に適用対象の面から言い換えてみると，次のようになる。つまり，「人間安全保障工学」とは，「人々の生活を，日々の生活に埋め込まれた非衛生・不健康および非日常的な大規模災害・大規模環境破壊などの脅威から解放し，各人が尊厳ある生命を快適に全うすることができる社会を，デザイン・管理する技術の体系」である。

　ここで，注意しなければならないのは，脅威とは必ずしも身体的なものに限定する必要はないし，また，取り扱う技術とは，これら脅威を低減する手段の工学的側面のみを範囲とするのではないことである。技術とは，字義通り，「ものごとを取り扱ったり処理したりするときの方法や手段やそれを行うわざ」（大辞泉）と解釈されるものである。人々の安全を構成する要素には，身体的なものに加えて，快適性，利便性，持続可能性および経済的な合理性，社会的な合理性などがあるから，それらをカバーしなければならず，したがって，人間安全保障工学およびその要素となる技術の大半は，こうした要素を取り扱うさまざまな学問（ディシプリン，discipline）をベースとするであろう。つまり，そうした技術は，「脅威からの自由」という目的にかなう限りにおいて，どの学問がベースなのかは関係なく，個別に，あるいは，連結された有機体として，人間安全保障工学を構成する要素とされなければならない。

　上の定義では，「人間安全保障工学」の目的を，「人々の生活を，日々の生活に埋め込まれた非衛生・不健康および非日常的な大規模災害・大規模環境破壊などの脅威から解放する」としているが，これらは実は，「土木工学」，「建築学」や「環境工学」などの目的と深く重複している。例えば，日本の土木学会は，「土木」を，「人々が暮らし，さまざまな活動を行うさまざまな条件や自然環境，人間環境を整えることを通して，我々の社会を飢餓と貧困に苦しむことなく安心して暮らせる社会へと改善していく総合的な営み」[23]としている。そして，この営みの中心的な役割を果たすのが「土木技術」であり，

23）日本土木学会，2011，宣言　公益社団法人への移行にあたって．http://www.jsce.or.jp/strategy/association.shtml

それを学問として体系的に支えているのが「土木工学」と定義する。「総合的営み」が，どこまでを指すかは明確に述べられていないが，範囲を設けず必要に応じ貪欲に取り込まなければならないことを，例えば，同学会の初代会長の古市公威[24]は，次のように強調する。

> 土木は概して他の学科を利用す。故に土木の技師は他の専門の技師を使用する能力を有せざるべからず。且又土木は機械，電気，建築と密接な関係あるのみならず，其他の学科に就ても……不断相互に交渉するの必要あり。……故に本会の研究事項は之を土木に限らず，工学全般に拡むるを要す。只本会の工学会と異なる所は，工学会の研究は各学科間に於て軽重なきも，本会の研究は総て土木に帰着せざるべからず。即換言すれば，本会の研究は土木を中心として八方に発展するを要す。是余が本会の為に主張する所の専門分業の方法及程度なるものなり。尚本会の研究事項は工学の範囲に止らず。現に工科大学の土木工学科の課程には，工学に属せざる工芸経済学あり，土木行政法あり。……工科大学の課程には工業衛生学なし。土木に関する衛生問題は甚重要なり。（日本土木学会第1回総会会長講演，1913）

この文章でも，また，過去の教訓でもそうであるが，それらは共通して，「人々が安心して暮らせる社会へと改善する」には，類縁の理工学および社会・人文科学分野を貪欲に取り込まなければならないことを強調する。さらに「自然災害，水不足，環境破壊などの脅威から守る」には，物理的な防御施設を整備するだけでなく，それらの脅威に対する人々や社会の対応能力向上が不可欠であり，当然，そうした努力は，日本の土木学会が言う「総合的な営み」に入っていなければならないことになる。

さらに，土木工学あるいは環境工学は特にそうであったが，これまで，人々の安全保障に向けた具体的な手段としては，インフラストラクチャー整備を主たる武器としてきた。道路，港湾，上下水道，電気，ガス，通信などの整備は，確かに，人々の安全・安心向上に役立つが，それは，人々がそれらを望み，かつ，使いこなせる能力と社会状況があるときだけである。こうした「インフラストラクチャー」の本来的意味に基づき，日本の国際協力機構

---

24) 1854-1934年。日本の近代工学ならびに土木工学の創設に貢献。

(JICA) は,「インフラストラクチャー」を次のように定義している。

> インフラ (ストラクチャーと) は, 全ての人々の生存・生活を守り, 安全で健康的な生活を営む権利を保障するのに不可欠な共通の基盤であり, 人々の潜在能力を発揮させ, 可能性を実現させるための共通の基盤としての役割をもつもの[25]

このように, 人々の生存・生活を守り, 安全で健康的な生活を保障するには, 物理的な施設整備を,「人々の潜在能力を発揮させ, 可能性を実現させる」といった本来的な目的に向けて展開していかなければ意味がないのである。

ただ, ここ数十年における土木工学, 建築学や環境工学など状況を見ると, 必ずしもそうではなかった。安全な水・衛生サービスなどのベーシック・ヒューマン・ニーズの充足が, 先進国において一巡したことに加え, エンジニアリング・サイエンス的知見の目覚ましい進展とその応用としての要素技術・技法の整備に忙しかったこともあって, 本来の目標である「安心して暮らせる社会」への強烈な希求がおざなりになりがちだったのである。

こうした状況のなかで,「人間安全保障工学」とは, 1) 土木工学, 建築学および環境工学など,「安心して暮らせる社会や空間の実現」を目的として掲げてきた学問を基礎としつつ, 2)「人間の安全保障の確立」といった具体的目標を明確に再確認し, 3) 必要ならば関連する理工学および社会・人文科学分野を積極的に取り込み包括することによって, 4) 目的へのより効率的な接近を図るプラグマティックな営み, と解釈できよう。これは, また, 日本でしばしば引用されている「工学」の定義である「数学と自然科学を基礎とし, ときには人文科学・社会科学の知見を用いて, 公共の安全, 健康, 福祉のために有用な事物や快適な環境を構築することを目的とする学問」[26]の, もっとも中心的な営みとみなすこともできる。

---

25) JICA, 2004, ひとびとの希望を叶えるインフラへ.
26) 工学における教育プログラムに関する検討委員会, 1998, 8大学工学部を中心とした工学における教育プログラムに関する検討.

2.2 「人間の安全保障」と「人間安全保障工学」

2.1 項で述べたように，本書で提唱する「人間安全保障工学」とは，「人々の生活を，……脅威から解放し，安心な社会を，デザイン・管理する技術の体系」であり，これは「工学」の中心的な営みである．しかるに，「人間の安全保障」とは，1994 年に国連開発計画（UNDP）による報告書『人間開発報告 1994 ── 人間の安全保障の新次元』[27] で世界に喧伝・流布された考え方である．本項では，この「人間の安全保障」の考え方について簡単に説明し，これと「人間安全保障工学」の関わりについて考えてみよう．

1994 年の UNDP の報告書では，次のことを主張している．すなわち，現在の我々の生存を脅かしている飢餓，貧困，自然災害，環境破壊，経済格差，麻薬，国際テロなどの脅威に対しては，食糧，環境，健康，個人，地域社会，政治，経済の 7 つの領域を挙げ，それらを改善することによって，人間の安全保障の構成要素である「欠乏からの自由」と「脅威からの自由」を獲得し，もって，人間開発の目標である「人々の選択の幅を拡大」を広げていくことが必要である，との主張である．それまでの国家が中心となり軍事力や外交を主要な手段とする伝統的な安全保障観では不十分であり，政府以外の国際機構・非政府団体なども積極的に関わって多方面から取り組まなければ，人々の安全を保障することはできないとする安全保障観である．

こうした主張を受け，1998 年に日本の首相であった小渕恵三は，「人間の安全保障」について，「人間の生存，生活，尊厳を脅かすあらゆる種類の脅威を包括的に捉え，それらに対する取り組みを強化するという考え」であり，途上国援助の中心をなす考えとし，その実現に向け国連に「人間の安全保障基金」を設置することを発表している．さらに，2000 年 9 月の国連ミレニアム・サミットにて，当時の首相であった森喜朗は，人間の安全保障を，日本の外交政策の柱とすることを宣言し，「人間の安全保障委員会」の設置を提案した．この委員会は，当時の国連事務総長であったコフィ・アナンの強

---

27) United Nations Development Programme (UNDP), 1994, Human development report 1994, New dimensions of human security, Oxford University Press.

力な支持もあって，国連難民高等弁務官であった緒方貞子[28]とインド出身の経済学者であるアマルティア・セン[29]を共同議長にして発足し，2003年には報告書「安全保障の今日的課題」[30]をまとめ，アナン事務総長に提出した。この報告書では，1994年のUNDPの考え方を継承し，人間の安全保障を「人間の生にとってかけがえのない中枢部分を守り，すべての人の自由と可能性を実現すること」としているが，さらに「貧困」と「紛争」を安全を脅かす二大要因と考え，その方策として，人々の能力強化（empowerment）と保護（protection）の2つの視点から，個々人からのボトムアップ的な対処と，国際協力や国家レベルからの対処の，両方の役割を強調している。

　表1-1で見たように，人々は，さまざまな脅威にさらされている。災害，疾病，環境劣化，事故などに加え，戦争や紛争，不安定な治安あるいは経済不安などである。こうした脅威のうち，戦争，紛争，治安，経済不安に対応するのは，国家の責務である。その意味から，当初，安全保障とは，もっぱら国家安全保障を意味してきたが，国からのトップダウン的な対処だけでは，決して人々の安全を保障できず，個人，コミュニティレベルの自助努力や互助努力と協働することが不可欠となってきた。問題によって差があるものの，国・地域・コミュニティおよび個人が，それぞれオーナーシップを持ち，協働して対処しなければならない課題であり，国レベルの対応を中心に考えていた「安全保障」の概念を，実態に合わせ拡張したものといえる。

　さらに，近年の大震災，気候変動の激化，グローバル化によるヒト，モノ，カネの国際移動や国際組織犯罪の激化などは，自然災害の大型化，国際テロ，パンデミック・インフルエンザなど，国レベルでは対処できない脅威をもたらしている。こうした国家中心の伝統的な安全保障に入らない「非伝統的安全保障」に関しても，非国家主体である国際社会が重要な役割を持ち，主体間のパートナーシップがポイントとなっているという意味において，「人間

---

28) 1927年生。日本の国際政治学者。国際協力機構（JICA）理事長などを務める。
29) 1933年生。厚生経済学への貢献で1998年のノーベル経済学賞を受賞。
30) Commission on Human Security, 2003, Human security now, United Nation Commission on Human Security.

の安全保障」が中心的に対処すべき問題であり，また「人間安全保障工学」の重要な課題となる。

　さて，これまで述べてきたのは，もっぱら「人間の安全保障」の理念的な側面であったが，一方，現在の途上国の現状を背景に，その改善に向けての具体的な目標からこの問題に迫ろうとするものが，「ミレニアム開発目標」(MDGs, Millennium Development Goals) である。これは，1990年代でのいくつかの国際会議での議論を2000年9月に行った国連ミレニアム・サミットでとりまとめたもので，特にOECDの開発援助委員会 (DAC) が1996年に策定したDAC新開発戦略[31]がベースとなっている。貧困の削減，保健・教育の改善，環境保護などを中心に，8つの具体的目標，18のターゲット（現在，21），48の指標（現在，60）からなっており，これらの目標を2015年までに達成することを189の国連加盟国で公約した。表1-3は，MDGsで定めている目標とターゲットおよびそれらの2010年時点の達成状況を示したもので，一部の目標については達成見込みであるが，厳しい状況のものもある。とりわけ，保健分野の目標4～6および教育分野である目標2はいっそうの努力が必要な状況となっている。

　国連では，MDGs達成を国際社会における最重要事項と考え，総力を挙げその達成に努力してきた。2002年，アナン事務総長は達成戦略を検討するため，アメリカの経済学者ジェフリー・サックスを委員長とするミレニアム・プロジェクトを行った。その報告書『開発に投資する —— MDGsを達成する実際的方法』[32] (2005) では，目標達成のためには，4つの資本，すなわち，人的資本，社会資本（インフラストラクチャー），知識資本および自然資本の蓄積が重要な役割を果たすことが強調され，さらに，MDGsの目標には挙げられてはいないものの，不可欠なものとして，エネルギーサービス，交通サービス，および性と生殖に関する健康の重要性が指摘されている。

---

31) OECD/DACの上級会合で採択された「21世紀に向けた長期的な開発 21世紀に向けて —— 開発協力を通じた貢献」の通称。過去50年の先進国による開発援助の経験と国際社会に果たした役割を分析し，今後の開発援助のあり方をまとめたもの。
32) UN Millennium Project, 2005, Investing in development: A practical plan to achieve the millennium development goals.

表1-3 ミレニアム開発目標と達成状況

目標とターゲット	2010年時点での進捗状況
目標1　極度の貧困と飢餓の撲滅	
1-A　1日の収入が1米ドル未満の人口比率を1990年と比較して半減。	1990年の18億人から2005年には14億人へ、人口割合は46％から27％。2015年までに目標は達成見込み。
1-B　女性、若者を含むすべての人々に、完全（働く意思と能力を持っている人が適正な賃金で雇用される状態）かつ生産的な雇用、そしてディーセント・ワーク（適切な仕事）を提供。	ワーキング・プア（就労していても自分とその家族が1日1.25米ドル未満で生活する貧困層）の人口比は改善傾向にあったが、金融・経済危機などの影響により、2009年に悪化（開発途上地域全体での割合は31％）。
1-C　1990年と比較して飢餓に苦しむ人口の割合を2015年までに半減。	全世界の栄養不良人口は、2009年に10億人を超えた模様。
目標2　普遍的初等教育の達成	
2-A　2015年までに、世界中のすべての子どもが男女の区別なく初等教育の全課程を修了できるようにする。	初等教育への就学率は、開発途上国全体では1991年80％から2008年に89％。サブサハラ・アフリカでは2000年の58％から2008年に76％へ、南アジアでは79％から90％へと上昇。中途退学率が高く普遍的初等教育の実現を阻んでいる。開発途上地域の一度入学した後退学した子どもの割合は、2006年時点で23％。
目標3　ジェンダーの平等の推進と女性の地位向上	
3-A　2005年までに可能な限り初等・中等教育における男女格差を解消、2015年までにすべての教育レベルにおける男女格差を解消。	開発途上地域の就学者数における男女比は、初等教育では1991年の100：87から2008年には100：96、中等教育では1999年の100：88から100：95へと改善。
目標4　乳幼児死亡率の削減	
4-A　1990年と比較して5歳未満児の死亡率を3分の1に削減。	開発途上地域の5歳未満児死亡率は、出生1,000人に対し1990年の100人から2008年には72人に減少。
目標5　妊産婦の健康の改善	
5-A　1990年と比較して妊産婦の死亡率を4分の1に削減。	開発途上地域の出産10万件あたりの妊産婦死亡率は、1990年の480件から2005年に450件へとわずかに減少。目標には程遠い。
5-B　2015年までにリプロダクティブ・ヘルス（性と生殖に関する健康）への完全普及を実現。	開発途上地域において、出産前に少なくとも1回の健診を受けた妊婦の割合は、1990年の64％から2008年に80％へと増加。しかし、推奨されている4回以上の健診を受けた妊婦は半数以下。

目標6	HIV/エイズ,マラリア,その他の疾病の蔓延防止	
6-A	HIV/エイズの蔓延を2015年までに阻止し,その後減少。	全世界のHIV新規感染者数は,ピークに達した1996年の350万人から2008年には270万人に減少。
6-B	2010年までに必要とするすべての人のHIV/エイズの治療。	抗レトロウイルス薬治療を受けられるHIV感染者の割合は,全地域において増加しているが,感染拡大のスピードには追いついていない(2人が治療を始めるにつき,新たに別の5人がHIVに感染)。
6-C	マラリアおよびその他の主要な疾病の蔓延を2015年までに阻止し,その後減少。	2006年のマラリアによる死亡者約100万人のうち95%はサブサハラ・アフリカだが,同地域の子どもの蚊帳利用率は2000年の2%から2006年には20%に上昇。
目標7	環境の持続可能性の確保	
7-A	持続可能な開発の原則を各国の政策や戦略に反映させ,環境資源の喪失を阻止し,回復。	2000~2010年の年平均森林喪失面積は,1990~2000年の年平均830万haから520万haへと減少。
7-B	生物多様性の損失を2010年までに確実に減少。その後も継続的に減少。	2010年までの生物多様性の損失率削減の目標は達成できず,約17000種の動植物が絶滅の危機。
7-C	2015年までに,安全な飲料水と基礎的な衛生設備を継続的に利用できない人々の割合を半減。	安全な水を使用できる人の割合は世界全体で87%となり,現在の進捗が続けば目標は達成の見込み。 1990年~2006年に11億人が改良衛生施設を利用できるようになったが25億人が未だ利用できず。
7-D	2020年までに,最低1億人のスラム居住者の生活を大幅に改善。	開発途上地域のスラム居住者の割合は1990年の46.1%から2010年に32.7%に減少。人数では6億5700万人から8億2800万人へ増加。
目標8	開発のためのグローバル・パートナーシップの推進	
8-A	開放的で,ルールに基づいた予測可能でかつ差別のない貿易および金融システムの構築を推進。	開発途上国から先進国への輸出のうち無関税品の割合は,1998年の54%から2008年に80%へと上昇。
8-B	後発開発途上国(LDC)の特別なニーズに取り組む。 ①LDCからの輸入品に対する無関税・無枠。 ②重債務貧困国に対する債務救済および二国間債務の帳消しのための拡大プログラム。 ③貧困削減に取り組む諸国に対するより寛大なODAの提供。	2009年のODA支出純額は1198億米ドルであり,過去最高に達した前年(1223億米ドル)より2%以上減少。 先進国全体のODA対GNI比は0.31%であり,2009年時点で目標の0.7%を達成しているのは5ヵ国のみ。

8-C	内陸国および小島嶼開発途上国（太平洋・西インド諸島・インド洋などにある領土が狭く低地の島国）の特別なニーズに対処。	
8-D	国内および国際的な措置を通じて，開発途上国の債務問題に包括的に取り組み，債務を長期的に持続可能とする。	2000年時点で開発途上国の輸出収入の13％近くを占めていた対外債務返済負担は，2008年に3％に減少。
8-E	製薬会社と協力し，開発途上国において，人々が必須の医薬品を安価に入手・利用できるようにする。	
8-F	民間セクターと協力し，特に情報・通信における新技術による利益が得られるようにする。	

United Nations Department of Economic and Social Affairs (DESA), 2010, The Millennium Development Goals Report 2010 から作成．
国連開発計画，2011，ミレニアム開発目標，国連開発計画（UNDP）東京事務所

　これらの資本の整備が，MDGs達成に必要であることは，しばしば主張されてきた。表1-4[33)]は，道路，水道や電力・エネルギー施設の整備が，MDGsの目標達成にどのように寄与するかを検討した例である。ただ，これまで述べてきたとおり，それらの効果が発揮できるのは，ニーズと制度と維持・管理能力の対応が取れているときのみである。そうしたことを考えると，サックスが挙げた4つの資本は，日本の国際協力機構が定義した「インフラストラクチャー」と，ほぼ同じ広がりを持つものであり，それらの蓄積・管理・運用を行うということは，日本の土木学会が「土木」の定義とした「我々の社会を飢餓と貧困に苦しむことなく安心して暮らせる社会へと改善していく総合的な営み」に他ならない。その範囲において，人間安全保障工学は，「ミレニアム開発目標」と深く関連するのである。

---

33) Willoughby, C., 2004, Infrastructure and the millennium development goals, Session on complementarity of infrastructure for achieving the MDGs, Berlin, 27 Oct., 2004.

表1-4 ● インフラ整備がMDGsへ及ぼす効果

目標	道路(地方・農村) 影響度	道路(地方・農村)	道路(幹線) 影響度	道路(幹線)	電力・エネルギー施設 影響度	電力・エネルギー施設	通信インフラ 影響度	通信インフラ	安全な水の給水 影響度	安全な水の給水	改善された衛生施設 影響度	改善された衛生施設	水管理施設 影響度	水管理施設
目標1 極度の貧困と飢餓の撲滅	大	村落での交通量の低下および道路ネットワークの整備による農民らの取引費用の低減	大	物流の活性化	大	農村電化等に伴う収入上昇。電力供給安定化による産業競争力の向上	中	政府を含むほとんどのサービスセクターの効率改善。それらによる貧困層への情報伝達の容易化	中	安全かつ便利な水の供給。病気罹患率、死亡率を低下させると労力を低下させることに水汲み率を低下	大	発病率、疾病費用の低下	大	灌漑・洪水防御による収入増加、栄養状況の改善
目標2 普遍的初等教育の達成	小	就学率と出席率を改善	小	地方拠点との交流を容易にし、教師の質と求人率を向上	小	就学率と出席率及び勉学時間を改善	小	教師の研修を容易にし質を向上	中	出席率と学習能力を向上	中	教師の求人率向上		
目標3 ジェンダーの平等の推進と女性の地位向上	小	道路交通の安全性向上による女子生徒の就学率向上	中	教師の質向上	中	薪収集、水汲み時間の減少、学校の質の向上による女性就学率向上	小	数学効率の向上	小	女性の家事負担減少	中	学校の衛生状況改善	小	女性の家事負担減少
目標4 乳幼児死亡率の削減	小	プライマリケアの利用と良質な水へのアクセス	中	ワクチン・薬剤の供給、熟練医療者の住診・緊急治療が容易に	中	室内空気汚染物の減少、水・食物の不衛生の減少	小	良好な治療・診療情報の交換	大	安全な水供給は乳幼児の健康に大きな効果	小	衛生状況の改善は乳幼児死亡率を低下させ栄養状況を改善	小	給水量の増加

	良質な助産婦と健康診断の提供		病院への搬送と緊急産科ケアの利用		家事負担の低減と医療サービスの改善		緊急治療の効率的準備		妊産婦の健康改善		妊産婦の健康改善	
目標5 妊産婦の健康の改善		小		小		小		小		小		
目標6 HIV/エイズ、マラリア、その他の疾病の蔓延防止		悪影響の可能性	薬剤・高度診療によるAIDS伝染の抑制	小	医療サービスの質改善、良好な医療従事者の確保	小	薬剤ストックの確保、高度医療機関への問い合わせの容易化	小	治療用の水確保	小	マラリアを媒介する数の繁殖抑制	悪影響の可能性	水環境への悪影響の可能性
目標7 環境の持続可能性の確保	周辺環境との調和に注意	小	生態系分断及び環境への悪影響の可能性	中	薪炭などの圧力減少のため土地・森林への良好な影響、大ダムの悪影響	大	環境管理情報の記録と交換	中	MDG目標そのもの	中	MDG目標そのもの	良質な環境影響・創造に対する配慮が必要
目標8 開発のためのグローバル・パートナーシップの推進	整備事業による雇用促進	大	国際貿易、国内流通を活発化し地域活性化に貢献	小	ICTの利用に不可欠	中	MDG目標そのもの	小	LDCにとって不可欠	小	LDCにとって不可欠	

出典：Willoughby, C., 2004, Infrastructure and the Millennium Development Goals, Session on Complementarity of Infrastructure for Achieving the MDGs, Berlin, 27 Oct., 2004.

2.3 人間安全保障工学の4つの原則

「工学」の目的が人々の暮らしを安全かつ快適にし，そのなかでも，とりわけ土木工学，建築学および環境工学がそうであるならば，「人間安全保障工学」をあらためて取り上げ，その体系化に向けて努力するメリットはどこにあるのか．

それは，「人間安全保障工学」では，前節までに述べてきた経験から導き出される次の4つの原則を強調し，その観点に立って既存の技術を見直し有機的に関連づけようと試みている点にある．

第1の原則は，人間安全保障工学では，人間の安全を保障するといった明確な目標を持っているが，そのための具体的な内容と対処方法は，自然・社会・経済的状況や時代背景に大きく依存すると考えていることである．人々の安全を保障するといっても，取り組むべき課題や内容およびそれらの優先度（プライオリティ）は，状況によって異なり，それによって必要となる具体的対応策あるいはアプローチ方法も大きく変わる．

マイケル・ギボンズら[34]は，こうした社会的・経済的な文脈に大きく依存している知識生産（学問）の様式を，モード2と名付け，自然科学のように専門分化された個別学問領域（ディシプリン）の内的論理によってその方向性が決められるモード1の学問と区別した．ギボンズらは，さらに，モード2の知識生産の特徴として，次の4点を挙げる．その第1は，トランス・ディシプリナリー（領域横断的）なことである．これは，異なったディシプリン間の協力を表すマルチ・ディシプリナリーあるいは経験や概念を共有するインター・ディシプリナリー（学際的）を越え，ディシプリンに拘らないいわば領域越境的とも言えるアプローチであることを意味する．第2は，知識生産に関わる人や場が，必ずしも大学や研究所だけでなく，民間企業は当然のこと，政府，NGOあるいは住民など，この課題に関わる関係主体に広く広がっ

[34) Gibbons, M., Limoges, C., Nowotny, H., Schwartzman, S., Scott, P., Trow, M., 1994, The new production of knowledge: The dynamics of science and research in contemporary societies, Sage Publications Ltd.

ていることである。第3は，これらの主体が，自己も含む各主体の専門性・役割・価値基準と文脈に応じ，目的との間で自己言及的（reflexive）なプロセスを繰り返すことによって課題解決へ接近しようとすることである。第4は，生産する知識の品質管理の仕方である。モード1ではそのディシプリンに通暁した専門家のコンセンサスが重要だが，モード2では課題の内容や社会的応用の文脈から要請される基準の方が重要となる。

　こうした，モード2の知識生産の特徴は，ほとんどが「人間安全保障工学」の特徴になる。したがって，「人間安全保障工学」を，1つの独立した知識生産の営みだと考えると，生産した知識はどのようにして検証されるのか，とか，こうしたトランス・ディシプリナリーな営みを，技術体系として伝承していくにはどうしたらよいのだろうかなど，モード2が持つ基本的かつ現実的な問題に直面することになる。かといって，土木工学，建築学，環境工学のモード1的な側面に安住していてよいのかというと，決してそうではない。そもそも，これらの学問自体がモード2の営みであったはずである。こうしたことを考えると，「モード2」を強調する「人間安全保障工学」は，こうした営みが独立して存在するというよりも，これが依って立つディシプリンである土木工学，建築学，環境工学あるいは社会科学などの人間の安全保障に係る部分を，その目的を再認識しトランス・ディシプリナリーに連結させたものと考えたほうがよい。これらの諸ディシプリンで教育を受けた専門家・学生が，そこでの知識と経験を持って「人間安全保障工学」に参入し，対象とする地域と課題の固有性および文脈と，これまで得意としてきた知識生産の技法との適合性に悩みながらも，人間の安全保障というより基本的な目標を明確に突きつけられることによって，トランス・ディシプリナリーな工夫と努力を行わざるを得なくなる。そして，必要があれば，そこで得た知識を，出身のディシプリンに持ち帰るというのが，この営みの本質である。

　第2の原則は，「徹底した現場主義と適正な地域固有性の積極的取り込み」である。表1-5は，経済発展段階とそれに応じたインフラ・ニーズと関連技術・制度を模式的にしたものである。この表では，経済発展以外の要因を捨象しているが，実際には，自然環境，風習・慣習，ガバナンス，価値基準などによって，インフラ・ニーズ，技術ニーズの組み合わせは，大きく変化

表1-5 経済発展とインフラ・ニーズ

		低所得国	下位中所得国	上位中所得国
都市化率（％）		30	49	78
インフラストック（米ドル/人）		730	1,245	9,342
想定されるインフラニーズ		社会インフラ，一次産業関連インフラ ・水資源，灌漑，水供給・衛生，保健・医療，教育 ・道路・橋梁，エネルギー	都市化対応のインフラ，工業化関連のインフラ ・上下水道 ・道路，空港・港湾，通信，エネルギー ・環境保全	高度なインフラ，安全性や快適性を高めるインフラ，それらの修復 ・治水・砂防，下水道，廃棄物処理 ・交通制御施設，物流施設・アセットマネジメント ・環境保全，廃棄物リサイクル
想定される技術ニーズ		（基本システムの構築）	（システムの総合化，効率性改善）	（高次技術の取り入れ，外部不経済の配慮）
制度・組織		・法律・徴税・金融等，基本システムの整備	・インフラ関連財政制度・事業手法構築 ・民間投資誘致・産業誘致の環境整備	・プロジェクトサイクル管理，運営管理体制 ・インフラ投資効果評価体制 ・インフラ関連財政制度・事業手法構築
インフラ整備関連技術	計画	・インフラ整備の基礎情報（地図等）整備	・インフラの基準・標準化	・アセスメント・規制手法等 ・関係者間合意形成
	実施・建設	・上記セクターに関する基本技術構築	・住民参加手法等	・建設技術開発 ・住民参加・社会配慮
	維持・管理	・上記セクターに関する基本技術	・インフラの運営管理技術 ・データベースの構築	・アセットマネジメントの導入 ・経営手法の構築

出典：JICA，2004，「ひとびとの希望を叶えるインフラへ」

する。既往のスタイライズド・ファクト（これまでの研究・理論に基づき様式化された記述）や技術的合理性（手段的合理性）だけに基づいた推測が，現場の実情とはかけ離れている場合も多いし，課題とすべき問題のフレーミン

グ[35]には，大きな誤りがある可能性も高い。現場の自然・社会環境や，サービスレベルとそれに対する支払意思額の組み合わせは，適正技術を大きく変化させる。ある地域のグッド・プラクティスは，必ずしも別の地域のグッド・プラクティスにはならない。現場と教科書に書かれていることの前提条件や条件が，まったく異なっていてもそれを見落とすことも多い。そうした状況の中で，技術的合理性のみならず，社会的にも経営的にも合理性を持った方策を展開する必要に迫られる。ディシプリナリー化された知識だけではだめで，それらと，状況およびローカル・ノレッジ[36]との対話を，各々の主体は独自に，また主体間でも行い，協働して立ち向かわなければならない。これは，ドナルド・シェーンが「省察的実践」[37]と名付けた行為であり，こうした「状況との対話」が創り出す知恵と経験は，人間安全保障工学の実質的な中身となるとともに，このプロセスに関与する各主体のキャパシティ・デベロップメントに大きく役立つであろう。

　第3の原則は，「技術，制度およびそれらを支える体制や社会の共進化（co-evolution）」という視点を持つことである。技術，制度，体制およびそれらの管理・経営を行う能力（キャパシティ）は，それらがバランスよく，かつ，適切な緊張関係を持つことで，いっそう効果を発する。新たな技術は，それに即した制度や体制を要求するし，逆に制度や体制は，それに即した技術を生み出す。日本の例で見られたように，資金的制約は，簡易水道や浄化槽を生み出し，大気汚染への強い危機感は，自動車排気ガス削減技術を革新させた。法や経済的な規制と技術の間にある共進化のメカニズムを巧みに操ることによって，目標達成に役立てようとしてきたわけであり，こうした戦略的な視点は，人間の安全保障を進めるのに重要である。

　第4の原則は，「重層的なガバナンス構造」の役割をよく認識し，それが

---

35) 状況や課題を取りまとめたり，切り取ったりするときの視点。Goffman, E., 1974, Frame analysis: An essay on the organization of experience, Harvard University Press.
36) 現場条件に状況依存した知識であり，現場で経験してきた実感と整合性を持って主張される現場の感（藤垣裕子，2012，知識・権力・政治，改訂版社会技術論，第10章，小林信一編，放送大学教育振興会.）.
37) Schön, D., 1984, The reflective practitioner: How professionals think in action, Basic Books.

持つ相補性を積極的に利用することである。人間の安全保障に対処するために，国とか個人とかの 1 つの主体だけでできることは限られている。国際機関，中央政府，地方政府，コミュニティ，住民，私的企業および NGO など，多様なアクター（主体）が，各々の役割をよく認識し，協働して対処しなければならない。すなわち，彼らが構成する「重層的なガバナンス構造」をどのようにデザインし管理したらよいのかは，人間安全保障工学の重要な一部である。2003 年の人間の安全保障委員会の報告書では，人間の安全を保障する 2 つの対応策，「人々の能力強化」および「保護」の重要性を強調した。人々の能力強化は，個人・家族から出発する草の根的な対応の源泉であり，コミュニティや地縁などのネットワークと合わせることによって，より強靭となる可能性を秘めている。一方，「保護」は，伝統的な考え方に基づけば，国家のもっとも重要な役割であり，そのため，国家に強大な資金力と人的能力が割り当てられているはずだが，往々にして地域の事情に疎く，問題の緊急性を認識していなかったり機動性に欠ける場合も多い。

「公助」，「互助」，「自助」とは，災害に対する対応活動を国・地方政府，コミュニティおよび個人・家族といった主体が，それぞれの役割と能力に応じて，いかに相補的に分担するかを表現する言葉である。さらに東日本大震災やスマトラ島沖地震のように，国際社会からの「外助」[38]も重要な役割を果たしている。各主体は，それぞれ異なった時間的，空間的視野を持ち，また各課題に対する優先度や得意とする対応手法も異なる。こうした各主体の長・短所をどのように組み合わせれば，人間の安全をもっとも確実に保障できる協働体制を組むことができるのか。人間安全保障工学がしなければならないことは多い。

2.4 人間安全保障工学の内容

最後に，本項では「人間安全保障工学」をどのようにして習得するかとい

---

38) 国際協力事業団，2003，防災と開発 —— 社会の防災力の向上を目指して，国際協力総合研修所.

う点から，若干の補足をしよう。

まず，「人間安全保障工学」は，2.1 項で述べた理由から，土木工学，建築学，環境工学に依拠している。これらの学問が，いずれも「人々が安心して暮らせる社会へ改善する」ための知識生産を目的としたものであり蓄積も多いからであるが，中でも，これまで述べてきた脅威の内容とかこれまでの経験から踏まえて，とりあえず次の 4 つの領域（サブ・ディシプリン）を，「人間安全保障工学」のコアをなすものと考えてよいだろう。その 4 領域とは，

1. 都市ガバナンス：地域固有性をふまえ，市民を含む多様な主体が人間安全保障の確立（安全・健康・利便・アメニティなどの確保）に向け協働する仕組みづくりの戦略と技法を担当。
2. 都市基盤マネジメント：経営管理の観点に立ち，財務的経営のみならず，災害・環境破壊の防止・低減の社会的価値を考慮した社会・都市基盤の展開・整備戦略の技法を担当。
3. 健康リスク管理：衛生・環境に関する革新的およびローカライズした技術の開発とその整備戦略を担当。
4. 災害リスク管理：国土・都市の総合的な災害リスク管理の戦略とその実現のための方法論を担当。

である。これまで述べてきた 4 つの原則と合わせると，「人間安全保障工学」とは，これら 4 つの領域をベースとしつつも，人間の安全保障を改善していく目標に向けて，必要とあらば他分野での知識とアプローチ方法も貪欲に取り込みつつ（モード 2），地域や課題が持つ固有性や社会的・経済的な文脈に沿い，技術的のみならず社会的，手続き的など広い意味での適正さを有した対応策を（モード 2 および現場主義），技術と制度とそれらを支える体制の間のダイナミックな依存性（共進化）と，個人・地域・国・国際社会あるいは政府・民間といったさまざまな主体の協働体制（重層的ガバナンス）に着目しながら，より高度な人間の安全保障を実現させていく学問である。なにが適正であり，それをどのように展開していくかは，これまでの積み上げや既往の知識が出発点となるものの，問題の状況と文脈に応じ，既往の知識や関与する主体との対話の中で判断していかなければならない。既往の知識やこれ

までの経験は，それらが得られた状況が合致している場合は有用であるがそうでない場合も多い。どのようなときに，どのような対応していけばよいかといった方略的知恵は，上に述べたディシプリン，サブ・ディシプリンの習得に加え，実際の課題に対し明瞭な問題意識と当事者意識を持って取り組む体験を通じてしか涵養できないであろう。

3 おわりに

　本章では，「人間安全保障工学」に関し，背景，必要性とその特徴について論じた。人類は多くの脅威にさらされている。それに対応するには，各人の「能力強化」と，国や行政による「保護」があり，「人間の安全保障」にはいずれもが不可欠である。こうした文脈に立って，現在，インフラストラクチャーとは「人々の生存・生活を守り，安全……に不可欠な共通の基盤であり，人々の潜在能力を発揮させ，可能性を実現させるための共通の基盤」と再定義され，土木とは「我々の社会を飢餓と貧困に苦しむことなく安心して暮らせる社会へと改善していく総合的な営み」と再定義されるに至った。

　脅威を低減した安全な社会の創生は人類の古くからの念願であり，多くの労力が払われてきたが，そうした努力は期待通りの成果を挙げてきたわけではない。それでは，そうした経験の中で得てきた知恵と，土木工学・建築学・環境工学など，本来人々の生活に安全と快適さを提供するのが目的であった学問を組み合わせ，さらに必要に応じてディシプリンに拘らず有用な手法を貪欲に取り込むことによって，脅威に対する戦いをもっと実り多いものにすることはできないだろうか。「人間安全保障工学」の意義はここにある。

　こうした努力を行うことにより，ともすればモード１型のディシプリンとして先鋭化しがちであった土木工学，建築学，環境工学といった既存の学問は，本来的な意味での市民工学（civil engineering[39]）としての輝きと社会的有効性を，いっそう高めることが可能となると考えている。

---

[39] 土木工学は英語では civil engineering と称される。

2

実践的アプローチとしての
人間安全保障工学

小林潔司

1 実践者としてのエンジニア

　今日ほど，プロフェショナルとしてのエンジニア（以下，エンジニアと呼ぶ）の実践における責任と倫理が問われている時代はない。高度に複雑化した現代社会では，エンジニアが実践において直面する問題は，個々のエンジニアの専門分野をはるかに超え，他分野の問題を巻き込み複雑になっている。エンジニアは問題解決のために不安の中で複雑性，不確実性に立ち向かうが，価値観のコンフリクトを解決することは簡単ではない。一方で，エンジニアには，問題解決にあたり独自の専門性と同時に，知識・技術と見識を総合化することが求められる。このような越境性，複合性に立ち向かうエンジニアの知恵が問い直されており，エンジニアの新たなプロフェショナル像を確立することが求められている。

　かつて，論壇において「知の転換」が議論された時代があった。従来の諸学問が依拠してきた基本原理を，1) 普遍性の原理，2) 論理性の原理，3) 客観性の原理に求め，このような科学概念からはみ出した領域における学問論への転換が模索された[1]。例えば，精神医学，動物行動学，看護学，教育・保育実践学に代表されるように，対象との身体的な相互行為を中核とする臨床的領域，あるいは地域学，文化人類学のように個体的フィールドを対象とする領域が新しい学問領域として位置づけられ，「臨床的・個体的分野において，いかに学問が成立しうるか」という問いが発せられた。これらの学問は，いずれも，個々の場所や時間のなかで，対象の多義性を十分考慮に入れながら，それとの交流のなかで事象をとらえるという「フィールド的な知」の発想を必要とする。人間安全保障工学は，前章で論じたように，まさに現実世界において人間の存在を脅かすさまざまな脅威，危険やリスクに対して，現場の視点から，当事者が直面している問題の病理性や矛盾点をまるごと把握し，その解決をめざして具体的な処方箋を現地の人たちと一緒に考えていくという極めて実践的工学である。また，人間安全保障工学を学習する者は，

---

1) 中村雄二郎，哲学の現在，岩波書店，1981.

まず実践的工学が要求する「フィールド的な知」の発想を身に付け，自らが取り組んでいる問題の解決に対して自分の経験や知識を動員することが要求される。さらに，認識や経験，知識や感性の異なる人たちと協働し，問題解決に向かって行動しなければならない。この意味で，人間安全保障工学は，人間存在が直面する脅威，危険やリスクに対応するための個別工学の領域を超え，「フィールド的な知」の発想方法，問題解決に向かうための実践的方法論を，その学問領域の内部に包含しなければならない。本章では，実践的工学としての人間安全保障工学が「いかなる意味で工学となり得るのか」，あるいは，「人間安全保障工学を学ぶということは，どういうことか」について議論してみたいと考える。もとより，人間安全保障工学は新しい工学領域であり，工学として体系化されているわけではない。本章では，今後の議論のきっかけとして，人間安全保障工学に関する1つの筆者なりの考え方を示すこととする。

2 エンジニアに必要となる「フィールド的な知」

2.1 従来の諸学問の基本原理

「フィールド的な知」は，「実践」と密接に関連している。現実社会における実践と関わる学問分野では，1) 普遍性の原理には個別性の原理，2) 論理性の原理にはシンボリズムの原理，3) 客観性の原理には能動性の原理という組み合わせがそれぞれ議論の対象となる。実践的学問は，数学モデルのように匿名性を有した抽象的空間を取り扱うわけではなく，時間・空間が指定された個別的フィールドを対象とする（個別性の原理）。対象とする問題には，簡単な数学モデルや因果関係に還元できない領域が介在する。個別的フィールドの問題は，対象を多様な意味を持つ総体として把握せざるを得ないという特性を持っている（シンボリズムの原理）。さらに，エンジニア自身が能動的に実践対象である事象に働きかける一方，逆に実践対象の特徴が判明した後にエンジニア自身の働きかけを変更する場合もある。そこでは「主観」と

「客観」,「主体」と「対象」を厳密に分離することは不可能であり,エンジニア自身が対象に働きかけようとする意思を持っている(能動性の原理)。個別性,シンボリズム,能動性という概念は,伝統的学問観において意図的に排除されてきた要素であるが,実践を対象とする限り,これらの3要素が学問観の中核に位置せざるを得ないという宿命を持っている。

例えば,地域活性化という実践的な問題を取り上げよう。エンジニアには,まさに対象とする「地域」で「いま」起こっている現実的な問題を明らかにし,それに対して問題解決の方向性を見つけることが求められる。多くの地域において幅広く適用可能な一般的な政策論ではなく,目の前に展開している問題の解決に役に立つ個別的な処方箋の提示が求められる。エンジニアは,問題解決のために,需要予測モデルや分析モデルを作成し,最終的な意思決定に役に立つ情報を作成する。しかし,モデルは対象とする問題の中から一部を切り取り,概念化,抽象化の操作を経て構築されたものであり,いくら精緻なモデルを定式化したとしても,モデルにより地域で展開している問題全体を記述することは不可能である。また,そのような精緻なモデルを作成する意味もないだろう。地域の問題には,多様な部分問題が含まれている。エンジニアには問題解決にあたり,このような問題の全体像を把握する努力が求められる。さらに,エンジニアは,対象から距離を置いて客観的に現実を観察するわけではなく,地域の中に飛び込み,地域に能動的に働きかけ,地域に変革をもたらす意図を持つ役割を果たす。しかし,エンジニアが働きかけようとする地域(客体)側から,さまざまな意見や反応が表明され,エンジニアは常に自分の試みが正しいかどうかを判断し,必要とあれば働きかけの内容を変更していくことが求められる。

2.2 フィールド的な暗黙知

このように,工学における実践は,具体的な対象に働きかけ問題解決をめざすため,個別性,シンボリズム,能動性の原理を踏まえることが必要となる。実践を対象とした学問(実践的学問と呼ぼう)を発展させるためには,「フィールド的な知」としての体系化と問題解決のための知的営為の蓄積が

必要となる。デカルトの方法序説[2]以来，経験的な事実に基づいて，抽象化，一般化された仮説や理論を提示するとともに，現実のデータを用いて理論の証明や仮説の検証を行うという実証科学の方法が確立されてきた。このような実証科学の方法は「方法概念」と「方法論」という両輪で構成されている。方法概念とは，対象とする現象や問題を抽象化し，操作的な分析を可能とする概念的フレームを表し，方法論とは方法概念を用いて結論や法則性を導くための客観的なルールや操作を意味している。方法概念，方法論を構築するためには，普遍化，論理化，客観化の操作が不可避となる。実践的学問においても，伝統的学問が準拠してきた普遍性，論理性，客観性という3原理が不必要になったわけではない。経験や知識，価値観が異なる人々の間で，コミュニケーションを行うためには，現場の人間が持っているその場，その時の知（暗黙知[3]と呼ぶ）を，概念やモデルを用いて客観的な方法で表現された知（形式知と呼ぶ）に変換することが必要である。実証的科学では，知の体系を論理的・匿名的に形式化し，客観的な方法論を用いて仮説や命題の正しさを説明することが可能であることを前提としてきた。しかし，実践的学問は，知の重要な部分が暗黙知で構成される場合も少なくなく，往々にして科学的なアプローチだけで結論を導出することが困難になるという問題に直面する。経験的な判断は主観的な内容を持っていることも多く，論理的な方法でその適切さを示すことが難しい場合も少なくない。このような「フィールド的な知」を対象とした実践行為が「いかに学問の対象となりえる」のか？この「問い」に答えることが必要である。

2.3 客観化と「客観化の客観化」

前述したように，実践的学問が学問としての定位置を占めるためには，伝

---

[2] Descartes, R, 1637, Discours de la methode, Editions Gallimard.（谷川多佳子訳，方法序説，岩波文庫，1997.）
[3] Polanyi, M., 1958, Personal knowledge: Towards a post-critical philosophy, Routledge.（長尾史郎訳，1985，個人的知識 ── 脱批判哲学をめざして，ハーベスト社.）

統的学問の基本的原理である普遍化，論理化，客観化によるフィールド的な暗黙知を形式知へ変換することが必要である。このような形式知化の操作とは，伝統的学問において蓄積された方法概念という分析枠組みに準拠し，エンジニアが所属する学術世界（土木技術者であれば土木工学）において共有化された方法論を用いて，一定の仮定から結論を論理的に導出することである。本章では，このようなフィールド的な知の形式化操作を，「客観化」という用語を用いて表現する。（以下，客観化という用語を，知の形式化操作という限定した意味で用いることとする。）しかし，実践的学問は，フィールド的な実践に要請される個別性，シンボリズム，能動性の課題に応えることが必要である。すなわち，実践的学問を用いたアプローチ（実践的アプローチ）では，エンジニアが用いた知の形式的操作という客観化の方法が妥当であるかどうかということだけでなく，客観的な方法自体が対象とする問題を解決するための有意義な道具となりえているのかを論証することが必要である。本章では，このような実践知の形式化過程自体が問題解決のために有意義な道具になりえているかということを検証する操作を，「客観化の客観化」と呼ぶこととする。実践的アプローチでは，エンジニアが利用可能な客観化過程の方法概念や方法論（以下，レパートリーと呼ぶ）を蓄積するとともに，「客観化の客観化」を実施するための道具立て（実践的アプローチ）を開発することが必要となる。「客観化」の過程においては論理的展開における厳密性が要求されるが，「客観化の客観化」の過程においては，対象とする個別的文脈における適切性が指導的な評価原理となる。本章では，このような実践的アプローチとして，フィールド実験，フレーム分析，橋渡し理論，省察の中の考察について紹介する。実践的アプローチでは，エンジニア自身が対象に対して能動的に働きかけをすると同時に，逆に対象によりエンジニア自身の働きかけが変更される場合もある。そこでは「主観」と「客観」，「主体」と「対象」を厳密に分離することは不可能であり，研究者自身が分析自体の適切性をエンジニア自身が問い続けるという省察が必要となる。

3 エンジニアの実践における課題

3.1 専門性の問題

　地域の生活者や企業などの公共サービス利用者，その他納税者や各種団体など，さまざまな利害関係や多様な価値観が交錯するなかで人間の安全保障に関わる意思決定がなされる。このような意思決定の正統性を担保する上で，エンジニアによる評価，情報提供，監査が重要な役割を果たす。人間の安全保障を増進させるうえで，意思決定者は多様なステークホルダーの中で，どの主体の要望を満足させるかを決めざるを得ない。意思決定者は意思決定に至った判断過程に関する理由を説明することが求められる。とりわけ，意思決定に至る判断が技術的，専門的な知識に基づく場合，専門的知識に関する説明が必要となる。このような専門的アカウンタビリティ[4]を議論する場合，工学や関連分野における専門的知識や，それに精通するエンジニアが，行政活動の専門的アカウンタビリティにどのように貢献しうるかが重要となる。

　従来，エンジニアは，社会的意思決定の正統性を裏づけするために重要な役割を果たしてきた。しかし，自然災害リスク，汚染物質リスク，原子力発電リスクなど，学問の発展が未成熟であり，エンジニアといえども確かな専門的知識を持ち得ない問題に対して，判断を下さなければならない状況が増えつつある[5]。エンジニアの間で，科学的・技術的判断を巡って意見が異なる場合も起こりうる。また，エンジニアの科学的・技術的判断が，エンジニアが有する価値観に影響を受けていることも否定できない。このため，エンジニアがそれぞれの専門分野においても，意思決定のための明確な判断基準を提示することができず，エンジニアが有する専門的知識の正統性が揺らい

---

4) Gilman, S., 1939, Accounting concepts of profit, The Rolland Press Co.
5) Beck, U., 1986, Risikogesellschaft. Auf dem Weg in eine andere Moderne, Suhrkamp Verlag. （東廉，伊藤美登里訳，1998，危険社会，法政大学出版局．）

でいる[6]。

　エンジニアは，工学の専門的知識に基づいて，人間の安全保障に関わる科学的・技術的判断の妥当性を評価する。本章では，エンジニアの判断の根拠となる妥当性の範囲をフレームと呼ぶことにする。さらに，エンジニアは，自分の専門領域において，自分の判断の根拠や判断の過程を正当化するための理論やモデルなどのレパートリーを持っている。しかし，エンジニアが対象とする問題が，エンジニアのフレームを大きく超えたり複雑に絡み合ったりしている場合が少なくない。このようなエンジニアのフレームを超えるような問題に対しても，エンジニアとしての判断が求められ，結果として他の分野の研究者やエンジニアとの対立が発生する場合がある。さらに，工学のフレームの中でも，ある科学的・技術的判断をめぐって，しばしば他の分野の専門家やエンジニアの間で意見の対立が生じることもある。さらに，エンジニアと一般の利害関係者との間にはより大きなフレームの違いが存在する。

　このような意見の対立が生じる理由として，科学的・技術的判断における厳密性と適切性のジレンマが挙げられる。エンジニアは，所属する学協会をはじめとする工学の領域において学問的競争にさらされている。そこでは，エンジニアは精密なデータや確固たる証拠を判断の拠とし，科学的・技術的判断における厳密性が要求される。しかし，一般の利害関係者は技術的判断の厳密性よりも，自分の関心にとって有用であるか，技術的な判断が常識的な内容であるかという技術的判断の適切性を問題とする。エンジニアには，技術的判断の厳密性を重要視するか，実践的な観点に立って，利害関係者の意向を調整するために適切性を重視するか，という判断が必要となる[7]。さらに，多様な価値観や利害関心を有する関係者は，それぞれ異なったフレームを有している。問題解決のために適切なフレームを見出すために，異なる

---

6) Schön, D. A., 1983, The reflective practitioner: How professionals think in Action, Basic Books.（柳沢昌一，三輪建二監訳，2007，省察的実践とは何か —— プロフェッショナルの行為と思考，鳳書房.）

7) Schein, E., 1973, Professional education, McGraw-Hill.

主体が主張するフレーム間を調整することが必要となる。このような調整を達成するためには，エンジニアが多様な利害関係者や他分野の専門家とのコミュニケーションを通じて[8]，自らのフレームを相対化する努力が必要であり，その上で，新しいフレームを再構築することとなる。

3.2 正統化の問題

　人間の安全保障に関わる意思決定は，行政，利用者，納税者，企業，組織などのさまざまな利害関係者に直接的・間接的な影響を及ぼす。利害関係者は，多様な価値観や利害関心を有しており，それぞれ特定の立場から，人間の安全保障に対する異なる要求水準を有している。多様な利害関係が存在する中で，すべての主体を満足させるような合意を形成することは実質的に不可能である。そこで，誰の意見，要望を妥当なものとして認めるかが重要な問題となる。すなわち，意思決定の正統性をどのように賦与するかという問題である。

　M. C. サッチマンは，正統性を確保する上での3つの課題として，1) 利害関心の異質性，2) 正統性の硬直性，3) 敵対者の形成を挙げている[9]。第1に，関連する主体が，互いに異なる利害関心を有している場合に正統性が必要とされる。すべての主体を満足させる行為が存在すれば，正統性の問題は生じない。第2に，ある特定の立場の意見や要望が妥当であると判断される（正統性が認められる）と，正統性を付与された立場が硬直化され，それと異なる立場の意見や要望を排除する傾向が生まれる。第3に，社会的意思決定における判断が硬直化されれば，異質な利害関心が存在するために，それに対する敵対者を生みだす。

　多様な利害関係が存在する中で，すべての関連主体を満足させる政策を実

---

8) Forester, J., 1982, Planning in the face of power, Journal of the American Planning Association, 48, pp. 67–80.

9) Suchman, M. C., 1995, Managing legitimacy: strategic and institutional approaches, Academy of Management Review, 20(3), pp. 571–610.

施することは極めて困難である。そこで,「どのような立場の意見や要望を妥当なものとして認めるか」という正統化の問題が重要となる。このような正統化を確保するためには,人間の安全保障に関わる利害関係者がどのような要求内容や関心を有しているかを理解し,総合的,俯瞰的立場から整備水準を評価する組織が重要な役割を演じる。さらに,人間の安全保障問題においては,高度に専門的な判断が要請される。人間の安全保障に関わる意思決定の正統性を確保するためには,多様な利害関係者の要求内容や関心を把握するとともに,専門的な観点から意思決定の内容の妥当性を評価することがエンジニアには求められる。

　正統性に関しては,社会学の分野で多くの研究が進展した。例えば,J. G. モウア[10]は,階層的組織における評価の視点に着目し,「正統性は,ある組織が,自分の行動や意思決定に関して,上部システムや同等に位置するシステムの同意を得る過程である」と定義している。また,J. プフェファーら[11]は文化的受容の観点から,正統性は「組織の活動に関連するもしくはその活動に内在する社会的価値と社会システムにおける許容された活動規範との調和」を表すものと定義する。さらに,J. W. マイヤーら[12]は,組織が望ましいかどうかよりも,理解可能であるか否かを組織の正統性の根拠としている。こうした多様な定義を踏まえた上で,サッチマンは,正統性を「ある主体およびその行為を,規範,価値,信念,定義などが社会的に構造化されたシステムのなかで,望ましく妥当であり,あるいは適切であるという一般化された認識」と定義する。サッチマンによる正統性の定義は,ある主体や組織の行為に対する外部的な観察者(observer),あるいは観衆(audience)の視点を包

---

10) Maurer, J. G., 1971, Readings in organizational theory: Open system approaches, Random House.
11) Pfeffer, J., 1981, Management as symbolic action: The creation and maintenance of organizational paradigms, In: Cummings, L. L. and Staw, B. M. (eds), Research in Organizational Behavior, 13, pp. 1–52, JAI Press.
12) Meyer, J. W. and Scott, W. R., 1983, Centralization and the Legitimacy Problems of Local Government, In: Meyer, J. W. and Scott, W. R. (Eds), 1983, Organizational environments: Ritual and rationality, pp. 199–215, Sage.

んでいる。すなわち、正統性とは、ある主体の行為を集団としての観衆の視点から捉えた概念である。観衆の中には、その主体の行為に対して否定的な見解を有するものがいたとしても、観察者の集団全体としては、その行為を承認もしくは支持している場合、その行為は正統性を有していると考える。

サッチマンは、このような正統性を3つに分類している。すなわち、1) 実用的正統性 (pragmatic legitimacy)、2) 道徳的正統性 (moral legitimacy)、3) 認識的正統性 (cognitive legitimacy) である。第1の実用的正統性は、ある主体の行為がそれに関連する人々の利益をもたらすことにつながるかどうかに基づく正統性である。実用的正統性は、ある主体の行為が、関連する主体に対して利益をもたらす場合や、社会全体にとって利益が期待される場合に与えられる。人間安全保障政策の実用的正統性を確保する手法として、費用便益分析などが利用される。しかし、人間安全保障政策により、関連するすべての主体が利益を享受することを保証することは実質的に不可能である。したがって、実用的正統性の概念のみにより、人間安全保障政策を正統化することには限界がある。第2の道徳的正統性は、行為が正しいかどうかという評価に基づくものである。道徳的正統性における評価は、1) 行為の結果に対する評価、2) 行為の手続きに対する評価、3) 行為主体に対する評価に分類される。人間安全保障政策という行為がもたらす結果の評価とは、不利益を被る主体や環境に対して十分な配慮がなされ、可能な限り負の影響が及ぶ範囲を減らし、その影響を緩和するための対策が十分かどうかに関する評価を意味する。行為の手続きに対する評価とは、人間の安全保障に関わる意思決定が、一連の公正なルールに基づいて実施され（手続き的に妥当であり）、その過程の透明性が保証されることを意味する。行為の主体に対する評価とは、行為の主体が受託者として適切な誘因・報酬構造を有しているかという問題である。例えば、ある主体が利益相反する目的を有する場合、適切な誘因・報酬構造を有しているとは言い難い。観衆がある主体の行為が適切であるかどうかを判断することができるのは、当該の主体が行為を実施するために適切な能力とそれを実施するための適切な誘因・報酬構造を有している場合である。第3の認識的正統性は、利益や評価ではなく、社会的に必要性が認識されることに基づく正統性である。このような正統性の基準として、理解可

能性 (comprehensibility) と当然性 (take-for-grantedness) がある[13]。理解可能性は，ある行為がもたらす結果が予測でき，かつ行為の内容と結果がわかりやすいかどうかを意味する。一方，当然性は，ある行為とそれがもたらす結果に対して，十分な議論や検討がなされて，その内容が社会的に当然のこととして受け入れられる程度に成熟したものであることを意味する。

　人間安全保障に関わる意思決定において，関係主体が多様な価値観を持ち，互いに利害が対立するような環境において合意を形成することは極めて難しい。現在，パブリックインボルブメント（Public Involvement，以下，PI と略す）を初めとして，多くの市民参加型の計画プロセスが提案されている[14]。このような計画プロセスにおける意思決定が正統性を持つためには，一義的には実用的正統性，道徳的正統性を達成することが必要である。しかし，これら2つの正統性概念だけでは，人間安全保障政策の正統性を完全には保証できない。最終的には，人間安全保障政策がもたらすプラス・マイナスの影響に関して，事前に十分に検討し，認識的正統性を確保しえたかどうかが重要な課題となる。

3.3　フレームの相対化の必要性

　エンジニアのフレームの相対化は，専門的知識が限られた分野のみに限定されることを避けるために重要である。エンジニアは，自分の専門的知識におけるフレームが状況依存的であることを把握し，限定された条件の下で得られた知見であることを再認識することが必要である。このようなフレームはしばしばエンジニアが所属している学協会などの共同体に依存しているため，エンジニア自身が所属している分野のみに特化した限定的なフレームを無意識に受け入れている可能性がある。エンジニアが自分の有するフレーム

---

13) 越水一雄，羽鳥剛史，小林潔司，2006，アカウンタビリティの構造と機能：研究展望，土木学会論文集 D，62(3)，pp. 304-323.
14) 屋井鉄男，前川秀和（監修），市民参加型道路計画プロセス研究会（編集），2004，市民参画の道づくり ── パブリック・インボルブメント（PI）ハンドブック，ぎょうせい．

と他の分野のプロフェショナルや研究者が有するフレームとの差異を認識し，対象とする地域における生活者が，対象とする安全保障問題に対して抱いている像を把握することが重要である．このように，同じ問題であってもそれを認識するフレームが実は極めて多様であることを認識し，フレーム群全体の中で自己のフレームの位置関係を明確にすること（すなわち，フレームの相対化）が極めて重要な課題となってくる．

このようなフレームを相対化する努力を通じて，初めて異なる専門的知識を有するプロフェショナルや地域で生活する利用者とのコミュニケーションの糸口が開かれるのである．特に，地域で生活する利用者が社会的決定を下す上での貴重な判断材料となる経験的知見を有する場合が少なくない．地域の生活者は，地域の実情に即した「その場，その時の現場における知（ローカルな知）」を持っている．エンジニアの持つフレームが限定的な条件の下で得られた知見に基づいて形成されたものである場合，現場の条件に適合したフレームになっている保証はない．この時，エンジニアは自分の有するフレームを省察するとともに，現場の声に「理を与える」ことが求められるのである．この点で，日本の大学や研究機関，学協会などの共同体の閉鎖的な側面が指摘されている[15]．

人間安全保障政策における正統性は，多様な利害関係者の要求や関心（フレーム）を把握するとともに，より多くの人々に受け入れられるようなフレームの設定を行うことによって確保される．異なるフレームの間で異分野摩擦が生じるように，その行為と他の認識的正統性を有する行為とは相容れない障壁が形成される．このようなフレーム間のコンフリクトを解決する上で，以下の２つの条件が必要となる[16]．第１に，各専門分野の責任範囲（すなわち，各専門分野のプロフェショナルが有するフレーム）を明確にすることが重要である．自然災害による建築物の倒壊リスクを例に挙げれば，倒壊リスクに関す

---

15) 小林傳司, 2004, 誰が科学技術について考えるのか ―― コンセンサス会議という実験, 名古屋大学出版会.
16) Renn, O., 1995, Style of using scientific enterprise: A comparative framework, Science and Public Policy, 22(3), pp. 147–156.

る工学的な予測可能性がエンジニアにとって重要なフレームとなる。一方，法学者にとって，職責の範囲，結果回避可能性に関して法的な責任を問うことができるか否かが重要なフレームとなる。このようにエンジニアの判断が，どのようなフレームに準拠しているのかが明確にされなければならない。第2に，共同体は，現実の政策・プログラム判断が，どのような共同体によって実施され，どのような情報や証拠に基づいて意思決定がなされているのかを公開しなければならない。

3.4 実践と行為の中の省察

　ドナルド・シェーンは，技術的合理性（technical rationality）に基づいた技術的熟達者（technical expert）としての伝統的なプロフェッショナル像に対して，行為の中の省察（reflection in action）」に基づく反省的実践家（reflective practitioner）という新しいプロフェッショナル像を提示した[6]。近代のエンジニア像は，実証的科学を基盤として形成された技術的合理性を根本原理として成立している。技術的合理性原理の下では，実践とは科学的技術の合理的適用を意味している。

　現代社会が直面する問題は複合的であり，エンジニアは専門分化した自らの領域をこえる問題に対処せざるを得ない。そこで必要とされるエンジニア像は，「技術的合理性」のみならず，対象とする問題の個別性を理解した上で，その問題全体に目配りし，問題に能動的に働きかけることができる実践的合理性を有しているプロフェッショナルである。エンジニアは問題に対して適切なフレームを設定し，技術的合理性に基づいた道具立て（レパートリー）だけでなく，必要な外部のプロフェショナルのレパートリーも導入することにより，対象とする問題に実践的に取り組む。このような実践の適切性は，直面する複雑で複合的な問題との「状況との対話（conversation with situation）」によって評価され修正される。エンジニアは，このような状況との対話を通じて学習し，フィールド的な知見を蓄積し，その行為を合理化させていく。シェーンは，このような実践的行為を「行為の中の省察（reflection in action）」と呼んでいる。さらに，行為の中の省察を実践するプロフェショナルを「反

省的実践家（reflective practitioner）」と呼ぶ。

　例えば土木工学の場合，その技術が社会基盤として結実されることによって，その有用性が評価されてきた。従って，土木工学の実務分野において，エンジニアによる「行為の中の省察」は常に実践されてきたといってよい。現場では，ベテランのエンジニアによる行為を通じて，若手エンジニアが実践について多くのことを学んできた。このような試みは，「有能なエンジニアは，自分が言葉に出して語る以上のものを知っている」ことを意味する。有能なエンジニアは，「実践の中の知の生成」(knowing-in-practice) を行っているが，その行動の多くは暗黙のうちになされている。エンジニアは，実践の中で知識や技術，個人の経験や見識に基づいて，不確実で多くの矛盾をはらんだ実践的状況の中で意思決定を行い，その成果からフィードバックすることによって自己の知の適切性を評価している。まさに，「行為の中の省察」を実践してきたと考えてよい。

　実践的アプローチは，行為の中の省察が有している独自な構造を分析することに始まる。これまで何度も言及したように，実践的アプローチには伝統的な工学に基づいた技術的合理性モデルによる客観化の操作が含まれている。しかし，工学の実践においては，技術的合理性の厳密性に関する議論にとどまらず，特に根拠なく広く信じられている考え方や，現実世界においてエンジニア自身が関与する人間関係や制度的文脈などに由来する制約（limit）の影響を受けることになる。人間安全保障工学を学んだエンジニアは，具体的に問題が発生している，あるいは発生が予期できる具体的なフィールドに飛び込んで，問題解決に向かって現地の人間と協働することが求められる。エンジニアには，現地の生活者が持っている現実の意味や感覚を理解し，対象となる問題をまるごと把握し，より望ましい解決に向かって歩みを進めることが，より強く要請される。人間安全保障工学とは，既往の技術の単なる「適用」ではなく，「状況との対話を通してフィールドの知を生成する」というエンジニアの知のプロセスのあり方を，具体的な実践事例の分析を通して解明する工学であると定義できる。さらに，エンジニアとステークホルダーとの関係，エンジニアの知に関する組織的・制度的制約，組織的・社会的学習などの構造分析や具体的な実践プロセスを省察して，人間安全保障政策の

計画，実施，運用過程の改善，エンジニアを育てる新しい省察的機構としての大学のあり方，パブリックな意思決定のためのコミュニケーション過程の改善，公共性実現のための担い手としての専門職へのプロフェショナル像の提起，エンジニアが設定する実践フレームの転換を図り，エンジニアのプロフェショナル像をより大きな社会的文脈の中で位置づけることを目的とする。

④ 実践的アプローチとは

4.1 実践的アプローチの問題点と課題

　実践的工学としての人間安全保障工学は，具体的な問題を対象として，問題の多義性を十分考慮に入れながら，それとの交流のなかでフィールド的な暗黙知を形式知に転換する試みを，学問体系の内部に包摂している。しかし，実践的工学が有する1) 個別性の原理，2) シンボリズムの原理，3) 能動性の原理に起因して，人間安全保障工学に携わる研究者，工学的成果を利用するエンジニアがしばしば陥りやすい問題点について留意することが必要である。

　第1に，実践的工学を構築するための実践的アプローチの対象が，現在という時点とそれが位置する空間に拘束される。実践的アプローチを，対象とする問題がおかれている個別的な文脈から切り離して実施することはできない。このことより，ともすれば，実践的アプローチが単なる個別的事例の記述となってしまう危険性がある。実践的アプローチは，具体的・個別的な事例を対象としながらも，そこから普遍的な「知」の体系を構築するという客観化の操作が必要となる。それと同時に，対象とする実践事例に即して，普遍的な知の体系からかい離している個別性を見極めるという相対化の努力が必要となる。さらに，人間安全保障工学の成果を実践するにあたって，エンジニアはさまざまな現実の制度的な制約や財源的・人的制約の下で判断することが求められる。いわゆる，制度従属性の問題である。すなわち，評価の

方法や視点が制度に従属しており，実践に対する評価が所与の制度的枠組みの下でのみ有効である場合が少なくない。現実の社会では，ある制度に関わる問題が，実は別の制度との関係にも影響されるという制度的補完性の問題が存在する。ここにも，制度的個別性と普遍性との対立という問題が介在する。このように，普遍性を求めながらも，同時に相対化を通じて個別性を見極めるという相対主義の難題が存在している。

　第2に，対象とする問題に，利害関係や価値観の異なる他者が関わっている点が挙げられる。エンジニアは社会が直面する驚異，危険やリスクに関する情報をメッセージとして利害関係者に発信する。送り手は自らの予想に基づいて情報を発信するが，結果として受け手が送り手の情報に対して異なる解釈をする可能性がある。一般に，利害関心や価値観の異なる主体間のコミュニケーションを通じて，相手の立場や認識に関してお互いに理解することは非常に難しい。関係主体間の円滑なコミュニケーションを阻害する大きな要因として，参加者間の認識体系の違いが挙げられる。コミュニケーションを行う参加者は，自分の要求や置かれている立場について発言するが，他の参加者がそのメッセージ内容に対して同じように解釈するとは限らない。心理学の分野における多くの実験的研究において，人々は自分の認識フレームを用いて相手の言葉や事象を捉え，主観的な解釈を当てはめることが指摘されている[17]。そこで示唆されている点は，1) メッセージの持つ意味は唯一ではない，2) 意味は必ずしも共有されないことである。第1に，1人の個人が持つ認識体系においても，言葉の意味は個人の置かれた状況や文脈に応じて多数存在する。個人が自分の発する言葉にどのような意味を与えているかは，個人が自分のおかれた状況をどのように認識しているかに依存する。第2に，言葉の有するシンボリックな意味は，各個人の経験や知識に基づいて構造化されており，異なる経験や知識を有する他の個人が同じ意味でその言葉を利用するとは限らない。ステークホルダーは，対象とする問題に対して，さまざまな認識を有し，異なった意味を付与する。このような多様な認識や意味

---

[17] 脇田健一，2002，コミュニケーション過程に発生する「状況の定義のズレ」，都市問題，93(10)，pp. 57-68，東京市政調査会，2002.

を有するシンボリックな総体として位置づけ，対象とする問題の意味の構造を分析することが必要である。既存の公共事業を対象とした実証研究によれば，行政と住民とのコミュニケーションの失敗をもたらす原因として，利害関心の違い，視角の違い，状況の定義のズレなどが指摘されている。梶田[18]によると，公共事業における視角の違いは，「同一の社会問題が，別々の主体によって別々の問題として把握され体験される」現象として説明されている。異なる認識体系を有する関係主体の間で円滑なコミュニケーションを実現するためには，可能な限り認識の共有化を図る努力が必要となろう。

　第3に，人間安全保障工学に関わるエンジニアは，対象とする問題と無関係に独立した存在ではなく，むしろ問題の中に課題を見出し，その状態を改善することを目的として，対象に能動的に働きかける存在である。このような能動性の原理により，実践的行為自体が本質的次元でいくつかの陥穽を持っている[19]。人間安全保障工学の実践がある種の複雑さを持った社会的事業 (social enterprise) である限り，現実的な政治の要請に対して距離を保てないことから，実践的アプローチの中立性が必ずしも保たれる保証はない。また，エンジニア自身が，自らの帰属する歴史や文化性とは無関係でないという問題に目配りを怠ったり，特定の文化観や価値観に対する反省を忘れたりした時，実践的アプローチ特有の非中立性の陥穽に陥るという「関わりのエトス (ethos) の問題」が発生する。「関わりのエトス」は，実践的アプローチの対象とする地域に対するフレーム設定の適切性を吟味し，エンジニア自身による知的，技術的関与のスタンスの適切性を定める配慮に他ならない。さらに，実践的アプローチにおける能動性の原理は，「エンジニア自身が実践の評価主体となる」という方法論上の問題も引き起こす。実践的アプローチは実践的行為に対する評価を必ず伴うが，多くの場合は，エンジニア自身が自己の実践を評価することになる。この場合，エンジニアによる実践の観察結果が，エンジニア自身の日常的な認識・解釈の限界や制度的制約によって，

---

18) 梶田孝道，1988，テクノクラシーと社会運動 —— 対抗的相補性の社会学，東京大学出版会，1988．
19) 矢野暢編，1987，地域研究，講座政治学 IV，三嶺書房．

その客観性が損なわれる可能性がある．この難点を克服するためには，実践的アプローチに参加するエンジニアは，自分自身の実践を対象として観察する場合にも，つまり，できる限り自分自身から身を引き離して観察することが必要である．つまり，エンジニアによる「実践の客観化」と「実践の客観化を行う行為そのものを客観化する」視点がいる．エンジニアは実践の過程において，可能な限り適用する技術の適切性を担保する努力が必要である．しかし，実践的アプローチにおいては，それにとどまらず，対象とする問題との関係において実践的行為自体がいかなる意味において適切性を有するかということを，可能な限り客観的な方法で説明することが必要となる．筆者は，実践的アプローチにおけるこのような過程を「客観化の客観化」と呼んでいる．

以上のように，人間安全保障工学に携わる研究者や，その適用を試みるエンジニアには，自分自身が客体に対して能動的に働きかけると同時に，逆に客体により自分自身へのフィードバックを通じて，道を切り開いていくという弁証法的実践の姿勢が求められる．シェーンは，このような弁証法的実践を省察的実践[6]と定義している．人間安全保障工学では，伝統的な技術的合理性モデルを用いた客観化レパートリーを蓄積すると同時に，客観化の客観化を達成するための実践的方法論の開発が求められる．工学の分野において実践的アプローチに関する研究の蓄積は乏しいが，シェーンは，臨床的分野の実践研究事例を蓄積し，1) フレーム分析，2) フィールド実験，3) 橋渡し理論，4)「行為の中の省察」プロセスという実践的アプローチを提案している．

4.2　実践的アプローチ ── フレーム分析

実践的エンジニアは常に具体的な問題を対象とするため，対象の固有性を踏まえて問題のフレームを設定しなければならない．エンジニアは，過去の経験，類似の事例，科学技術に関する知識に基づいて，対象とする個別の問題に対してフレームを設定しようとする．この時，エンジニアが設定するフレームの善し悪しは，エンジニアが適用可能な技術や知の体系，経験の総体

に依存する。エンジニアは，自らが持つレパートリー内にある知識や経験で利用可能なものを探索し，あるいは利用可能な外部知識や技術を利用して，対象とする問題の解決のための道具立てを再構築することが求められる。実践において，レパートリーの再構築が重要な領域を占めることは言うまでもない。レパートリーの再構築にあたっては，工学の分野や自然科学，社会科学をはじめとする関連分野における技術的合理性モデルが重要な役割を果たす。それに加えて，このようなレパートリー再構築の過程において，「既知の状況で起こった事例に基づいて，エンジニアが直面している状況を問題として設定し，必要とされるレパートリーを構想する能力」が動員される。このような実践的行為においては，1) 既往事例の調査と利用可能なレパートリーの抽出，→ 2) 新たな視点，問題点の抽出によるフレーム分析，→ 3) レパートリーの再構築とフィールド実験による仮説の検証，という省察のプロセスが繰り返される。

エンジニアの「わざ」は，未知の状況にもち込むレパートリーの幅と多様さに依存する。エンジニアが未知の状況に出会った場合，エンジニアが利用するレパートリーの範囲を拡大するために「フレーム分析」が必要となる。フレーム分析とは，自分が問題解決において利用するレパートリーの範囲や分析の対象を明示的に記述することを意味する。フレーム分析において，取り上げるべき要因としては，

1) 問題解決のために用いる道具立て（レパートリー）のリスト，
2) 問題状況を記述するモデル，
3) 問題のシンボリック構造を記述するための包括的理論，
4) 実践に参加するエンジニアの役割フレーム

などである。このようなフレーム分析を通じて，エンジニアは自分が依存する暗黙のフレームを再認識することが可能となる。さらに，フレーム分析の結果に基づいて，クライアントやステークホルダーと対話することにより，対象とする問題に対する視点が，多元的であることを認識することができる。また，自らの実践を構成している複数の役割フレームに気づく場合もあろう。それにより，暗黙のフレームを，「行為の中で省察する」ことが可能となる。

その際，エンジニアはともすれば，既に確立している理論や技術のカテゴリーに頼り，既存事例のフレームを踏襲しようとする可能性があることに留意することが重要である。特に，エンジニアが個人的，組織的に既に確立した既存フレームを維持しようとすることは，エンジニアが自身の探求について省察しないことに他ならない。換言すれば，既往事例において用いられたフレームを暗黙知として神格化することにつながる。この時，エンジニアに対して，既存フレームによる自己規制を打破し，直面する問題における個別的文脈の中で自分の役割フレームを見直し，フレームを改善するための学習行為を動機づけることが必要となる。以上の考察に基づけば，フレーム分析において，留意すべき点として，以下の事項を指摘することができる。

1) 既に確立している理論や技術のカテゴリーに頼らず，行為者の省察を通して，独自の事例について新しい理論を構築することが重要である。
2) 手段と目的を分離せず，両者を問題状況に枠組みを与えるものとして相互的に捉えることが必要である。

ここで，筆者らが取り組んでいるインドネシアにおけるソーシャルキャピタルと水供給システムとの関係を分析した実践研究[20]を事例として取り上げよう。高い経済成長が続くインドネシアでは，地方自治体が管轄する公的な水供給システム（PDAM）が急速に普及している。PDAMの普及はそこで暮らす人々の衛生環境の改善に大きく貢献している。その一方で，地方部を中心として，従来行われてきたコミュニティに住む人々の信頼関係に基づいた共同体を単位として自主的に運営されてきた，HIPPAMと呼ばれるコミュニティ参加型水供給システムが大きな役割を果たしている。ここで，エンジニアが単純に「いかに早く従来型の水供給システムから公的な水供給システムへ切り替えるか」というフレームを設定することには大きな問題をはらむ可能性がある。なぜなら，水供給システムの選択問題は，対象となる地域の

---

20) この研究は京都大学 Global COE Program「アジア・メガシティにおける人間安全保障工学」の一環として行われたものである。詳細については http://hse.gcoe.kyoto-u.ac.jp/ を参照のこと。

社会・経済状況，コミュニティにおける生活実態などと切り離して議論はできないからである．著者らは同研究の中で，現地調査を実施して「人間の安全保障として最低限必要な水供給の確保という観点から，コミュニティ参加型水供給システムを維持するために重要なソーシャルキャピタルの要件は何か」という新たなフレームを設定した．

4.3　実践的アプローチ ── フィールド実験

　伝統的学問観の下では，実験は科学的・技術的仮説を検証するための道具的手段として位置づけられ，他人が同じ方法で実験を実施した場合に，同じ結果が得られるように実験プロセスを管理することが要請される．実験プロセスに，自分の関心や好みが介在しないように，対象との距離を維持することにより実験の客観性を保つことが要請される．実践的行為においても，エンジニアはフィールドにおいて，さまざまな種類の実験を実施している．地盤探査や試行的な実験，手立てや仮定を試す実験，社会的実験など，工事の実施や政策の実践の準備をするための試行的なフィールド実験が該当する．フィールド実験の目的は，科学的・理論的仮説モデルを検証することを目的とした管理された科学的実験とは異なる．実践の中で行われるフィールド実験は，エンジニアが「自らが直面している状況の不確実性を減らすことにより，より望ましい意思決定や判断を行う」ことを目的としている．言い換えれば，エンジニアにとって，実験の目的は科学的理論や技術的命題を検証することではなく，エンジニアが取り組んでいる問題自体を実験対象とし，問題の解決にあたって，よりよい結果をもたらす手立てを見出すことを目的としている．

　エンジニアによるフィールド実験の目的は，エンジニアが必要とする情報のタイプや内容，不確実性の程度に依存している．したがって，実験の成否は，実験結果の精緻性・厳密性や学術的新規性により判断されるのではなく，「問題の状況をどの程度把握できたか」，「エンジニアが置かれている意思決定環境をどの程度改善できたか」，というフィールド実験の適切性によって判断される．生じた状況の変化が，実験の成果である．それゆえ，フィール

ド実験のプロセスは，できるだけ客観的な分析結果が得られるように設計されることは言うまでもないが，それ以上に

1) 意思決定や判断のために，必要な情報が得られるのか？
2) 状況に新しい意味を与え，疑問の性質が解明されるか？

という課題に応えられるように設計されなければならない。この点において，実践的なフィールド実験は，K. R. ポッパー[21]が言うような科学的仮説を反証するという反証主義に基づく実験ではない。そこでは，フィールド実験を通じて，エンジニアの意思決定の合理化が達成できるのかという，実験の適切性に関する検討が重要な課題となる。

このようなフィールド実験は試験室や現場における実験にとどまらない。シェーンは，エンジニアがメモやスケッチ，走り書きをする時，エンジニアはエンジニアが作り出した仮想的な世界において実験をしていると指摘している。現実社会において実験することが困難な場合でも，エンジニアは思考実験を通じて，よりよい判断や決定を行おうための努力を行うことが必要である。この場合，エンジニアは思考実験を実施し，それを問題解決に利用するという実践と，対象に対する働きかけを通じて思考実験を実施する能力を高める実践という二重の意味の実践を行うことになる。このような実践が可能になるためには，エンジニアには，自分が対象に対して働きかけた部分と，自分の意思とは無関係に対象がそれ自体として機能した部分を峻別できる省察能力が要請される。このような省察能力を通じて，エンジニアは，思考実験の結果に従って，対象に対して能動的に働きかけるが，是正すべきことがあれば，いつでも行動を取りやめ，別の方法を考えるための思考実験を行う必要性をあらかじめ準備しておくことが可能となる。

再び著者らによるインドネシアにおける研究を事例として取り上げよう。これまでに著者らが所持していた過去の経験，類似の事例，科学技術に関す

---

21) Popper, K. R., 1963, Conjectures and refutations: The growth of scientific knowledge, Routledge.（藤本隆志他訳，1980，推測と反駁 —— 科学的知識の発展，法政大学出版局.）

る知識に基づいて設定した当初フレームを，対象地域の現状に関するローカルな知を獲得することにより修正したが，それだけでは不十分である。そこで，意思決定や判断のために必要な情報を獲得すべく，実際に実践の場である対象地域に赴いてアンケートやインタビュー調査を行った。そこでは，なぜ相対的に高度な技術を持つ公的な水供給システムが普及しにくいのかというエンジニアにとってフレームを設定する上での不確実性を減少させる有用な情報を獲得している。その結果，必ずしも著者らが設定し直したフレームが適切とは限らないことに気づくとともに，再度客観的に対象を把握してより望ましい意思決定を行える環境を整備している。

4.4 実践的アプローチ ── 橋渡し理論

　エンジニアが，対象とする問題とそれを解決するために必要なレパートリーをマッチングさせることが必要である。しかし，エンジニアが，自分が持っているレパートリーだけでは，直面する問題に対して十分に対処できない場合がある。エンジニアが，自分の過去の経験や知の体系とは相容れないように思える新しい状況を理解するためには，状況を再構築するための理論が必要となる。エンジニアは自分が有しているレパートリーと，自分の外部に存在する経験や知の体系とを結びつけ，レパートリーを再構築することが必要となる。このようなレパートリーを結びつけるための理論や方法が必要となるが，このようなレパートリーを再構築するための理論を「橋渡し理論」と呼ぼう。エンジニアは，橋渡し理論を用い実践行為を説明することが可能となる。典型的な橋渡し理論は，

1) 普遍的法則ではなく，固有の事象に内在するある主題的なパターンを発見する方法
2) 主題的なパターンを個別的な文脈に適した形に翻訳する方法
3) 科学的厳密性を求めるのではなく適切な厳密性を求める方法

で構成される。橋渡し理論は，エンジニアが，既往の実践事例やエピソードを検証し，フレームの再認識とレパートリーを再構築するために用いる方法

である。人間安全保障工学を発展させるためには，地域に介在する脅威，リスクや危険を軽減させるために既往の実践事例やケーススタディーを蓄積すると同時に，実践の事例研究を通じてエンジニアたちが問題の見方やレパートリーを再構成する方法を開発することが重要な課題となる。

　問題が学問的な複合性や越境性を有する場合，エンジニアが自分とは異なるフレームやレパートリーを有するプロフェッショナルやエンジニアとパートナーシップを組むことが必要となる。エンジニアはエンジニア自身の本来的な専門領域におけるレパートリーと，新たに獲得した越境的なレパートリーの間の正確さのギャップに対して敏感でなければならない。工学における実践的課題の知の領域は，個別工学の分野をはるかに超え，例えば社会科学や人文科学の領域までも拡大する場合が多々ある。拡大する領域のレパートリーが必要な場合でも，それぞれの分野を専門とするエンジニアと同等かそれ以上の内容を持つレパートリーを用いることが必要である。越境する分野に対する生半可な知識やひとりよがりの理解を応用してしまうという愚を犯してはならない。エンジニアが自ら知の越境を試みる場合には，越境した領域に飛び込み，その領域における方法概念と方法論を本気で修得し，その領域のエンジニアや研究者達と真剣勝負を挑むことが求められる。

　シェーンは，実践的エンジニアと学問的研究者の協働は，互いに「往還できる境界（permeable）」を持ち，互恵的な行為の中の省察に基づく関係の下で実践されると述べた。そこでは，「エンジニアとしての研究者」と「研究者としてのエンジニア」とのパートナーシップが必要となる。さらに，エンジニアと研究者とのパートナーシップは，研究者自らが自己の省察力を高め，次にエンジニアの省察力も育成するように援助する必要があるとシェーンは指摘している。研究者には，自分自身の実践を省察し，さらにはエンジニアの省察をも援助するという二重の課題が課せられている。産官学共同モデルが提唱されて久しいが，工学の分野で産官学共同が実を結んだ実例はそれほど多くない。橋渡し理論に基づけば，パートナーシップを実践するためには，まずは知の形式化のプロフェッショナルである研究者の方から「研究者としてのエンジニア」として歩み寄り，エンジニアの暗黙知を形式知に変換するアクションを起こすことが出発点になる。

インドネシアの事例においては，これまでの関連工学におけるレパートリーにとどまらず，経済学，社会学，政治学といった人文・社会科学の知見に基づいたレパートリーを援用することが必要不可欠であった．さらに，学問のレパートリーをまたぐ橋渡し以上に重要であったのが，実践の場におけるローカルな知にたけたエンジニアとの間の橋渡しである．対象となるコミュニティの関係者やローカルな現場を対象として長年研究を行っている研究者との対話を通じて研究者とエンジニアとの間の共有知識を増やし，より適切な意思決定を導く可能性を持つフレームを設定することが極めて重要である．

4.5 実践的アプローチ ――「行為の中の省察」プロセス

エンジニアは実践の過程の中で，当初設定したフレームの適切性，再構築したレパートリーの有効性，フィールド実験の適切性について，状況との対話を通じて省察することが必要である．すなわち，エンジニアは

1) 設定したフレームは問題を解決するために適切であるか？
2) 現在のレパートリーを用いて，問題を解決することが妥当であるか？
3) 思考過程やフィールド実験による検討過程が理路整然としているか？
4) 対象とする問題の意味の構造（シンボリックな意味）を正しく把握しているか？
5) 現在の方向性で探究を推進し続けることが可能か？

という問いを自分自身に向かって発し続けることが必要である．エンジニアは省察の中の考察を通じて，問題フレームの設定を転換する．しかし，問題の枠組みを転換した時点で，どのような解決法があるのかを知らないし，新たな問題を解決できるという確信を持っていない場合も多々ある．しかし，問題フレームを転換することにより，問題や状況に対する理解が進んでいることを確かめ，新しいレパートリーを再構築することが可能となる．また，エンジニアが再構築したレパートリーは新しい効果や予期せぬ効果を生み出すが，効果自体に新しい意味や有用性が発見できるかという視点より，新た

なレパートリーの適切性を評価することになる。問題のフレーム変換と新しいレパートリーの導入により,対象とする問題や状況に新しい変化が生じる。エンジニアはこのような問題や状況の変化と対応して,適宜問題のフレーム転換を行っていくのであり,それは問題状況との省察的な対話によって可能となる。

著者らがインドネシアにおける水供給システムの問題に2009年から取り組んで以降,現地における調査や過去4回実施した国際セミナー,さらには蓄積してきた研究実績を通じて,上記の問題状況との省察的な対話を繰り返している。より適切な設定すべきフレームを探求し続け,その思考過程の中で実践的アプローチの研究成果を示していくという,「客観化の客観化」の過程を,まさに実践している。

4.6 実践的アプローチの評価

実践は個別性,シンボル性,能動性という特性を有している。実証科学的な学問の基準に照らせば,実践の知は普遍性,論理性,客観性という視点において,その妥当性が疑われる可能性がある。工学における実践を「フィールド的な知」を産出する方法と位置づければ,実践による知の妥当性をどう評価するかが問題となる。実践知に関する論客であるK. G. フェンスタマカー[22]は,文脈依存的な実践知と,文脈を超えて一般化可能な形式知とを峻別している。その上で,主張の根拠と正当性の確立が実践知の確立において不可避であるという立場から,実践知の正当化が,フォーマルな形式知を生みだす手続きを経ないで,言い換えれば実証的科学の方法論を用いずに達成できるかどうかについて疑問をなげかけている。一方,V. リチャードソン[23]は,実践的探求の知とフォーマルな研究の知を区別して,エンジニアによる

---

22) Fenstermacher, G. D., 1995, The knower and the known: The nature of knowledge in research and teaching, Review of Research in Education, 20, pp. 3-56.
23) Richardson, V., 1994, Conducting research on practice, Educational Researcher, 23(5), pp. 5-10.

実践は，実践の変化やそのための理解を目的としており，一般法則の定立の目的のためには実施されないとし，個別性を有する実践知の記述を通じて新しい課題や関心を提供することにより，逆にフォーマルな探求を動機づけるものとして実践的探求を擁護している。しかし，これらの論議は，いずれも実践知と形式知に対して厳格な 2 分法を採用している点に特徴があり，実践が技術的合理性による「厳密性基準」に準拠したレパートリーの産出というフォーマルな研究を内包しつつ，状況との対話の中で「適切性基準」に基づいて，実践的行為に対する省察を通じて，弁証法的方法論により問題解決を目指すという視点を無視している。このような視点から，G. アンダーソンと K. ヘアー[24]は，実践は実証科学的研究を評価する厳密性基準と同じ基準で評価されるべきではないとしながらも，実践を誤った方向に導かないように新たな基準が求められるとしている。ここでは，G. アンダーソンと K. ヘアーが試験的に提案した 5 つの基準（以下，アンダーソン・ヘアー基準と呼ぶ）について紹介する。

1) 結果的妥当性基準　実践的アプローチの対象となる実践的行為により，どの程度対象とする問題の解決につながったのか？
2) プロセス的妥当性基準　データ収集や分析など，実践で用いたレパートリーとその適用方法がどの程度妥当であるか？
3) 民主的妥当性　問題に関わる関係者やステークホルダーの多様な視点をどの程度考慮したのか。あるいは，関係者の協働をどの程度実現できたのか？
4) 触媒的妥当性基準　実際の変革を実現していくにあたり，参加者や関係者をどの程度動機づけたのか？
5) 対話的妥当性基準　研究の参加者の間で，どの程度省察的な対話がなされたのか？

アンダーソン・ヘアー基準は，実践におけるレパートリーの妥当性や，成

---

24) Anderson, G. and Herr, K., 1999, The new paradigm wars: Is there room for rigorous practitioner knowledge in school and universities?, Education Researcher, 28, pp. 12-40.

果の評価だけでなく，民主的関係や協働的関係の形成過程も評価の射程に入っていることが特徴的である。一方で，実践のすべてに適用可能な評価基準を開発することに懐疑的な見解もあり，実践の評価基準に関しては丁寧な議論を積み重ねていくことが重要である。

5 人間安全保障工学の発展のために

5.1 行政・市民パートナーシップ

　人間安全保障工学が対象とする問題には，政府，企業，家計だけでなく，NPO，NGO，市民団体など，さまざまな組織が関与する。地域の安全保障を確立する上で，市民参加やボランタリー組織といった新たな公に期待される役割は必ずしも小さくない。しかし，ボランタリー組織は企業と比較すれば，制度的な統制が効きにくい組織である。したがって，行政とのパートナーシップが機能するためには，両者の間に適切なガバナンスが働くことが前提となる。行政は将来にわたり存続することを前提としており，いわば行政は最終的な責任者として逃げ道のない立場にある。行政・市民パートナーシップを実践するうえで，行政は最終責任者としてボランティア組織との間に「健全な委託者―受託者関係」を維持する責務を持っている。そのために，ボランタリー組織と公共主体との契約およびリスク分担や，意思決定および政策論議におけるアカウンタビリティなど，ボランタリー組織が適切に機能するための制度的枠組みを整備することが重要である。

　近年，行政による意思決定において，意思決定に至った理由を市民に対して説明することが求められるようになってきた。このような説明責任はアカウンタビリティと呼ばれる。アカウンタビリティという概念は，もともと組織内における上司と部下という二者関係に対して用いられてきた。現在，公的アカウンタビリティ概念は，伝統的な二者関係の問題として捉えきれない内容を持つようになっている。そもそも，間接民主主義制度においては，立法機関は行政機関を政治的に統制することにより，自らの政治的アカウンタ

ビリティを果たすべき立場にある。行政機関は立法機関に対してアカウンタビリティを示す義務がある。しかし，近年，行政が直接的に市民に対してアカウンタビリティを示すことが求められている。さらに，行政による委託により，ボランティア組織が公共サービスを提供するとき，ボランティア組織には行政に対してアカウンタビリティを果たすことが求められる。さらに，行政は，市民に対して「ボランティア組織との間の委託―受託関係の実態と成果」に関してアカウンタビリティを果たすことが求められる。委託―受託関係におけるアカウンタビリティの基本的な構造は，「委託―受託内容に関して当事者の間でどのように合意が達成されているのか（意味の構造）」，「受託者は自己の行為をどのような基準で正統化するのか（正統化の構造）」，「委託―受託関係がどのようなガバナンスで機能しているのか（支配の構造）」という3つの基本的な部分構造を通じて把握することができる。

　公的アカウンタビリティは行政が市民の信頼を獲得するための手段であり，行政による意思決定の正統性（legitimacy）を高める機能を有し，行政と市民の間でお互いに共有，合意しうる条件を引き出し，無用な紛争を防ぐ上で重要である。事業の失敗や破綻処理に関わる費用の最終的な負担者は市民である。したがって，行政は行政・市民パートナーシップの妥当性に関して，可能な限り市民の賛同を獲得しておくことが要請される。

　多様なボランティア組織が存在する中で，行政がすべてのボランティア組織との間でパートナーシップを締結することは不可能である。ある特定のボランティア組織との間で，排他的にパートナーシップ契約を締結することとなる。そこで，「どのようなボランティア組織のパートナーシップを妥当なものとして認めるのか」，「パートナーシップの成果は妥当であるか」という正統化の問題が常に重要となる。そのためには，3.2項で定義した正統性を担保することが必要となる。

5.2　プロフェショナルとしてのエンジニアの役割

　ボランティア組織に属するメンバーは，必ずしも公共サービス生産の専門家ではない場合がある。地域の生活者や企業などの公共サービス利用者，そ

の他納税者や各種団体など，さまざまな利害関係や多様な価値観が存在する中で，ボランティア組織による行為の正統性を担保する上で，プロフェショナルとしてのエンジニアによる助言，情報提供，監査が重要な役割を果たす。しかし，エンジニアの間でも，科学的・技術的判断を巡って意見が異なる場合も起こりうる。また，エンジニアの科学的・技術的判断も，またエンジニアが有する価値観とは無関係ではないことに留意すべきである。このため，ボランティア組織とエンジニアの間に，対立的関係が発生する危険性を否定できない。

エンジニアは，専門的知識に基づいて科学的・技術的判断の妥当性を評価する。このような判断の根拠となる妥当性の境界を妥当性境界と呼ぶ。しかし，ある科学的・技術的判断における妥当性境界をめぐって，しばしば，ボランティア組織，エンジニア，一般市民の間で意見の対立が生じることになる。多くのボランティア組織や，一般の利害関係者は技術的判断の厳密性よりも，組織のミッションの遂行にとって有用であるか，技術的な判断が常識的な内容であるかという技術的判断の適切性を問題とする。さらに，多様な価値観や利害関心を有する関係者は，それぞれ多様な妥当性境界を有しており，エンジニアは適切な妥当性境界を見出すために，異なる主体が主張する妥当性境界の間の調整を図ることも求められる。このような調整を達成するためには，個々のエンジニアが多様な利害関係者や他分野のプロフェショナルとのコミュニケーションを行うことで，まず自らの妥当性境界を相対化する努力が必要である。

エンジニアは，自分の有する専門的知識における妥当性境界の状況依存性を把握し，限定された条件・変数の下で得られた知見であることを再認識することが必要である。このような妥当性境界はしばしばエンジニアが所属している学会などのメンバーの間で暗黙の内に共有化されているため，エンジニア自身が無意識に受け入れている可能性がある。特に，地域で生活する利用者は社会的決定を下す上での貴重な判断材料となる経験的知見や，地域の実情に即したその場，その時の知識（以下，ローカルな知と呼ぶ）を有している。エンジニアの有する妥当性境界が限定的な条件の下で得られた知見に基づいて形成されたものである場合，それが現場の条件に適合した妥当性基準と一

致するとは限らない。エンジニアは自分の有する妥当性境界を省察するとともに，現場の声に「理を与える」ことが求められるのである。

5.3　技術と社会の共進化 ── 地域学習アプローチ

　人間安全保障工学が対象とする諸問題の解決のために利用可能な普遍的な処方箋が存在するわけではない。行政，民間企業，市民が，互いに協力しながら実態の解明とその解決の方向に向けて努力を重ねていくことが必要となる。そのためには，地域に居住するさまざまなステークホルダー達が，互いに問題の解決に向かって学習していくメカニズムを確立することが必要となる。このような地域学習のガバナンスを確立するためのアプローチとして，1) 市民参加アプローチ，2) ステークホルダーアプローチ，3) 権源的 (entitlement) アプローチが考えられる。このうち，市民参加アプローチは，例えば社会実験のように，行政が地域学習の機会を提供し，そこに市民が参加することにより，市民に学習する機会を与える方法である。ステークホルダーアプローチは，ステークホルダーの教育を通じて，ステークホルダーの行動を誘導しようとするアプローチである。しかし，これら2つのアプローチにおいては，地域住民の学習過程が受動的であるという限界がある。

　権源的アプローチは，地域住民に公的サービスの生産や政策立案に対して関与できる機会を与える方策である。地域住民の能動的な学習過程を実現するためには，ボランタリー組織や地域住民に対して公共サービスの企画立案や生産のために必要な（一部の）資源と意思決定における裁量を賦与することが必要となる。それと同時に，ボランタリー組織や関連する地域住民に，行動内容やその成果に関して報告義務（アカウンタビリティ）を求めることが必要となる。このような権源的アプローチの1つとして，R. A. サンディーンが主張する協働生産 (coproduction)[25] が挙げられる。協働生産の形態としては，1) サービス生産への共同参加 (joint creation)，2) 政策の決定過程への

---

25) Sundeen, R. A., 1985, Coproduction and communities: Implications for local administration, Administration Society, 16, pp. 387-402.

第 2 章　実践的アプローチとしての人間安全保障工学

参加 (coprovision), 3) サービス資源の提供 (cofinancing) という 3 つの段階が存在する．このうち，協働生産が，共同参加，政策決定への参加という形態をとる場合，市民の参加は受動的なレベルにとどまる．一方，サービス資源の提供という形態を採用する場合，市民も協働するにあたり，自分が保有する資源や財産の一部を提供することが求められる．当然のことながら，参加する市民のステークホルダーとしての意識は格段に増加することになる．人間安全保障工学の発展のために，このような権源的アプローチに基づく協働生産を究めていくことが重要である．

6　おわりに

工学は実社会と密接に関わる実学の 1 分野でありながら，技術合理性に基づいた「フォーマルな形式知」とわざや表に出ない意見などの「フィールド的な暗黙知」との 2 分法が確立し，工学の成果が結実される実社会における実践を研究対象として取り上げないという奇妙な事態が常態化して久しい．実践は，個別性，シンボリズム，能動性という特性を持つがゆえに，普遍性，論理性，客観性という実証科学的な基準を用いて，その妥当性を十分に評価できないという本質的な問題をはらんでいる．その結果，エンジニアによる実践は，

1) エンジニアの意味が正しく捉えられておらず，行為の中の省察が十分であるとは言い難い
2) 自分たちは技術的熟達者であるという見方にとらわれて，実践の世界の中で省察を行う機会が少ない
3) 省察的エンジニアは，行為の中の省察を形式知として記述できていない

という状況に陥っている場合が少なくないと考える．本章では，こうした状況の打開に向けて，1) 省察の中の考察について研究を深めることが極めて重要である，2) 厳密性か適切性のジレンマは，実践の認識論を発展させる

ことを通して実現される，ことが重要であることを指摘した。工学は，まさに技術の実践の中から発展してきた学問体系である。それにも関わらず，工学の実践の重要性が認識されてまだ日も浅く，十分な研究が蓄積されているとは言い難い。このような問題意識に基づいて，人間安全保障工学は，徹底的な現場主義に基づいて，フィールド的な知の蓄積と，問題解決のための実践的方法を開発することに主眼を置いている。

　本章を通じて，人間安全保障工学という実践的工学を発展させるにあたり，いくつの課題や今後の発展方向を提示できたと考える。第1に，人間安全保障工学の実践におけるレパートリーの拡大と蓄積を図る必要がある。レパートリーの開発は，関連する工学分野における要素技術の総合化によって達成できる。レパートリーの開発にあたっては，目的合理性や技術的合理性を考慮することが重要であり，アンダーソン・ヘア基準の中でプロセス的妥当性基準を用いた評価が可能である。第2に，1) フレーム分析，2) フィールド実験，3) 橋渡し理論，4)「行為の中の省察」プロセスなどの実践的アプローチの蓄積が必要である。実践的アプローチの開発にあたっては，実践的アプローチの個別性，シンボル性，能動性を考慮した視点が必要であり，良質な実践事例やエピソードなどに関するフィールド的な知を形式知化する努力を積み重ねることが重要である。実践的アプローチの評価にあたっては，結果的妥当性，民主的妥当性，触媒的妥当性，対話的妥当性基準など，実践的アプローチ特有の視点が必要となる。第3に，実践的アプローチの評価基準としてアンダーソン・ヘア基準を例示したが，これらの評価基準の概念的深化が必要である。一方で，実践的アプローチのために画一的な評価基準を導入することの危険性も指摘されており，実践の評価方法に関しては，今後さらなる検討を蓄積していくことが必要である。

3

社会基盤施設の整備と展開

大津宏康

1　メガシティと地方のリンクモデル

社会基盤施設，すなわちインフラ構造物（以下，インフラ構造物と称す）の整備および展開においては，経済性追求のみではなく，都市をいかに戦略的に経営するかという学際的な知識を統合した学理を構築することが必要となる。

従来，大都市におけるインフラ構造物の整備は，主として経済性重視の政策の下で実施されてきたことは言うまでもない。日本では，1960年代以降の高度経済成長期に比較的短期間に集中して実施されたため，整備過程において都市の過密・環境破壊・地方との格差拡大などのさまざまな社会的課題が顕在化した歴史がある。アジア諸国においても，1990年代以降，経済のグローバル化の中，経済発展に伴い，急激な都市化あるいはメガシティの構築過程において，過去の日本におけるインフラ構造物の整備過程と同様な社会的課題が顕在化することが危惧される状況にある。

その課題は，図3-1に示すメガシティ[1]（mega-city）と地方（rural area）のリンクモデルを用いて，以下の2種類に分離して議論する必要がある。

課題1：メガシティに内在する課題
課題2：メガシティと地方のリンクに関する課題

メガシティの課題は，富と人口が集中する過程で，無秩序に周辺地域へと拡大する傾向にある。一方，メガシティの発展は，地方からの食糧・エネルギーに加え，人材の供給に依存していることは言うまでもない。このため，インフラ構造物の整備には，都市に加え地方の発展および地方とメガシティとのリンクをも俯瞰し，都市を経営するという概念を構築する必要がある。

---

1) 巨大都市。1000万人を超える都市と定義されることが多い（例：国際連合の定義）。本書では，シンガポールやハノイ，クアラルンプールなど，人口規模は1000万人を超えないが，各国の政治・経済・文化上の重要都市を含めて，メガシティという用語を用いる。

第 3 章　社会基盤施設の整備と展開

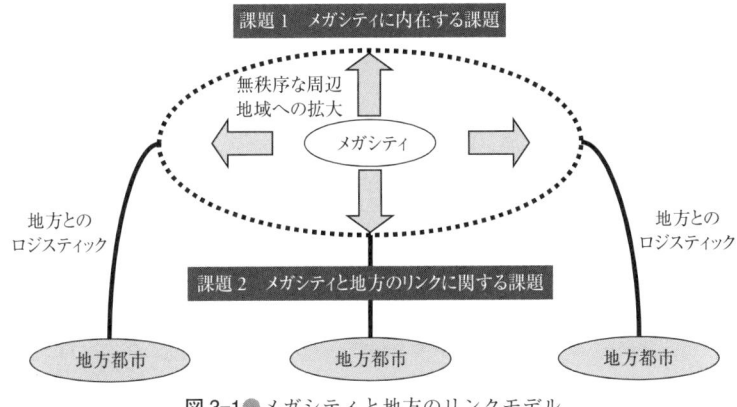

図 3-1 ● メガシティと地方のリンクモデル

現在インフラ構造物の整備が進行中のアジア諸国では，上記の「都市を経営する」という概念に基づいた構築が必要であることはいうまでもないが，その整備において，近年話題となっている気候変動 (climate change) への対応も喫緊の課題となっている。図 3-2 は，気候変動に伴う河川流域 (river basin) における災害の発生状況を模式的に示したものである。この模式図に示す各種災害は，前述の図 3-1 に示すメガシティと地方のリンクモデルに示す 2 課題とは，以下のように関連付けられる。

課題 1：地盤沈下，洪水，海岸浸食
課題 2：地すべり・土石流，河川浸食

図 3-2 において，気候変動の一現象と捉えられる集中豪雨の発生頻度が増加することで，上流の山岳部では地すべり・土石流による災害の発生，中流域では河川流量の増加に伴う河川浸食 (river erosion)，さらには下流の都市域での洪水 (flood) などの災害の発生頻度の増加が懸念される。なお，アジア諸国のメガシティの多くでは，地下水が大量に汲みあげ利用されているため，過剰揚水に伴う地盤沈下 (land subsidence) が発生しており，これが洪水リスクを増加させる要因となっている。この事例は，自然災害による被害を増大する人為災害 (man-made disaster) の典型的な例として挙げられる。

図 3-2 ●気候変動に伴う河川流域における災害の発生状況（模式図）
出典：WDR team based on World Bank, forthcuming d; Bates and others 2008.

　また，図 3-2 に示すように，海岸部では気候変動の一現象と捉えられる海面上昇により，高潮（high tide）および海岸浸食（coastal erosion）などの災害増加が懸念される。なお，東南アジア諸国では，海岸域のマングローブ林の伐採により，海岸浸食の進行が加速されていることが指摘されている。このマングローブ林の伐採の事例も，先の過剰揚水に伴う地盤沈下と同様に，自然災害による被害を増大する人為災害例として挙げられる。

　以上の事項から，本章ではメガシティに内在する課題，およびメガシティと地方のリンクに関する課題について，代表的な事例を用いてその解決方法について解説を加えるものとする。

② メガシティに内在する課題と地方リンクに関する課題

2.1 都市の発展過程における地盤沈下問題
　── 大阪, バンコクを事例として

　以下では, メガシティに内在する課題の一つとして, 都市域の地下水揚水による地盤沈下問題を取り上げる。アジア諸国の大都市の多くは, 古来より河川の河口部の帯水層となる砂レキ層と軟弱な粘土層の互層となる地盤の上に構築されてきた。そして, その発展に欠かせない水資源としては, 帯水層から揚水した地下水が利用されてきた歴史を有している。近年のメガシティの開発段階においても, 水道施設の建設に比較して安価であることから, 地下水が利用されてきた。このために, 表3-1に示すように, 20世紀後半以降アジア諸国の多くの都市において, 過剰な地下水揚水に起因する地盤沈下が重大な社会的問題となってきた。具体的には, 日本をはじめとし, 中国沿岸部, 台湾, フィリピン, ベトナム, タイ, インドネシアなどの大都市において, 地下水揚水に起因する地盤沈下の発生が報告されている。

　過剰な地下水揚水を抑制するためには, 規制的措置 (regulatory measure) あるいは経済的措置 (economic measure) による取水規制を行うことが必要となる。例えば, 日本の事例である大阪では1960年代以降に, 工業用水に関する取水制限に関する条例の設定, および工業用水のリサイクル化の促進などの規制的措置を実施することにより, 地下水揚水量が低減されるとともに, さらなる地盤沈下の進行は抑制された。これに対して, バンコクにおいては, 1980年代初頭にアジア工科大学 (Asian Institute of Technology, AIT) を中心とする研究グループにより, この地盤沈下は過剰な地下水揚水に起因するものであることが解明されたため, 1981年地下水揚水に対する規制が施行された。しかし, 図3-3に示すように, 規制は公的機関を対象としたものであったため, 発令後公的機関による地下水揚水量は減少に転じたが, 民間機関による地下水揚水量は減少せずむしろ急増する傾向となった。この時期は, 経済発展に伴い, バンコク中心部から周辺地域に住宅域および工場団地が建設

表 3-1 ● アジア諸国における地下水揚水に起因する地盤沈下の発生状況

国名	都市名 / 地域名
日本	東京都・千葉県（東京湾沿岸地域）
	大阪府・兵庫県（阪神地域）
	愛知県・三重県・岐阜県（濃尾平野）
中華人民共和国	上海（長江三角州）
	北京（華北平原）
	西安（ポンウェイ盆地）
中華台北	彰化県，雲林県
タイ	バンコク
フィリピン	マニラ
インドネシア	ジャカルタ
	バンドン
	スマラン
ベトナム	ホーチミン

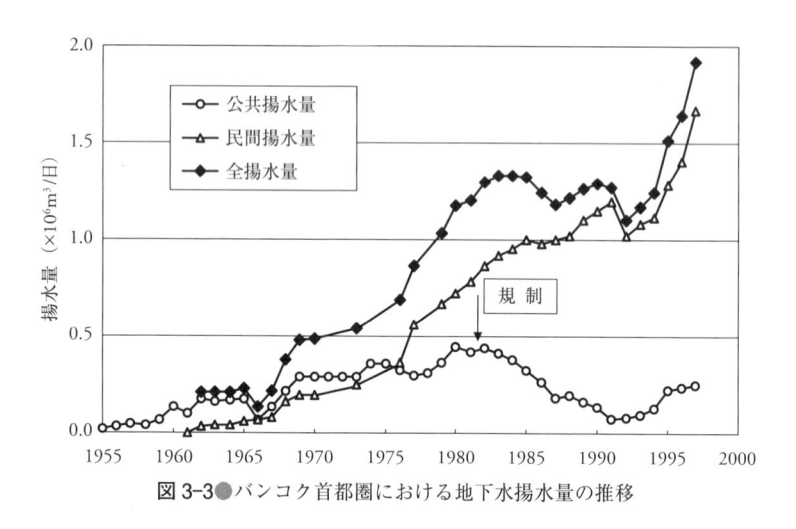

図 3-3 ● バンコク首都圏における地下水揚水量の推移

された時期に当たる．この発展過程において，表流水を利用する水道設備を付設することに比較して安価であることから，住宅域および工場団地では地下水が利用された．これに伴い，地盤沈下の発生域は，バンコク中心部から周辺地域へと拡大していった．そして，1990年代後半では，全地下水揚水量は，そのほとんどが民間機関による揚水量となった[2]．その後，バンコクにおける地下水揚水量は，20世紀後半から段階的に負荷された地下水利用課金（groundwater charge）および地下水維持課金（groundwater preservation charge）という民間機関を対象とした経済的措置を施行することより減少した．

　上記の2都市の事例は，規制的措置あるいは経済的措置という手法は異なるにせよ地下水揚水の減少が達成されたものであるが，いずれの事例も地下水揚水に起因する地盤沈下を対象とした事後的措置であることは否めない．

　前者の大阪の事例では，図3-4に示すように，ある程度地盤沈下が進行した段階からインフラ構造物の整備が行われた．また，当時は周辺地域への都市部の拡大も限定的であった．大阪では，規制的措置の実施により，地下水位は回復していくことになるが，その時期がインフラ構造物の整備時期と重なったこともあり，地盤沈下による影響は小さかったものと判断される．これに対して，後者のバンコクの事例では，大阪のような規制的措置が機能しなかったことに加えて，図3-4ではオーバーラップ期間として示すように，過剰な地下水揚水の継続する状況下で，大規模なインフラ構造物が整備されるとともに，周辺地域へと都市部が拡大したため，多様な被害をもたらすこととなった．その被害の発生過程は，図3-5に示すように要約される[3]．

　すなわち，初期に発生した被害は，地盤沈下に伴う構造物の損傷であった．地下水揚水によって発生する地盤沈下量は，場所によって変化するため，地表面は傾斜することから，工学的には不同沈下と総称される．この不同沈下

---

[2] Phienwej, N., 大津宏康, Supawiwat, N., 高橋健二, 2005, バンコクにおける地下水揚水に伴う地盤沈下, 土と基礎, 53(2), pp. 16-18.

[3] Phienwej, N., Giao, P. H. and Nutalaya, P., 2006, Land subsidence in Bangkok, Thailand, Engineering Geology, 82, pp. 187-201.

1. 大阪（日本）

規制的措置の施行

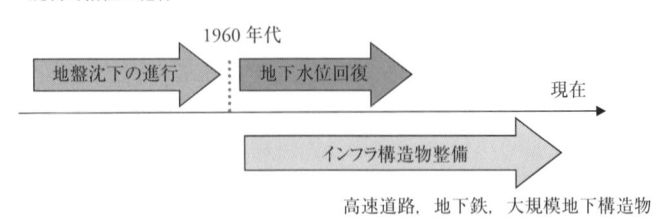

1960年代

地盤沈下の進行 → 地下水位回復 → 現在

インフラ構造物整備

高速道路，地下鉄，大規模地下構造物

2. バンコク（タイ）

オーバーラップ期間　経済的措置の施行

2000年代

地盤沈下の進行 → 地下水位回復 → 現在

インフラ構造物整備

高速道路，地下鉄，大規模地下構造物

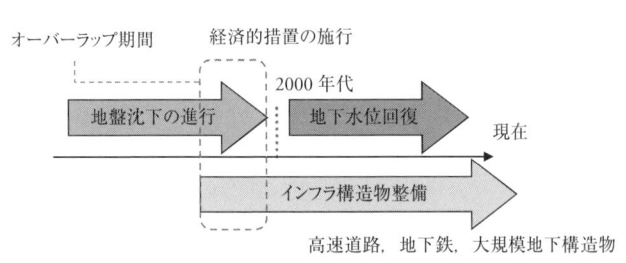

図3-4●過剰な地下水揚水量によって発生した災害に関する比較

により，図3-5に示す構造物の壁部でのクラックの発生，あるいはドアの開閉ができなくなるなどの被害が発生した。

その後，図3-4内に記載のオーバーラップ期間では，新規に整備されたインフラ構造物にも被害が発生した。まず，その事例としては，図3-5に示す高架高速道路の下部での被害が挙げられる。同図に示すように，くい基礎に支持されているため基礎部は沈下しないが，その周辺地盤は沈下する。このため，地盤工学でネガティブフルクションという現象が発生し，くい基礎の支持力が低下し高速道路上部工の安定性に課題が発生するとともに，高速道路直下の道路には不同沈下が生じる。したがって，くい基礎の長期的安定性検討，および下部道路のオーバーレイによる不同沈下対策などの対応のため，以降，長期間にわたり高速道路の維持補修の対策費用が必要となった。

また，地盤沈下の結果，図3-5に示す洪水リスクの増加，および海岸浸食・塩水くさびの侵入も発生した。後述するように，バンコクは低地に位置しており過去に発生した洪水被害を踏まえて，洪水対策としての堤体高が設定さ

第3章　社会基盤施設の整備と展開

図中ラベル:
- 地下水条例施行
- 地下水利用課金制度閣議決定
- 水道水供給量
- 地下水位低下
- 地下水保全課金
- 地下水揚水量
- 地下水利用課金
- 地盤沈下
- 1 地下水位低下
- 2 地下水位回復
- インフラ構造物整備
- 1) 不同沈下による構造物被害
- 2) 高架高速道路の被害
- 高架高速道路
- 高架橋
- くい基礎
- 3) 洪水リスク
- 海岸浸食・塩水くさびの侵入

図3-5●バンコクにおける過剰揚水による被害状況

れているが，地盤沈下により洪水リスクが増加している。さらに，バンコク南部に位置するタイ湾沿岸部では，地盤沈下により海岸線が内部に移動し，海岸浸食の進行速度が加速し，気候変動に伴う海面上昇による被害拡大が懸念されている。加えて，沿岸部からバンコク南部では，地下水揚水による間隙水圧低下に伴い塩水くさびの侵入が顕在化し，都市部の地下水環境の劣化

表 3-2 ● 地下水揚水に起因して発生する被害要因とその費用負担

		被害の種類	損失の負担
過去 ↓ 現在 将来		構造物被害	個人
	地下水位低下	高架構想道路下部	社会
		洪水リスクの増加	
		海岸浸食	
		塩水くさびの侵入	
	地下水位回復	地下構造物への影響	

につながっている。

　本来地下水利用は，民間機関による経済性追求の姿勢から発生したものである。しかし，その結果として，その被害は誰によって負担されるのであろうか。各被害項目の発生の歴史と，その負担についてまとめたものが表 3-2 である。つまり，初期に発生した建物被害は，個人・企業単位で負担されるものである。しかし，それを除いては，いずれも個人・企業単位によって引き起こされた被害が，社会全体で負担される構図となるとともに，その費用負担は長期にわたるものとなる。

　上記の 2 都市における比較検討結果より，都市経営の観点からは，以下のような事項が指摘されるであろう。

　都市は，公共と民間および住民という多様なアクターで構成されている。政府は，発展過程で土地利用規制や税制など多くの施策を実施可能であるが，開発事業の多くは民間機関によって実施されるため，アクター間での利害調整が不可欠である。この利害調整にはグッドガバナンス[4]が有効であり，それを醸成・維持するのが都市経営者の任務である。また，都市経営者は，客観的に多様なアクター間の調整を実現するのに必要な技術的知識を有し，それらを駆使することによって適切な方向付け，とりまとめおよびその実施・

---

4) 公共組織が適切に公的職務を遂行し，公的資源を運営すること。さまざまな指標が提案されている。巻末の用語集を参照。

運営までを行わなければならない。過剰な地下水揚水の課題に対しては，地盤工学の知識をベースとした技術的検討が必要であり，より客観的に事態の進展を明示するためには，現在であれば数値解析シミュレーションによる検討も必要である。例えば，揚水井の把握には不確実性があるが，対象とする帯水層の涵養量と揚水量とのバランス関係については，数値解析シミュレーションにより検討可能である[5]。

　大阪の事例では，前述のように取水制限に関する条例の設定に加え，民間利用者に対する配慮として，代替案となる工業用水のリサイクル化の促進などの施策を実施したことが揚水量の減少につながった。ただし，施策が実施された時点では，数値解析シミュレーション技術が発展していなかったが，地盤工学の知識をベースとした技術者の知見のみが反映されたものである。

　これに対して，バンコクの事例では，公共により地下水揚水制限は発令されたが，民間利用者に対する施策提案が不足していたため，その他のアクターとの合意形成ができなかった。また，その合意形成に関して，都市経営者が十分に技術的知識を援用することができなかったことも指摘される。その要因の一つは，地盤工学の知識をベースとした技術者の不足があった。例えば，図3-4内でオーバーラップ期間として示した時期に多様な被害が発生したのは，技術的知識を持った人材の欠如に起因したものであった。都市地域において，技術的知識を持った都市経営者を養成することは極めて重要な課題といえる。

2.2　都市の開発速度と洪水対策 ── バンコク大水害を事例として

　次に，急速な発展を遂げる都市に内在する課題が顕在化したバンコク大水害2011の事例を取り上げよう[6]。

---

5) 大津宏康, Noppadol Phienwej, 高橋健二, 泉裕昭, 2006, バンコクにおける地下水揚水量の不確実性を考慮した地盤沈下推定, 土木学会論文集, 812 (Ⅵ-70), pp. 147-162.
6) 大津宏康, 2012, バンコク地下鉄駅部における洪水対策, 地盤工学会誌, 60(3), pp. 30-33.

近年，日本を含むアジア諸国においては，気候変動の一現象と捉えられる集中豪雨の発生頻度の増加に伴い，洪水被害が多発している。従来，東アジア・東南アジア地域は多雨地域であるため，洪水被害が多発してきた歴史があるが，経済成長に伴う都市部の開発がその被害を拡大させることが懸念されている。

　バンコクを含むタイ中部のチャオプラヤ川流域の特徴は，河床勾配が緩やかであるとともに，表層部は全般的に低地からなっていることである。例えば，タイ湾から約100 km北に位置するアユタヤからバンコクに至る地域は，海抜3 m以下の低地となっている。チャオプラヤ川流域は低地であるため，洪水被害が多発してきた。

　バンコク大水害2011の被害が拡大した理由は，図3-6に示すように要約される。バンコクでは1978年～1983年に発生した大洪水被害を受けて，バンコク県では周辺に堤体(dyke)を配置し，その内部にポンプによる排水施設を設ける洪水対策が実施された（図3-7参照）。なお，この堤体は現地ではKing's Dykeと称されてきたが，現状ではその大部分は道路として整備されている。しかし，この洪水対策は，今回のような北方から到来する洪水を，東方および西方へ迂回させることで，堤体内部のバンコク中心部を守るものである。この洪水対策は，言うまでもなく1980年代には都市部がバンコク中心部のみであり，堤体の外部はチャオプラヤ川の氾濫に対する天然の遊水地であったため，有効な方策であったといえよう。しかし，1980年代以降の経済発展により，住宅地および工場団地建設により都市域が堤体の外部へと拡大したため，堤体の内外のコミュニティ間に災害に対する脆弱性の格差が発生することとなった。

　2011大洪水による被害の発生状況は，以下のように要約される。すなわち，2011年6月以降数回タイ北部を襲来した台風に伴う記録的な豪雨によりタイ中部地域では大洪水が発生後，ナコンサワン県からタイ湾へと流下するチャオプラヤ川流域では，アユタヤ県，パトムターニ県およびバンコク県北部へと洪水被害が拡大した（図3-8参照）。

　バンコク県の北方に位置するアユタヤ県およびパトムターニ県では，既報のようにそれぞれロジャナ工業団地などおよびナワナコン工業団地が冠水

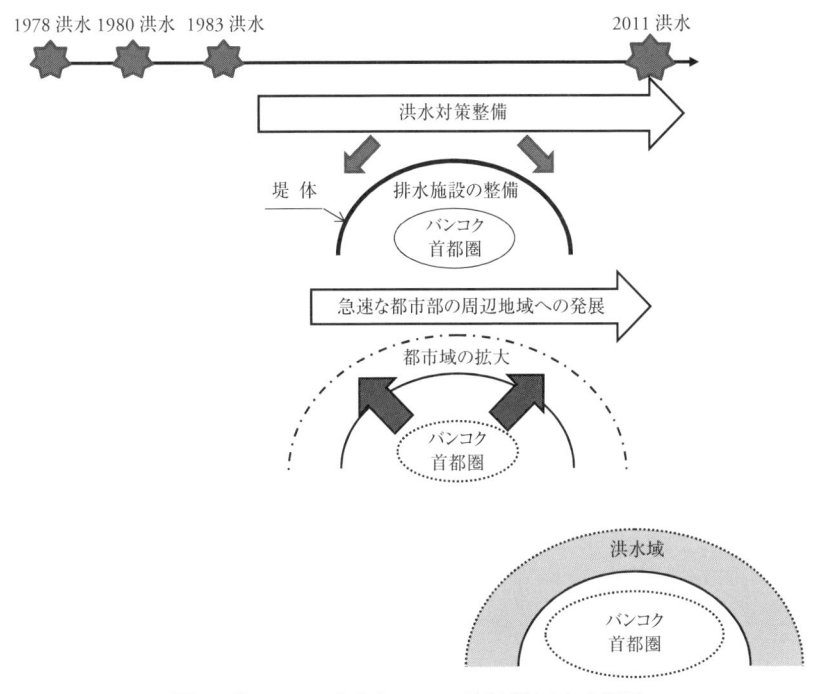

図 3-6 ● バンコク大水害 2011 の被害が拡大した要因

し，多くの日本企業の工場が被害を受けた。その後，バンコク県北部に位置するドンムアン空港（旧バンコク国際空港）は，洪水により滑走路・駐機場が冠水し空港機能を喪失した（図3-9 参照）。また，2004 年 7 月に開業したバンコク地下鉄において，最北端に位置するパホヨーチン駅周辺では，11 月 17 日の調査段階で，依然 50 cm 程度冠水していた（図3-10 参照）。なお，同地下鉄は，駅部，および換気・空調立坑上部において適切な洪水対策が実施されたことにより，記録的な大洪水の発生にも関わらず，地下鉄への浸水は防がれ冠水期間中も地下鉄はほぼ通常通り運行され，市民の重要な移動手段は確保された。

今回の洪水に対しては，運河・水路の水門を閉鎖するとともに，King's

凡例
○ ポンプ場（RID）　□ レギュレイ　……… 小規模人工堤防
● ポンプ場　　　　 ── 人口堤防

ノンタブリ
(Nonthaburi)

サムットプラカン
(Samut Prakan)

図3-7●バンコクにおける洪水対策（1983年以降）[7]

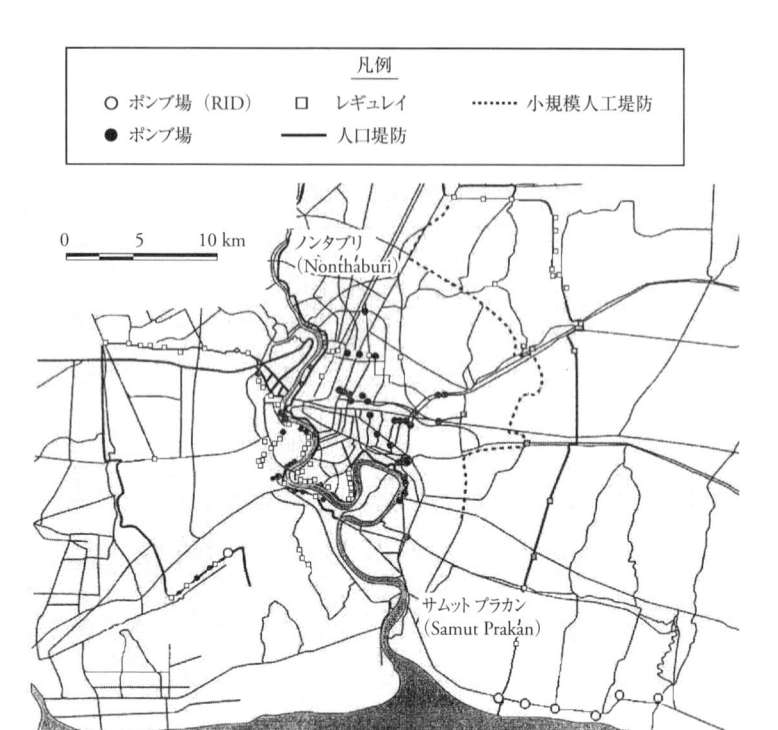

Dykeの外周部に土のう（現地では，Big Bagと呼ばれている）が配置された。しかし，この方策は，パトムターニ県およびバンコク県北部での冠水状態が，長期にわたり継続する事態を招いた。日本では，洪水は1〜2日で引くのが通常であるが，上記のように，チャオプラヤ流域は低地であるため，一度洪水により冠水した水は，ポンプを用いて排水しない限りいつまでも留まることになる。このため，Big Bagの外部は，停留する水の水質劣化による悪臭に悩まされる一方，近接するBig Bagの内部は乾燥したままであり，何ら支障ない日常生活を送れることとなった。長期間不自由を強いられるコミュニ

---

7) Phienwej, N., 大津宏康, Supawiwat, N., 高橋健二, 2005, バンコクにおける地下水揚水に伴う地盤沈下, 土と基礎, 53(2), pp. 16-18.

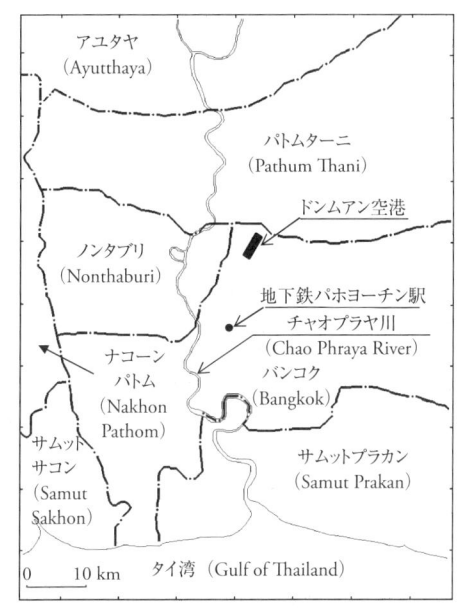

図 3-8 ●バンコク周辺地図

ティ・個人と，政治経済の中心であるバンコク中心部を死守しようとする政府との間の意識の乖離を調整することの難しさを表すものである。

このような課題が発生した要因は，言うまでもなく図 3-7 に示す洪水に対するマスタープランが 1983 年の大洪水被害を対象として策定されたものであり，その後のバンコク首都圏の都市人口の集積過程を表現するシミュレーションモデルの欠如による。また，過去の大水害の発生時期に比較して，個人・コミュニティによるインフラ構造物および減災に対する要求レベルが高まっていたにもかかわらず，その状況を反映できていなかった点が挙げられる。

このような事態を防ぐためには，都市の発展過程に応じて，都市の減災に関するマスタープランを適宜，修正していくことが必要である。勿論，その際には，都市計画，工学，経済学など，さまざまな専門家に加えて，地域の実状をよく知る住民やコミュニティの意見を取り込むことが望ましい。都市

図 3-9 ●ドンムアン空港の冠水状況

図 3-10 ●パホヨーチン駅周辺の冠水状況

の発展速度が社会基盤整備の速度を上回ることは，今後のアジア・メガシティにおいて珍しいことではない。バンコク大水害の経験を糧として，より適切に社会基盤整備が進められることを期待したい。

2.3 地すべり・土石流災害と早期警戒体制の整備
―― 日本，タイを事例として

以下では，メガシティと地方のリンクに関する課題の一つとして，地すべり・土石流災害の課題を取り上げる。近年，アジア諸国では気候変動の一現象と捉えられる集中豪雨の発生により，上流の山岳部では地すべり・土石流による災害の発生頻度が増加している（図 3-11 参照）。

アジア諸国の内，例えばタイにおいては，図 3-12 に示すように，多少統計の精度に問題はあるが，2000 年以前には地すべりがほとんど発生せず「Landslide free country」と呼ばれていたにもかかわらず，2000 年以降地すべりの発生頻度が急増していると報告されている。この要因に関して，自然斜面の崩壊は気候変動による集中豪雨の発生頻度が増加したこと，さらに，切取り斜面の崩壊は，主として，ゴムのプランテーションあるいは野菜などの農地開発，道路建設，宅地造成などの人為的開発に起因するものであると報告されている[8]。

地すべりに対する防災を担当する地方政府・道路管理者などは上述のように 2000 年以降地すべりの発生頻度が急増しているものの，現在，土砂災害に対する危険度評価をほとんど実施していない状況にある。加えて，自治体・道路管理者などは数多くの斜面を管理するため，その予算制約からすべての斜面に対して斜面対策を実施することは不可能である。特に，山岳部を含む地方政府においては，その予算規模から，対策工の施工などによる地すべり被害の低減は実行不可能である可能性が高い。

このような状況においては，地方政府・道路管理者などは，以下のような

---

[8] Soralump, S., 2010, Rainfall-triggered landslide: From research to mitigation practice in Thailand, Geotechnical Engineering Journal of the SEAGS & AGSSEA, 41(1).

地すべり・土石流災害（バンカトゥーン，タイ，1988）

地すべり災害（高速公路・国道3号線，台湾，2010）

洪水災害（ベトナム中部，2010）

図3-11●アジア諸国における地すべり・土石流による災害事例

方策を実施すべきであると想定される。

①土砂災害の発生地域・危険度を明示したマップ（土砂災害ハザードマップ）の作成
②農地開発，道路建設，宅地造成などに関する土地利用の制限
③住民避難・道路通行制限などの土砂災害早期警戒体制の立案

第一に，地方政府・道路管理者などは，技術者の協力を得て近年の地すべりの発生状況を分析し，土砂災害ハザードマップを作成することが喫緊の課題である。当該分野で実用可能な技術としては，航空写真およびリモートセンシング技術を用いた広範囲を対象とした土砂災害ハザードマップの作成が

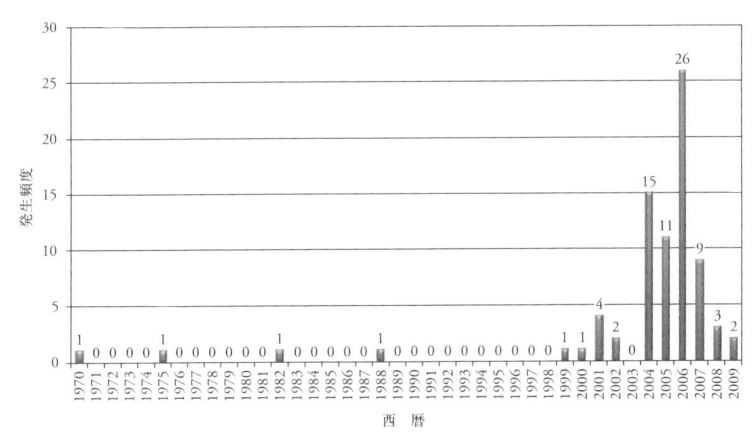

第3章 社会基盤施設の整備と展開

図 3-12 ● タイにおける地すべり災害事例の推移[6]

なされるようになってきている。

第二に，土砂災害ハザードマップの作成後，現状での地すべりリスクの高い地域を特定し，その土地利用状況（農地開発，道路建設，宅地造成など）に関する制限が必要となる。さらには，その高リスク地域における今後の土地利用に関する制限もその情報は反映されることになる。ただし，その際には，都市部と同様に，公共と民間，コミュニティおよび住民という多様なアクター間での利害調整が不可欠となる。特に，利用可能な土地の少ない山岳部で土地利用制限を実施することは，直接コミュニティの現金収入に影響を及ぼすことになるため，その利害調整はより難しい課題となる。このため，地方政府・道路管理者などは，関連するコミュニティおよび住民に対して，斜面災害により被る損失に関する説明責任を果たすことが課題となる。

第三に，土砂災害早期警戒体制を整備することが望ましい。早期警戒体制の整備を通じて，地すべりの発生頻度自体を低減することはできないが，住民避難・道路通行制限などにより地すべりに伴う人的被害を低減することは可能である。地方政府においては，予算制約から，対策工の施工などを実施できない場合も多い。そのため，土砂災害の早期警戒体制の整備は，重要な地すべり対策の一つとして位置づけられる。

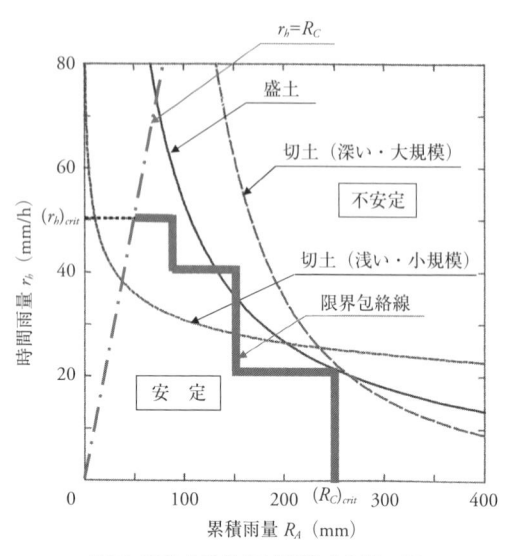

図 3-13 ● 土砂災害早期警戒体制の例

　土砂災害早期警戒体制については，日本においても道路事業・鉄道事業者により適用されている。その基本概念は，図 3-13 に示すように，過去の被災事例に対して，一雨の降り始めからの降り終わりまでの累積量（累積雨量），およびその雨の 1 時間あたりの雨量（時間雨量）で構成される平面に降雨記録をプロットし，安定斜面と不安定斜面を区別する限界降雨包絡線を設定するものである。新たに発生した降雨が，限界降雨包絡線を上回る可能性がある場合には，速度規制・通行規制，さらには避難勧告を実施することで，土砂災害による人的・物的被害の軽減を図るものである。

　ここで，降雨量の計測に関して，日本ではほぼ 10 km 毎に気象庁により設定された観測点が設置され，10 分間雨量が計測されているため，土砂災害早期警戒体制を立案するための計測データが蓄積されている。これに対して，タイのようなアジアの途上国においては，雨量観測箇所が限定されているとともに，日雨量のみが観測されているため，土砂災害早期警戒体制を立案するための計測データは十分に蓄積されているとは言えない。また，集中豪雨の降雨継続時間は数時間程度であるため，日雨量は土砂災害早期警戒体

制を立案するための降雨指標として適切でない可能性がある。このため，観測箇所を増設することに加えて，日雨量に代わる1時間毎の雨量計測が可能となる降雨観測体制の整備が，土砂災害早期警戒体制を立案する上での喫緊の課題である。

　ただし，この土砂災害早期警戒体制の整備においても，中央政府と地方政府の役割分担を明確にすることは重要な課題である。現状においては，タイでは地方政府の予算制約から，土砂災害早期警戒体制を採用するとしても，十分な降雨観測体制が整備されているとは言えない。このため，中央政府による衛星情報およびドップラーレーダーを用いた降雨予測による土砂災害早期警戒体制の導入が計画されている。しかし，この際に，その情報に基づき住民避難あるいは道路の通行規制を発令するのは，中央政府の役割でよいのかどうかが議論の対象となっている。この課題は，洪水による住民避難に関しても同様である。

　防災に対する主体は，中央政府から，地方政府あるいはコミュニティ・個人へとその形態が変化しているといえよう。そのためには，地方単位での洪水・降雨観測体制の整備は不可欠であり，その観測結果をリアルタイムで如何に多くのコミュニティ・個人へ伝達するかが最重要課題となる。この変化は，地方政府においてそのような能力を有する関連する人材をいかに育成するかという課題にもつながる。

❸ 新たな都市経営者育成モデル

　過剰な地下水揚水を制止する上で，日本においては規制的措置が，一方バンコクでは経済的措置がそれぞれ有効であったことを紹介した。しかし，日本での事例は，高度経済成長期であり工業用水のリサイクル化の促進の補助が行政によって実施可能であったこと，行政と民間との信頼関係が確保されていた条件下での解決であったことに留意すべきであろう。その一方で，途上国においては，日本ほどには行政と民間との信頼関係が構築されていないのも現実である。また，経済の発展および生活レベルの向上により，国ごと

には異なるとはいえ，個人・コミュニティによるインフラ構造物および防災に対する要求レベルが高まっているという複雑な状況が途上国の特徴といえよう。なお，日本およびバンコクではどちらも過剰な地下水揚水に関する問題は現段階では解消されている。しかし，他のアジアのメガシティでは経済発展に伴い，依然として地下水揚水量は増加し続けている。例えば，近年目覚ましい経済発展を遂げているベトナムの大都市ハノイやホーチミンでは，インフラ構造物の建設が進む中，地下水揚水量も増加し続けている。現状では，人口および経済の規模から必要となる揚水量が，地下水涵養能力を超えていないため，他の都市のような地盤沈下などの災害は発生していない。しかし，現状での開発状況からすれば，図3-14に示す3都市での被害発生モデルに示すように，バンコクと同様に，地盤沈下，それに伴う洪水リスクの増加，および新たな建設されるインフラ構造物の維持管理に関する課題などが顕在化する危険性を有していると指摘される[9]。このような課題に対しては，前述のように都市経営者は，都市の発展に対するマスタープランを作成するとともに，技術的観点からの数値シミュレーション技術を有効に活用し，都市の発展過程に応じて適宜修正し，公共と民間および住民という多様なアクター間での利害調整を担当することがその任務となる。

　一方，都市と地方とのリンクに関する課題については，その対応の主体は，従来は中央政府とされることが多かったが，中央政府から，地方政府あるいはコミュニティ・個人へとその形態が変化しているといえよう。この課題に対しては，図3-2に示した流域単位で包括的に経営するという概念が有効となる可能性がある。同図に示すように，上流から下流に至るまで，地方政府，コミュニティ・個人，そして中央政府という重層的なアクターでの利害・構想が複雑に絡み合っている。この内，上流の山岳部では気候変動による降水量が増加する中，地方政府とコミュニティ・個人との適切な土地利用（農地開発，道路建設，宅地造成など）に関する合意が形成されなければ，地すべ

---

9) Giao, P. H., 2004, Some considerations on problems and solutions of Hanoi land subsidence - Part II: Risk and Control, Proc. of the 3rd Southeast Asian Workshop on Rock Engineering, pp. 181–186.

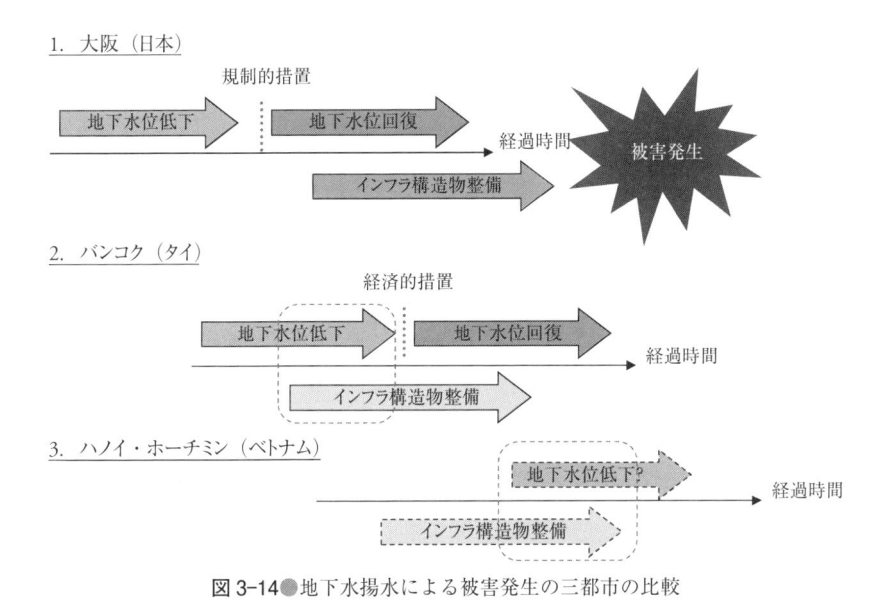

第3章 社会基盤施設の整備と展開

1. 大阪（日本）

規制的措置 / 地下水位低下 → 地下水位回復 → 経過時間 / インフラ構造物整備 → 被害発生

2. バンコク（タイ）

経済的措置 / 地下水位低下 → 地下水位回復 → 経過時間 / インフラ構造物整備

3. ハノイ・ホーチミン（ベトナム）

地下水位低下？ → 経過時間 / インフラ構造物整備

図3-14●地下水揚水による被害発生の三都市の比較

り・土石流による災害リスクは増加する。加えて，無秩序な土地利用は降雨に起因する表面流出（run-off）を増加させるため，中流域では河川流量の増加に伴う河川浸食（river erosion），さらには下流の都市域での洪水（flood）などの災害の発生頻度の増加をされることにつながる。この課題も，地方政府，コミュニティ・個人，そして中央政府という重層的なアクターの協働作業なしでは解決不可能な課題である。さらに，前述のように過剰揚水に伴う地盤沈下は，洪水リスクを増加させるとともに，海岸浸食を誘発し気候変動の一現象と捉えられる海面上昇により高潮による災害リスクを増加させることとなる。

　本章では，実際の事例も交えながら，都市化に伴い発生しうる相互に関連した災害の発生メカニズムについて概観してきたが，災害リスクに配慮しながらインフラ構造物を整備していくためには，何より，地方政府，コミュニティ・個人，そして中央政府という重層的なアクター間での包括的な合意形成を担当する都市および地方経営者の育成が重要となる。この経営者には，前述のように，個々の力学・水理モデルに関する技術，都市域シミュレーショ

ン技術およびハザードマップ作成などの広域シミュレーション技術を有するとともに，コミュニティや個人が必要とするサービスを鑑み，社会的・経済的な知識と組み合わせる能力が求められる。これは，人間安全保障工学を通じて輩出しようとしている人材像と一致しており，今後，さらにその重要性は増すものと考えられる。

4

健康リスク管理と都市環境インフラの共進化

田中宏明

本章では，健康リスク分野が対象とするアジア・メガシティ[1]での環境問題が，人の健康問題にどのように関わっているのか，それらを解決するために必要な水道や下水道などの都市環境インフラの発展と今後の課題を概説する。アジアでの急速な産業化，人口増加，汚染対策の遅れ，そして貧困などのさまざまな問題により，アジア地域における環境状況は，悪化している。なかでも，急速な工業化と都市への人口増加は，環境リスク要因に関連した深刻な健康リスク (health risk) 問題を引き起こしている。これには安全でない飲料水，不十分な衛生施設，不十分な廃棄物処理，大気汚染，疾病を起こすハエや蚊など媒介害虫の不十分な管理，従来型あるいは新型の汚染物質への暴露などが含まれる。このような"従来型"あるいは"新型"の環境衛生 (environmental health) リスクの課題は，アジアの多くの国，特に新興国や開発途上国のメガシティに顕著に現れている。

　アジアでは，さまざまな環境衛生問題が直接的あるいは間接的な原因となり，毎年660万もの人々が死亡していると推定されている。この数値はアジア全体の毎年の死者総数の4分の1に相当する。しかし開発途上国においては，環境衛生リスクを生じる環境問題が無視，過小評価されているのが現状である上，このような環境衛生問題の重要さにもかかわらず，該当国の問題解決の意欲や能力は限られている。アジアは，台風，地震，津波，干ばつ，洪水など数々の自然災害が毎年起こる脆弱で鋭敏な地域であり，このような自然災害は，アジアでは過去10年間増加している。これらも環境衛生問題の悪化に追い打ちをかけている。

　本章では，まず1～4節において，アジア地域，特に，アジア・メガシティでの環境衛生問題の複雑性と規模について説明する。続いて5～8節においては，アジア・メガシティでの環境衛生を支える都市環境インフラ，特に上下水道が果たしてきた役割を，アジアで最も整備が進んだ日本を例に紹介する。また都市環境インフラは，多くの場合，水道，下水道，廃棄物などのセクターに分断化されており，そのために生じている課題について述べる。今後，アジア・メガシティが抱える環境衛生問題とそれを改善するためのエネ

---

[1]　3章の定義と同じ。

ルギー問題のトレードオフの解決策や防災，都市インフラ，都市ガバナンスと環境マネジメントの課題を複合解決する必要性を提示する。

1 世界の疾病と死亡の要因

　疾病は我々の健康な生活を脅かす要因の一つである。World Health Organization（WHO：世界保健機関）は，健康であることを，身体的・精神的・社会的に完全に良好な状態であり，単に病気あるいは虚弱でないことではないことと定義している。疾病は健康でないこと，すなわち身体的，精神的・社会的に問題を含んだ状態である[2]。人類は，歴史とともに疾病と感染症の影響を受け，世界の人口の減少をたびたび引き起こしてきた。過去100年間，人類はヒトや動物に病気を引き起こす多くの病原微生物を発見し，さらにそれらからどのように人の健康を守るか，あるいは治療するかを学んできた。しかし，開発途上国では現在も多くの人がペスト，コレラ，チフス，マラリアなどの感染症に苦しんでいる。一方，AIDSは比較的新しく登場した，人類を脅かす深刻な疾病の一つであり，人の免疫システムを不能にさせ，感染から体を守れなくするウイルス性疾患である。WHOによると，1981年米国でAIDSが初めて発見されて以後，世界で1000万人が感染している。AIDSは現状では，不治の病気と考えられているので，多くの国ではその治療法を探すために多くの予算が投資されている。

　このように，世界的に疾病や死者がどのくらいどのような要因から生じているのかを明らかにし，限られた資源をどこに投資すれば疾病や死者を削減することができるのかを議論することは有意義である。WHOは，国家，国際レベルの疾病負担とリスク因子に関する基本的情報を提供する目的で世界銀行（World Bank）などと協力して世界疾病負担（Global Burden of Disease, GBD）を開発してきた。GBDでは疾病やけがの要因，およびその原因となるリスク要因（risk factor）による死亡や障害を包括的に解析し評価している。

---

[2] World Health Organization, 1946, Constitution of the World Health Organization.

GBDでは以下の障害調整生存年数 (Disability Adjusted Life Year, DALY) を用いて疾病負担を測定している。つまり健康あるいは疾病状態のDALYは，本来人が生きられる寿命に対して，ある原因から死亡が早まることによって失われた年数である損失生存年数 (Years of Life Lost, YLL) と健康状態が損なわれることで生じる障害によって失われた状況を換算した年数である障害生存年数 (Years Lived with Disability, YLD) の合計で定義される。

$$DALY = YLL + YLD$$

従って，死亡だけでなく，健康を損なう状態を含めた健康リスクの発生状況が定量できることになる。

このDALYは死亡が早まることによって失われた年数と疾病や事故による障害によって健康が失われた年数を合わせて測定できる利点を兼ね備えている。DALYなど疾病負担の測定指標にはもちろん限界があるが，国民の健康状態を総括的に把握する，あるいは公衆衛生の優先度を設定するための指標として意義がある。

WHOによると世界全体の死の44%およびDALYの34%は，24種類のリスク要因が原因であり，33%の死は上位10種類の代表的なリスク要因が原因である[3]。また23%は環境リスク要因が寄与している。例えば，2004年の世界全体の死者数5880万人のうち，320万人は慢性閉鎖性肺疾患 (COPD) に関わっており，その42%は直接的に環境リスク要因に関わっている[4]。また毎年，400万人を超える子どもが死に至っているが，開発途上国での乳児の死亡率は，環境リスク要因の大きさなどのため，先進国より12倍高い[3]。公衆衛生，さらに環境衛生に関わるいくつかの因子についてWHOは解析を行っている。

---

3) World Health Organization, 2009, Global health risks: Mortality and burden of disease attributable to selected major risks.
4) World Health Organization, 2008, Health environment: Managing the linkages for sustainable development: A toolkit for decision-makers, synthesis report.

2 都市環境が関わる健康問題

都市での集中的な人間活動は環境衛生上支障を生じることが多いので，都市のガバナンスにとって，環境を持続的に保全するための戦略はなくてはならないものとなった。1992 年，環境と発展の問題についての世界会議が国連 (UN) によってリオデジャネイロで開催され，持続可能な発展のための行動計画に関して重要な宣言が採択された。これはアジェンダ 21 と呼ばれ，都市の発展と人類が生存していくための環境との関係を示したもので，それ以降，都市の環境と健康問題への人間の関与に重要な役割を果たしている。前述したように限定された都市空間での高い人口密度は，天然資源の消費や環境問題の原因となる。都市環境の状態が人の健康に影響を及ぼす因子として次のものが指摘されている。

- 大気汚染：工場や自動車などから排出される粉じんや化学物質，さらに温室効果ガスの排出量
- 水質：不適切なし尿排出に加え，家庭や工場で発生する膨大な廃水に含まれる，病原体や汚染物質などの毒性物質の排出
- 交通：公共交通の効率が悪い場合，出勤に必要な自動車やバイクなどから排出される大気汚染物質，騒音や振動
- 廃棄物：埋立地に貯まる廃棄物の量，再利用または焼却炉処理
- エネルギー消費：エネルギー効率と再生可能なエネルギーの消費

2.1　DALYs に関わる環境要因

図 4-1 は，WHO (2006)[5] が，死亡と疾病を統合化した DALYs を環境に関わるリスク因子の大きさの順に整理したものである。この図は，環境に由来した部分の他に環境に由来しない部分も含めて示している。ここで，「環境」

---

5) World Health Organization, 2006, Preventing disease through healthy environments: Towards an estimate of the environmental burden of disease.

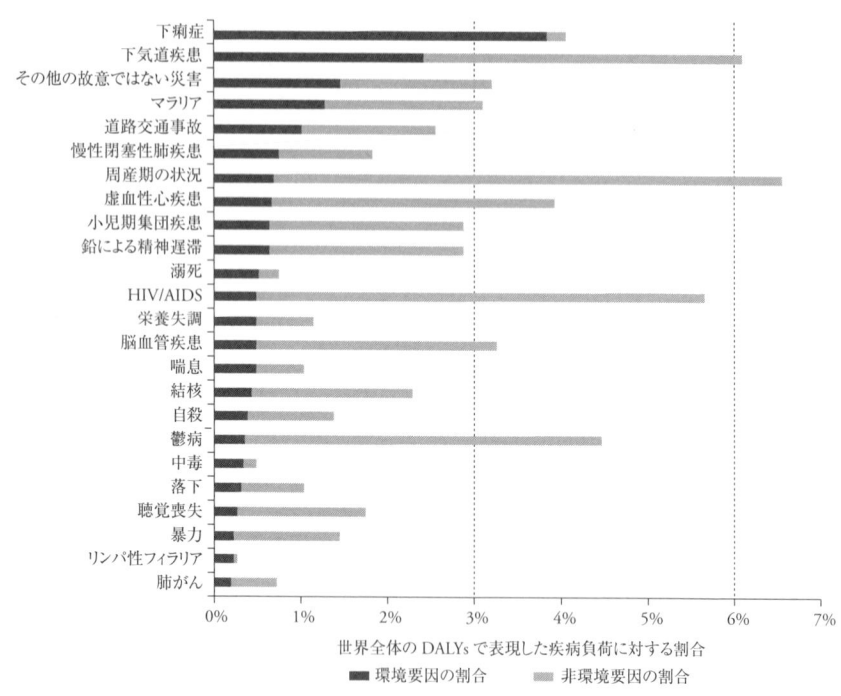

図 4-1 ● 健康リスク要因による DALYs と環境が関わる要因の大きさ

とは，人そのものの外部にあるすべての物理，化学，生物因子と関連する全ての行動を含むが，適切に改善できない自然環境因子は含んでおらず，例えば環境汚染，紫外線，騒音，職業リスク，住居環境などは含むが，嗜好品，食事行動，失業などは含まれていない。WHO によると世界的には疾病負荷（burden of disease）の 24%，死の 23% にこのような環境因子が寄与している。中でも下痢症（diarrhea）は環境因子の中では最も大きな DALYs を示している。また，下気道疾患（lower respiratory infections）も，環境因子の中では 2 番目に大きな DALYs を示している。

世界の多くの人々は，安全ではない水，不十分な衛生施設しか享受できていないため，不衛生な状態にさらされることになり，飲料水，調理水，洗浄水，汚染された魚介類，リクレーション水などを介して，水系感染微生物に暴露されることになる。この結果，図 4-1 に示したように，安全でない水

第 4 章　健康リスク管理と都市環境インフラの共進化

```
気候変動                              0.4
鉛暴露                                0.6
大気汚染                               0.6
固体燃料による室内汚染                    2.7
安全でない水，不完全な衛生施設・公衆衛生      4.2
            0.0   1.0   2.0   3.0   4.0   5.0%
```

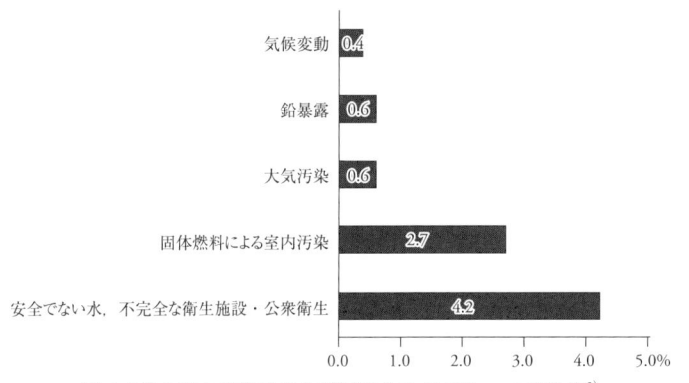

図 4-2 ● 主要な環境リスク要因による DALYs への寄与率[3]

や衛生施設の不足が原因となって生じる下痢は，環境が関わるリスク因子としては最も大きい[3]。また，下痢による死亡の 90％ は環境的要因に起因している。下気道疾患は前述したように健康リスク要因による DALYs として大きなリスク要因であるが，環境が関わる因子としても 2 番目に重要な位置を占めている。

　図 4-2 は，WHO (2009)[3] が主要な健康リスク要因がどのような環境リスク要因により生じたのかを，都市環境の要因に絞り込んだものであり，DALYs の大きさで並べ替えている。安全ではない水および不十分な衛生施設が与える要因は，世界全体での障害調整年数 (DALYs) である 15.3 億 DALYs に対して 4.2％ を占めている。これに次いで，固体燃料による室内汚染 (indoor air pollution)，大気汚染 (outdoor air pollution)，鉛暴露 (lead exposure)，さらに気候変動 (global climate change) による影響はそれぞれ，世界全体での障害調整年数の 2.7％，0.6％，0.6％，0.4％ を占めており，主要な都市環境の健康リスク要因となっている。

2.2　水と衛生

　水資源は天然資源の中でも重要な位置を占めている。WHO が全世界の人々が死亡する原因の解析を行った結果，環境健康リスク (environment and health risk）の中で一番大きな要因を占めるのは，安全ではない水と不十分な衛生設備（unsafe water and sanitation）と見られている[4]。これはコレラ，チフスなど水系疾病のリスクを上昇させる原因となる。人口増加による水需要の増加と不適切な処理の下水，産業廃水，塩水の侵入などによって，人々に供給される水は次第に汚染されていくと思われる。

水そのものが，社会の持続可能性，人間の安全保障面からの水アクセスの保障，水不足問題を克服するための基本要素であることから，十分な機能を持つ水インフラの整備はこの解決のために，必要不可欠である。環境衛生を改善していくために，水道と下水道，あるいはそれらの代替方法は極めて重要になる。

第1章でも簡単に触れたが，1990年から2010年までに，世界では新たに10億人以上の人々が安全な飲料水にアクセスできるようになったが，世界人口の3％は依然安全な飲料水にアクセスできていないと推定されている[6]。2010年，安全な飲料水を利用できる人口は，過去に比べて増加したが，依然多くの国では安全な飲料水を十分確保できておらず，アフリカや大洋州の一部の国家では50％以下の人々しか安全な飲料水を利用できない地域がある。アジアは，安全な飲料水の確保が進みつつあるが，依然確保が十分できない地域が残っている[6]（図4-3）。

アジアでの急激な人口増加，加速する都市化によって安全な水の供給，廃水問題がさらに深刻し，複雑となっている。過去100年間，アジアでは淡水の利用が世界の他の地域よりも急速に増加してきた[7]。しかし，1人あたり利用可能の淡水量が少なく，また，広範囲の汚染源や不適切な管理のため，安全な水を入手できない状況にある。

図4-3は，世界，開発途上国，アジア地域の飲料水施設の1990年と2010年での整備状況の変化を示したものである[6]。ここでは，飲料水の供給施設を，表流水からの直接利用，適切な施設，不適切な施設，配水管に分類した

---

6) WHO/UNICEF Joint Monitoring Programme (JMP) for Water Supply and Sanitation, 2012, Progress on drinking water and sanitation: 2012 update.

7) Asian Development Bank (ADB), 2007, Asian Water Development Outlook (AWDO).

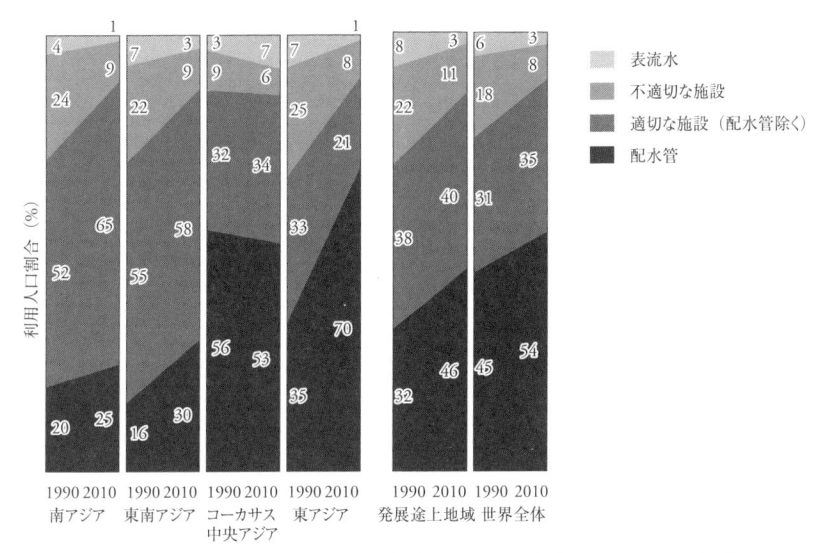

第4章 健康リスク管理と都市環境インフラの共進化

図4-3 1990年から2010年での各種の飲料水供給施設の利用人口割合[6]

利用人口の比率を示している。世界的には，配水管や改善した施設の利用人口比率は，1990年において76％だったが，2010年には89％まで上昇した。また，コーカサス・中央アジアは配水管による飲料水供給の割合が高く，東アジア，東南アジア，南アジアでも2010年には配水管による飲料水供給が1990年よりもほぼ倍増し，改善した施設による飲料水供給も含めると，その利用人口比率はほぼ90％に達している。

一方，世界の多くの国での別の懸念事項は，下痢，トラコーマ，寄生虫など水に関連する感染疾病の伝播の防止に密接に関連した衛生施設が十分確保されていないことである。2010年，衛生設備を利用できる人口は過去に比べて増加したが，アフリカや大洋州，南アフリカ，さらに南アジアの一部の国家では50％未満の人々しか衛生設備を利用できない地域がある。アジアの中でも，依然限られた国のみが90％以上の人々に適切な衛生設備を提供できている状況にすぎない。

図4-4は，衛生設備について，適切な衛生設備，共同利用衛生設備，不適切な衛生設備，無設備に分類した利用人口の比率を示したものである。世

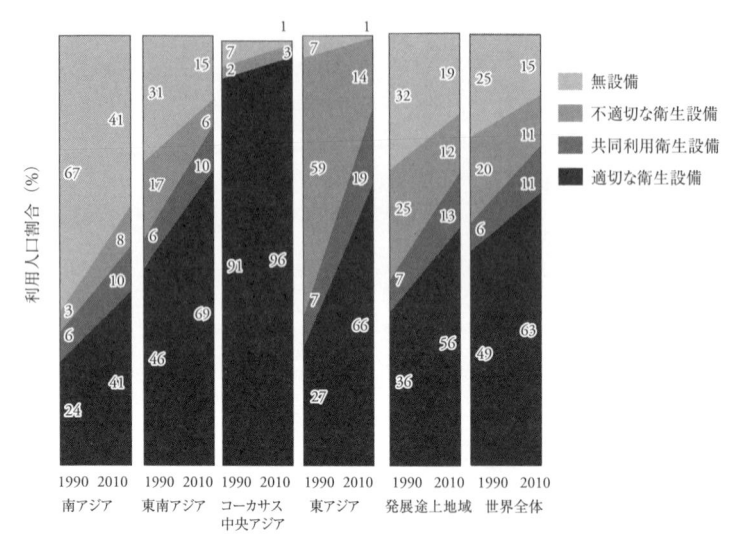

図 4-4 ● 1990 年から 2010 年での各種の衛生設備の人口利用比率[6]

界的には、適切な衛生設備および共同利用衛生設備の利用人口比率は、1990年の 55％ から 2010 年には 74％ に改善した。アジアでは、コーカサス・中央アジアは衛生設備が 90％ 以上の高い普及状況であり、東アジア、東南アジアでも衛生設備の普及が進み、2010 年には、これらの地域では 3 人に 2 人が改善した衛生設備を利用できる状況にまで改善した。しかし、南アジアでは 2010 年でも 40％ 程度にとどまっている。

ここでの衛生設備とは、水質汚濁を防止するための処理施設という視点ではなく、し尿を処理処分できるという視点であるため、水質汚染への対応は、これよりもさらに遅れた状況にある。水質汚染は深刻な問題であり、主に未処理の下水、産業廃水、家畜廃水や化学肥料による硝酸塩、河口や地下水の汲みあげによる海水侵入によって貴重な水資源が汚染されている。特に、都市での人口増加と不適切な衛生設備による河川水の糞便汚染の悪化が、アジアをはじめ世界の各地域で見られている[8]。

---

8) United Nations Environment Programme Global Environment Monitoring System (GEMS)

第4章 健康リスク管理と都市環境インフラの共進化

表 4-1 ●飲料水施設と衛生設備の分類[6]

	飲料水施設	衛生設備
適切 (improved)	住居，敷地，区画に配管された供給水；公共水道 (public tap) や給水塔；掘抜き井戸 (tubewell) やボアホール (borehole)；管理された泉；管理された掘込み井戸 (dug well)；雨水収集 (rainwater collection)	下水管，浄化槽，掘込トイレ (pit latrine) に接続した水洗あるいは洗浄トイレ；喚気した改善掘込みトイレ (ventilated improved pit (VIP) latrine)；踏み板 (slab) 付掘込み井戸；コンポストトイレ
不適切 (unimproved)	管理されていない掘み井戸；管理されていない泉；小タンクやドラムのカート (cart)；タンク車；表流水 (河川，ダム，湖，沼，小川，運河，用水路)；ボトル水	適切な処理処分施設に接続していない水洗あるいは洗浄トイレ；踏み板 (slab) がない掘込み井戸やオープンピット (open pit)；バケツ；ハンギングトイレット (hanging toilet) やハンギングラトリン (hanging latrine)；共同あるいは公衆施設；無施設や藪や屋外での排便 (open defecation)

なお，表 4-1 は，WHO/UNICEFF (2012)[6] が適切，不適切として分類した飲料水施設および衛生設備を示している。地域や発展段階の違いにより，さまざまな飲料水施設，衛生設備が使われている。

2.3 大気汚染

大気汚染は，世界中で環境衛生の重要な懸念事項となっている。世界の都市人口は毎年増加している。人口の増加によって，自動車の台数も増え，それによって自動車などから排出される汚染物質が増加している。大気汚染が健康に及ぼす影響は，呼吸器疾患，重金属関連の疾病，アレルギーなどがある。子どもや貧しい人はこのような病気のハイリスクグループである。世界の大気汚染はガソリンや燃料の使用，無分別な車の排気ガスの排出などによって徐々に深刻になっている。汚染物質は，窒素酸化物 (NOx)，硫黄酸化物 (SOx)，オゾン，浮遊物質，多環芳香族化合物 (PAHs)，金属類，揮発

Water Programme, 2008, Water quality for ecosystem and human health, 2nd Edition.

性有機化合物などである。このような汚染物質は人の健康を脅かすことが知られている。特に，微細粒子 (fine particulate matter) は，肺がんや心肺 (cardiopulmonary) 疾患など急性，慢性を問わずさまざまな病気を引き起こし，世界中では，肺がんによる死の8％，心肺疾患による死の5％，呼吸器系感染の3％を引き起こしていると推定されている[3]。

2.4 化学物質

20世紀の半ばから，化学物質は世界経済の発展を導く役割を果たしてきた。現在，4000万近くの化学物質が開発され，1500万の化学物質が商業的に使われている。その中の1000種類の化学物質が毎年1トン以上生産されている。不適切な化学物質の生産や消費過程で，化学物質事故や環境汚染が発生する可能性がある。表4-2は過去の化学物質事故と事故の被害を表している。過去と違って，現在効果的な化学物質の管理のために多くの規制が存在する。しかし，化学物質には使用や排出を制限しているにもかかわらず，我々に脅威となりつつあるものもある。例えば，農薬に加え，医薬品類 (PPCPs)，内分泌かく乱化学物質 (EDCs) など潜在的な懸念になりうる化学物質の出現が水系の健康リスクや生態系に影響を及ぼす可能性がある。

WHO (2009)[3] によると，鉛は汎用されており，大気，ばいじん，土壌，水に普遍的に存在しているため，胎児，子どもの知能低下，行動，発達障害を起こし，大人には高血圧を引き起こすことが懸念されている。特に，発展途上国では依然，燃料への鉛の添加が行われるなど，子どもに対する鉛の暴露が懸念されている。

表 4-2 化学物質事故とその健康被害の事例

年度	地域	事故	被害
1984	ボパール，インド	タンクからイソチアン酸メチル（MIC）の漏出	3800人が即死，50万人がガスに暴露
1984	メキシコシティ，メキシコ	液化石油ガスターミナルでの爆発	500人死亡，6400人負傷
1995	東京，日本	意図的な化学ガスの撒布	12人死亡，1000人に影響
2004	ニーシャプール，イラン	化学物質の混合による列車の爆発	数百人死亡
2005	松花江，中国	工場の爆発により松花江に1000tの汚染物質排出	5人死亡，長期間の断水で数百万人が被害
2005	ボホール，フィリピン	菓子製造過程で不注意な殺虫剤の混入	29人死亡，104人入院
2007	アンゴラ	臭化ナトリウムが食用塩に混合	460人（主に子ども）が疾患
2008	セネガル	バッテリの再利用で鉛が流出	多く鉛中毒患者の発生

2.5 地球温暖化

　地球の温暖化は，人間活動によって生じる二酸化炭素やメタン，亜酸化窒素などの温暖化ガスの排出量の増大により，避けがたい事実となりつつある。この気候変動は人間の健康に影響を及ぼすと予想されている。

　WHOは，環境の変化に応じて我々の健康を脅かすリスクも高くなると推測している。過去よりも降水量の増加や減少，気温の上昇などの極端な気候が頻繁に現れる結果，下痢症（diarrhoeal diseases），マラリア（malaria），予期しない負傷（selected unintentional injuries），栄養失調（protein-energy malnutrition）などによる健康障害が懸念される[5]。WHO（2009）[3]は，地球温暖化によって引き起こされる高温と気象災害，媒介動物（vector-borne）による疾患，食品あるいは水系感染症，光化学物質による大気汚染などの影響は，下痢症，マラリア，デング熱（dengue fever）による死のそれぞれ3％，3％，3.8％に寄与しているとしている。

表 4-3 ● 不適切な有害廃棄物処理により起こった問題の事例

年	地域	原因物質	事件
1919–	富山県，日本	カドミウム	イタイイタイ病
1935–1971	ハンブルク，ドイツ	液体と固体の化学廃棄物	埋立地からのダイオキシン検出
1988	ラジャスタン，インド	銀の化学染料	現場の近くで汚染物質が安全基準値よりも 1.5 万倍高く検出
1989	マドラス，インド	シアン化合物	多くのバッファローの斃死

2.6 廃棄物問題

廃棄物を適切に処理しない場合，人の健康や環境に対して影響を引き起こす。廃棄物を扱うときには，通常行われている非衛生な屋外投棄や埋め立て，水域への排出，屋外焼却などの廃棄物処理を改善する必要がある。特に有害廃棄物の主な種類は，農薬，家庭，鉱業，医療施設や産業廃棄物である。このような有害廃棄物の不適切な処理は土壌や地下水の汚染を引き起こす。表 4-3 は，過去に，有害廃棄物の不適切な処理により人の健康に影響を及ぼしたことが確認されている事例である。

2.7 環境要因がより深刻となる途上国

世界全体での DALY や死亡に対して上位 5 つの環境要因が，どの程度割合を占めているのかは前述した。発展途上国のような低所得国と先進国のような高所得国の違いがどの程度あるのかについても，WHO (2009)[3] は DALY と死亡について解析を行っている。

DALY については，固形燃料からの室内空気汚染では，低所得国と高所得国では，それぞれ 2.9％ と 0.0％ 未満，安全でない水と衛生に関しては 4.6％ と 0.3％，都市の屋外大気汚染では 0.6％ と 0.8％，地球規模の気候変動では 0.4％ と 0.0％ 未満，鉛汚染では 0.6％ と 0.1％，上位 5 つのリスク因子全体では 8.6％ と 1.2％ と，低所得国では，高所得国に比べて，環境要因の影響を数倍大きく受けていることがわかる。また，死亡についての解析では，固形燃料からの室内空気汚染では，低所得国と高所得国では，それぞれ 3.9％ と

0.0％未満，安全でない水と衛生に関しては3.8％と0.1％，都市の屋外大気汚染では1.9％と2.5％，地球規模の気候変動では0.3％と0.0％未満，鉛汚染では0.3％と0.0％，上位5つのリスク因子全体では9.6％と2.6％と，低所得国では，高所得国に比べて，環境要因の影響を数倍大きく受けていることがわかる。

　屋外大気汚染を除いて，明確な差が生じている理由として，低所得国と高所得国で，住環境や上下水道などの都市環境インフラの整備水準，さらに先進国での医療水準などが大きく違い，低所得国では，環境衛生問題がより深刻化することが，WHO (2009)[3]の世界疾病負担のデータからも明らかに見られている。

③ 深刻化する生物保全

　地球上の生物は，環境問題が深刻になることにより，絶滅の危機に瀕している。既に種の絶滅が起こりつつあり，環境の物理・生物学的条件が変わることにより，絶滅が加速することが懸念される（図4-5）。また，現在の絶滅に関する確率が，過去よりさらに高いことが科学的な証拠により示されている。その主な原因は以下の要因が単独，あるいは複合して生じていると考えられている。

- 生息地の喪失の急激な増加
- 商業目的とした野生動物の狩猟
- 有害な外来種の導入
- 環境汚染
- 疾病の拡大
- 気候変動

　環境汚染についてみてみると，20世紀の半ばにおける白頭ワシ数の急減は，化学薬品や特殊剤DDT，広く使われている体内組織に蓄積する農薬などの危険性の大きな警告であった。また，英国などで問題となっている魚類

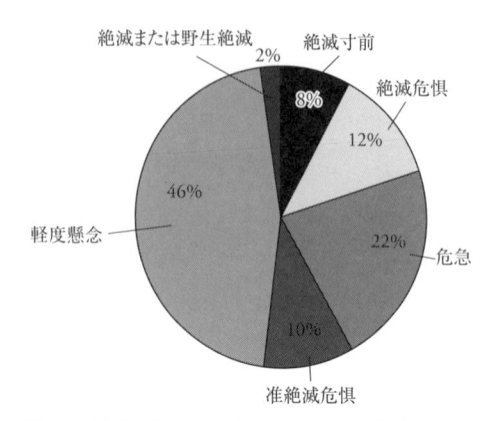

図4-5●国際自然保護連合（IUCN）のRed Listで絶滅危機の異なる脅威
区分でのすべての評価種（47,677）の割合[9]

の雌性化は，工業洗剤，人の排泄物に含まれるエストロゲンや人工避妊薬などに起因していることが明らかになってきており，工業製品に含まれるビスフェノールAや生活で使われている医薬品や抗菌剤など内分泌攪乱を起こし，生存数の減少を起こすことも懸念される[10]。

自然生息地域の激変は，現在の動物種の絶滅論の中で最も重要な要因の一つであり，最終的にこのような動物種の絶滅の増加は生息数の減少とつながる。産業の振興や都市化のため，天然資源を採る人間活動は，生息地域の激変につながる要因である。また，農業，鉱業，伐採業やトロール漁業は，生息地域の激変につながる他の原因である。

---

9) Convention on Biological Diversity, 2010, Global Biodiversity Outlook 3.
10) Jobling, S., Nolan, M., Tyler, C. R., Brighty, G., Sumpter, J. P., 1998, Widespread sexual disruption in wild fish, Environ. Sci. Technol., 32, pp. 2498-2506.

❹ 健康リスク管理（Health risk management）に向けて

　前述したようにアジア・メガシティの急速な経済成長と人口増加は，水や空気などに関連する深刻な環境問題をもたらしている。現時点でアジアの多くのメガシティにおけるさまざまな環境問題を調査する際には，人の健康や生活環境，さらに生態系に関連する環境リスクの最優先事項を評価し，適切なリスク管理手段を開発し，提案し，最終的には環境問題を解決するための手段を実際に適用する必要がある（図4-6）。

　まず，どのような環境問題が存在するのかを現地で見出すことが必要である。アジア・メガシティの水，大気，土壌，底質などの環境媒体を直接モニタリングすることでさまざまな汚染が見出される可能性がある。また直接環境要因から影響を受けている人の健康状況や死亡状況を疫学調査することによって，環境に由来する人の健康問題が見出されるかもしれない。

　その原因と解決方法を検討する際，限られた資源の条件下で，解決すべき問題の優先付けを行う必要がある。その際には，把握された環境媒体での汚染状況から人の健康影響を与えるリスクを評価，定量することができるであろう。あるいは前述したDALYsなどの統計データに基づいて，優先すべきリスクおよびリスク因子を議論することができるかもしれない。

　次に，そのリスクの原因を探り，リスク削減する際には，そのリスク要因を制御，管理することが必要である。食品や飲料水を製造する際に工程上の危害を起こす要因（ハザード；hazard）を分析しそれを最も効率よく管理できる部分（Critical Control Point, CCP；必須管理点）を連続的に管理して安全を確保する管理手法はHACCP（Hazard Analysis and Critical Control Point）と呼ばれている。この際，リスク管理をするためには，環境に排出される前でのリスク削減，発生源でのリスク削減，さらに利用段階でのリスク削減など，必須管理点を探り，多重バリア（multi-barrier）アプローチによるリスク管理を行うことが必要である。多重バリアアプローチとは，公衆衛生リスクを下げるため，例えば水道で，汚染源から水道水の安全性を確保するため，飲料水の汚染を防止あるいは削減するために，取水から浄水，給水，利用に至る複数

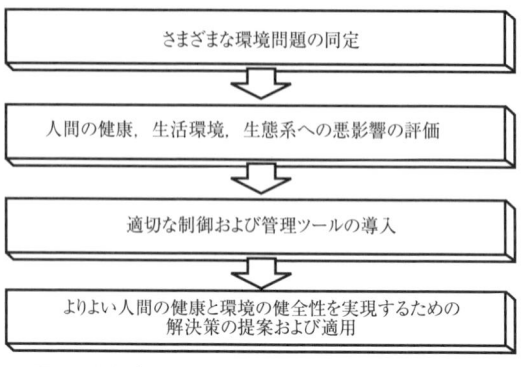

```
┌─────────────────────────────┐
│   さまざまな環境問題の同定    │
└─────────────────────────────┘
              ↓
┌─────────────────────────────────────┐
│ 人間の健康，生活環境，生態系への悪影響の評価 │
└─────────────────────────────────────┘
              ↓
┌─────────────────────────────┐
│ 適切な制御および管理ツールの導入 │
└─────────────────────────────┘
              ↓
┌───────────────────────────────────────────┐
│ よりよい人間の健康と環境の健全性を実現するための │
│        解決策の提案および適用             │
└───────────────────────────────────────────┘
```

図 4-6 ● 健康リスク分野での問題解決のアプローチ

の段階でとられる手段や対策のことで，冗長性と信頼性を確保する管理手段である。リスクを削減するためには，さまざまな管理技術があるが，どの技術を用いるかは，リスク削減技術の信頼性，コスト，対策の持続可能性と技術移転性，将来的代替性などを十分考慮して選択すべきである。このような地域や開発段階に応じた適正技術の選定は，社会，経済，教育，文化的背景が異なる新興国や開発途上国では，最も重要な課題の一つである。

⑤ アジア・メガシティを支える都市環境インフラ

2007年には，世界の21の人口1000万人以上のメガシティのうち11の都市がアジアにあった。アジア・メガシティは，アジアの先進工業地域の中心であり，2000年から2030年の間に，アジア・メガシティに住む人口の割合は，37%から53%に上昇すると推定されており，特に東南アジア地域では170%増加すると推定される[7]（図4-7）。アジア・メガシティは急激な産業化により急速に人口の増加と経済が成長しており，現状のインフラストラクチャーでは，そのニーズを提供することができなくなってきている。このような変化とインフラストラクチャーの不足は，上下水道や廃棄物に関わる都市環境インフラにも当てはまり，最終的に資源利用や環境に影響を与える。

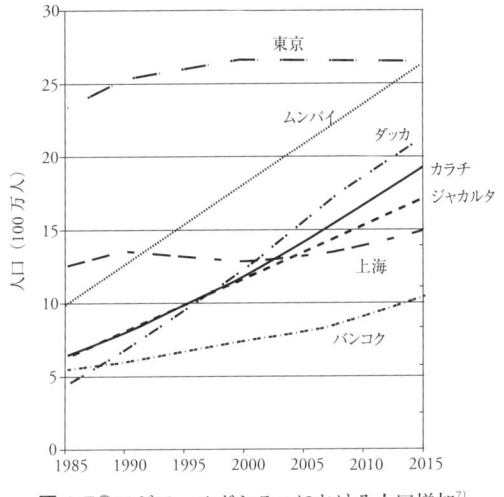

図 4-7 ● アジア・メガシティにおける人口増加[7]

また，生息地の破壊，交通，水の不足，不十分な水供給，下水処理，地球温暖化，気候変動などの問題もある。このようなことから，将来のアジア・メガシティの発展に対する都市環境インフラのサポートは，ますます重要となる。

⑥ 都市の水インフラの課題と上下水道の分断

上下水道インフラは，人口の大半が暮らす都市部において不可欠である。都市部に適した上下水道システムの必要性は，特に新興国や発展途上国で重要となっている。

6.1 増加する水需要を支える水インフラ

前述したように世界の都市は，清浄な水を人々に供給する課題に直面している。このような都市部での人口の急激な増加は，既存の水道システムにも

負担をかけ始めている。水利用は,過去半世紀,特に都市部において大きく変化し,生活水準上昇により,飲料水にかぎらず,シャワー・風呂や洗濯機など家庭用電気製品の普及など,水需要を押し上げてきた。現在,先進国の都市の人々は,集中型水道システムにより,安定的な水の供給を受けている。水供給は安定であると錯覚するが,現在も,さらに将来はもっと水不足の発生が懸念される地域が世界的に広がるであろう。将来の気候変動などの水危機に対処する必要性が高まり,都市部においての課題が変わってきた。

2010年には,世界的な水供給量は 4.2×10^{12} m^3/年に対して,水需要量は 4.5×10^{12} m^3/年であった[11]。しかし,人口増加による食糧需要の増加により,2030年までに世界の水需要は,6.9×10^{12} m^3/年に増加すると予測される。ここで重要な点は,都市人口の水需要量は継続的に増加し続け,2030年には54%増加すると予想されていることである[11]。

水は,食糧やエネルギーとともに都市部の人口が必要とする生活や活動の基本的な必需品である。人口増加により大量の作物の生産が必要とされ,またその大量の作物を育てるために,さらに多くのエネルギーと水が必要となる。さらにエネルギーを生産するためには,風力や太陽光発電などを除いて,発電所などでの冷却水などさらに多くの水が必要となる。このように,アジア・メガシティに限らず,都市はさらに大量の水に依存することになり,それを支える水インフラのネットワークを必要としている。

6.2 都市でのし尿問題

主なアジア・メガシティにおいて,し尿に関する問題は,既に深刻となっている。都市の人口増加と消費パターンの変化による結果,複雑な性質や組成の廃棄物量が急激に増加し,問題が深刻化している。

前述したように,人口増加とともに都市における衛生設備は,公衆衛生に不可欠なものである。衛生設備がない都市においては,死亡や病気になる確

---

11) 2030 Water Resource Group, 2009, The water resources group background, impact and the way forward global demand for water.

表4-4 ● 代替下水道システムの種類[12]

代替下水道システムの種類	概要
コンドミニアル下水道 (Shallower sewer)	数軒分の汚水を宅地内や歩道内に敷設した排水施設にまとめ，下水道本管に接続することにより，費用軽減を図る
簡易化下水道 (Simplified sewerage)	集合型下水道管の管渠勾配の緩勾配化および埋設深度の浅深化を行うとともにマンホールの簡易化を行って，費用の軽減を図る
スモールボアシステム (Small bore sewer system)	家庭などからの汚水を一旦インターセプタータンクと呼ばれる腐敗槽で固形物を除き，上澄みを下水道本管に流下させることにより，管渠の緩勾配化，埋設深度の浅深化による費用軽減を図る
インターセプタースワー (Intercepter sewer)	既存の排水設備（腐敗槽，浸透槽，既存水路など）を有効利用し，例えばし尿を既存腐敗槽内で処理する一方で，雑排水は水路・側溝・遮集管を使って集中処理施設に流下させ，費用の軽減と効果発現の早期化を図る

　率が高く，特に子どもたちには，その影響が大きくなる。このような衛生問題は，従来の下水道システムやコンドミニアル下水道など他の代替システムにより都市内から排水を排除し，環境を改善することができる（表4-4）。

　し尿は土壌の肥沃度と穀物生産量を維持できる栄養豊富な肥料であるため，日本の農家は，工業化前には，肥料として人糞肥料やし尿を使用してきた。長期間発酵させたし尿は，多くの病原微生物が死滅しており，地表水の糞便汚染を起こすことなく，豊富な窒素・リンを含む資源として，農地で利用されていた。

　日本では，工業化後，安価で便利に栄養源を農業に提供する化学肥料が開発されたことにより，次第にし尿は農業利用されず廃棄物となっていった。しかし，日本の都市においてはし尿をそのまま地表水へ無処理では排出せず，し尿を家庭内に一旦ため込み，溜まったし尿は定期的に収集された後，海洋投棄やし尿処理施設で処理がなされていた。欧米の都市において，過去都市化段階でし尿がそのまま排水路に廃棄されて，都市の衛生問題に大きな影響

---

12) 藤生和也，南山瑞彦，菅谷悌治，平出亮輔，高橋正宏，森田弘昭，中島英一郎，山縣弘樹，中島智史，2006，発展途上国に適した低コスト型新下水道システムの開発に関する研究，国土技術政策総合研究資料第318号．

を与えた状況とは異なる点が注目される。

　家庭内にし尿を貯めこむことで発生する悪臭やハエなどの害虫を抑制するなど，生活環境の改善の必要性から，トイレの水洗化が強く求められた。このため，公衆衛生や廃棄物の視点から下水道の整備や水洗化のためのし尿単独浄化槽が戸別に設置されていった。しかし，し尿単独浄化槽は，処理機能が不十分である上，家庭からの雑排水を処理対象とせず，水質汚染を助長した。このため，2001 年，し尿単独浄化槽の新設が禁止され，これに代わって，し尿とともに雑排水を一緒に処理する合併浄化槽が，下水道の整備とともに水洗化を担う重要な施設となっている。

6.3　水供給システムと排水システムの整備ギャップによる水汚染

　都市が必要とする水は，水道整備を行うことによって，大量に，かつ飲料可能な水質を均一に供給できるようになった。水道供給以前は，井戸や泉など限られた量しか水が利用できず，人手をかけて利用地点まで運んでいた。水道供給が可能となると，蛇口を捻るだけで水がいつでも十分に利用することが可能となった。

　また，急激な都市化や工業化された地域において増加する水需要を満たし，さらに廃水量の増加により悪化してきた原水の水質に対応するため，都市に近い水道取水点から遠く離れた河川や湖沼からも大量の水を取水しなければならなくなった。河川水は不安定で限られた資源であるため，ダム貯水池が多く作られることとなった。

　日本での高品質な水道の供給は，衛生環境を大幅に改善したが，水使用量の大幅な増加を招くことになったため，同時に大量の廃水が都市に発生することになった。日本の都市では，当初，下水を排除するための下水管が設置されていたのは，横浜，神戸などの外国人居留地の一部と東京，大阪，名古屋，京都など大都市の一部に限られていた。日本の多くの都市では，大量に発生する廃水を排除し，収集する下水管渠網がないため，都市内の水路に廃水が流れ込み，汚濁物が堆積し，悪臭の発生，蚊ハエなどの害虫の発生，景観の障害などさまざまな水質汚濁が発生した。これらの問題を解決するため

には，水道施設の整備に対応した下水道の整備を行う必要があった。

6.4 排除のための管渠システムの構築

　都市の地表の大部分は，建物や道路などが高い割合を占め，雨水を含めた下水の排除を目的とする下水道システムは特に重要である。前述したように人口が急増する都市では，下痢などの疾病による公衆衛生問題が深刻である。しかしし尿の安全な回収やオンサイトでの処理は，人口密度の高い地域では非常に困難である。また，し尿や家庭や業務で発生した廃水の排除は，仮にオンサイトでの処理が適切に行われたとしても必要である。さらに都市の不浸透面は，雨水の地下浸透を妨げ，雨水流出での急激な流量を引き起こす。

　このため，人々が密集して住み，大量の排水が発生する都市やその郊外では，発生する廃水を下水処理施設へと収集する下水管網を構築する必要がある。日本では，都市にこのような下水管渠を埋設し，家庭や事業場を一軒一軒接続するため，時間と費用を要してきた。また進行する都市化によって，雨水の流出増大とその排除を行うことも下水道の重要な役割となった。

　日本の下水道施設には公害が激しかった1960年代から本格的な投資が行われ，これまで80兆円以上が使われてきたが，その費用の70%は下水を収集するための下水管路やポンプ場の建設に使われた。日本では，整備が先行していた大都市では，雨水と汚水を同時に排除できる合流式下水道が中心となって整備されてきた。しかし，合流式下水道では，雨天時に雨水吐から河川や海域などに汚水が混じった雨水を排出せざるを得ないため，1970年代からは新たに下水道を設置する都市では，可能な限り，雨水排水と汚水を分けて収集する分流式下水道を整備するようになった。水質保全上は分流式の方が合流式よりも望ましい。しかし，市街地が既に形成され，道路も狭い場合，分流式下水道では汚水管と雨水管を別々に埋設することから構造と施工が複雑になり，また当然，合流式下水道よりも下水管延長も長くなる。また，狭隘な都市空間では，水道やガス管など既に埋設が終わった道路の社会インフラの下に埋設せざるを得ないことから管渠の投資費用は大きくなった。

6.5　集中型下水処理システムによる効率化と集中化による課題

　都市内の下水排除により都市内の水質汚染は減少したものの，下流の河川や海域での水質汚濁を防止するために下水処理を行う必要があった。1923年に散水ろ床法（trickling filter）を用いた下水処理場が日本で初めて東京に設置された後，昭和に入って，東京に加え，名古屋，京都などで活性汚泥法（activated sludge process）が，欧米の研究を参考に導入された。日本では，下水処理を契機に，下水管渠へのし尿投入が始まった。

　第二次大戦後，日本は現在のアジア新興国と同様，高度経済成長と都市への人口集中が生じ，これに伴う著しい水質汚濁が発生した。このため，日本では水域の水質保全を目的に，流域規模での下水道整備計画を立てることとなった。この計画は，流域別下水道整備総合計画と呼ばれており，公共用水域の水質環境基準を満足するように下水道の整備量と放流水質と放流地点を決定するという合理的な計画である。水質環境基準として，河川については有機物濃度を表す生物化学的酸素要求量の BOD（Biological Oxygen Demand）が定められ，その後，内湾については同じく有機物濃度を表す化学的酸素要求量の COD（Chemical Oxygen Demand）が，さらに湖沼や閉鎖性海域については窒素，リンが定められた。このため，下水道整備においても，これらの対象物質を削減するための計画が定められた。多数の都市が隣接し，公共用水域の水質汚濁が憂慮される流域では，行政単位での下水道整備よりも，河川流域で広域的に整備することが効率的，経済的であると考えられる。このような流域規模での視点から，複数の市町村から排除される下水を広域行政体である都道府県が収集し，処理を行う流域下水道も積極的に建設された。このことで，広域的に下水を収集し，水利用用途を考慮した放流位置の設定が可能となった。しかし，広域な下水道施設を建設するためには，長い期間を要し，地域ごとに供用開始時期に差が生じるなどの問題も生じた。

　水道供給によって都市で発生した廃水，特に雑排水は下水管に集めることによって，都市内河川の水質汚濁は，下水道の整備の進捗とともに大きく軽減していった。しかし，同時に都市が必要とする水供給を確保するために，取水された河川では，流量が減少した。これまで都市から排出され，都市内

の河川に流れ込んでいた下水は、下水道に取り込まれ、下水処理場から水域に放流されるまでバイパスされるため、都市河川そのものは、バイパス区間では流量が大きく減少することとなった。一方、下水処理場では、BOD, COD, 窒素, リンなどの環境基準を達成するために、下水道での放流水質が定められた汚染物質を積極的に削減してきた。しかし、現在、下水処理の中心技術である生物処理法では十分除去できない未規制の化学物質やウイルスなどの病原微生物は、放流水に残る。広域な下水道システムでは、放流地点に下水処理水が集中化し、前述したように希釈する河川流量の低下とともに水質改善の限界も見え始めている。

6.6 水洗化によるし尿処理の変化と水環境汚染

　近代工業化と都市化によって日本の多くの河川環境は劇的に変化した。ダムや堰でせき止められた河川から取水された河川水は、都市に送られ、浄水された後、都市内に水道水として供給され、飲料水やさまざまな用途に使われる。都市で使われた水は、雨水などとともに下水として河川に流入した。日本においては、水質汚濁防止の視点から工場排水規制とともに、下水道や合併浄化槽の設置が進められた。このことで、し尿処理体系はくみ取りし尿から、水洗化が大幅に進むとともに、雑排水の対策も進み、この40年間に日本の河川でのBODは大幅に改善した。

　しかし、このし尿処理の変化は同時に、さまざまな新たな環境汚染問題も顕在化させてきている。し尿には、BOD成分の他、窒素やリンが含まれている。家庭の下水にはBOD成分は、し尿よりも雑排水に多く含まれ、生物処理によりBODも効果的に除去できるため、水洗化と雑排水処理を同時に解決する下水道や合併浄化槽の整備は極めて有効であった。しかし、窒素、リン、病原微生物、ホルモンや医薬品類などは、雑排水よりも、し尿に含まれる割合が高く、これまでのし尿収集後のし尿処理場での除去効率と下水道や合併浄化槽での生物処理での除去効率のどちらかが効果的かという問題となっている。

　下水処理場や家庭の浄化槽で、し尿に多く含まれる汚染物質が十分除去で

きない場合，水洗化の推進により，水域の濃度が上昇しうる。病原性微生物やアンモニアを含む窒素，リン，大腸菌，ホルモンや医薬品類など主にし尿に由来する汚染物質にその傾向がある。これらの汚染物質は，下水処理場での除去が十分ではない場合，環境に流出し，放流先水域での富栄養化，リクレーション利用や魚介類の衛生学的安全性，さらに水生生物への影響を与える可能性がある。低濃度の経口避妊薬（EE2）やその他の内分泌かく乱物質（EDCs）の暴露により，下水処理場の下流に棲む魚類の雌性化が観察されることはこのような化学物質の影響を示す重大な例である[10, 13]。また家庭の排水には未規制の医薬品類，洗剤，殺虫剤などが含まれている[14, 15, 16]。水道水源への汚染の懸念だけでなく，多様な水生生物の生息の場としても重要な水環境の汚染としても懸念が高まっており，いっそう水質を改善していく必要がある。そのためには，生物学的な処理方法を窒素・リン除去が可能な高度処理に変更するだけでは不十分であり，膜処理や酸化処理など物理化学的方法を併用していく必要がある[17, 18]。しかし，処理レベルを高度化することに

---

13) Kumar, V., Nakada, N., Yasojima, M., Yamashita, N., Johnson, A. C., Tanaka, H., 2011, The arrival and discharge of conjugated estrogens from a range of different sewage treatment plants in the UK, Chemosphere, 82(8), pp. 1124-1128.

14) Azuma, T., Nakada, N., Yamashita, N., Tanaka, H., 2012, Synchronous dynamics of observed and predicted values of anti-influenza drugs in environmental waters during a seasonal influenza outbreak, Environ. Sci. Technol., 2012, 46(23), pp. 12873-12881.

15) Ghosh, G. C., Nakada, N., Yamashita, N., Tanaka, H., 2010a, Oseltamivir carboxylate - the active metabolite of oseltamivir phosphate (Tamiflu), detected in sewage discharge and river water in Japan, Environmental Health Perspectives, 118(1), pp. 103-107.

16) Ghosh, G. C., Nakada, N., Yamashita, N., Tanaka, H., 2010b, Occurrence and fate of oseltamivir carboxylate (Tamiflu) and amantadine in sewage treatment plants, Chemosphere, 81(1), pp. 13-17.

17) Kim, I. H., Yamashita, N., Kato, Y., Tanaka, H., 2009, Discussion on the application of UV/H2O2, O3 and O3/UV processes as technologies for sewage reuse considering the removal of pharmaceuticals and personal care products, Water Science & Technology, 59(5), pp. 945-955.

18) KIM, I. H., Yamashita, N., Tanaka, H., 2009, Performance of UV and UV/H2O2 processes for the removal of pharmaceuticals detected in secondary effluent of sewage treatment plant in Japan, Journal of Hazardous Materials, 166, pp. 1134-1140.

第4章 健康リスク管理と都市環境インフラの共進化

より，廃水処理に必要なエネルギーをさらに消費する方向に向かうことになる。

7 水・エネルギー・物質の都市代謝の統合化への都市環境インフラの進化

7.1 俯瞰的な視点の必要性

　このような日本の都市における上下水道システムの遷移は，ステップ・バイ・ステップで問題解決を行ってきた歴史でもある。まず都市の水需要と衛生問題を解決するため，水道を整備し，都市で発生するし尿も収集，処分する歴史であった。都市化によって次第に増大する水需要を満たすために，ダムなどの手法で水資源開発を行ってきた。次いで都市内で大量に発生した下水を排除するための下水管を整備し，水質汚濁が問題となると下水道や浄化槽などで対象となる汚濁物質を削減するという過程である。別の見方をすれば，水道・下水道，さらにし尿廃棄物，河川管理，環境管理の問題はそれぞれに分断されていて，俯瞰した視点が欠如していたといえる。

　日本の都市は既に巨大な上下水道の水ネットワークを張り巡らせている。しかし，このネットワークシステムは，完成後，未来永劫にこのままで維持できるわけでなく，たゆまない更新と投資が必要である。

　現在まで築き上げてきた上下水道はその利用者に安価で豊富な水を提供し，使用した後も，下水の行方も気にする必要がない利便性の高い都市の水インフラである。このことは快適な都市生活に大いに貢献しているが，利用者には，自然界の水循環と都市の水循環とが分断したものとなっている。利用する水がどこに由来し，利用した水がどこに行くのか，利用者の行為がどのような水循環への影響を与えるのかを考える機会もない。

　これまで，上下水道は，新たな汚染問題が生じるとその時点で問題となる汚染物質を浄水あるいは下水処理で除去対象として対応する，いわゆるエンド・オブ・パイプ (end-of-pipe) の取り組みを続けてきた。しかし，今後とも

問題となる汚染，あるいはリスクを一つ一つ潰していく対策を取ることが，合理的なのであろうか？　もう少し，俯瞰的視点に立って都市の水循環問題をとらえる必要はないのであろうか？

7.2　都市での水・資源・エネルギーの統合管理の重要化

　都市が必要とする水・資源・エネルギーが，都市活動で使用された後，廃棄される過程である代謝のあり方，つまり都市代謝としての理解は，都市における水やエネルギーなどの物質フローを描写し，分析することである。図4-8に示す一過型あるいは線形のフローシステムは，大量の資源投入とともに大量の汚染物質を排出し，汚染を削減するためにさらに大量に資源の投入が必要となる。都市は，高密度で多くの人々が居住し，経済社会活動も活発に行われており，これを支えるため都市が必要とする水，物質，エネルギーが投入されてきた。この結果，工業生産，エネルギー生産や輸送などの都市活動によって，大量の固形あるいは液体の廃棄物が発生し，環境へ排出されている。水利用を可能にし，環境への影響を軽減するため，日本の上下水道システムは，日本全体の電力量消費の1〜2％を使用している[19]が，水資源が乏しい場合は，この比率はもっと上昇し，例えば米国西海岸では18％に上っている[20,21,22]。

　上下水道システムは地球温暖化によって引き起こされる将来のエネルギー問題に適切に対処しなければならない。今後，上下水道の整備が進んでいくアジア・メガシティでは，水と資源，エネルギーの関係についても理解を進

---

19) 上山達宏，金一昊，水草浩一，吉谷純一，小越眞佐司，田中宏明，2010，日本の上下水道におけるエネルギー消費の現状把握，学会誌EICA，15（2・3），pp. 157-160.

20) House, L., 2007, Will water cause the next electricity crisis, Water Resource Impact, American Water Resources Association.

21) Kenway, S. J., Lant, P. & Priestley, A., 2009, Influence of urban water choices on energy use: Who's responsibility is it?, paper presented to IWA Water and Energy 2009, Copenhagen, pp. 29-31, October 2009.

22) Kenway, 2012, in Lazarova, V., Choo, K., and Cornel, P. (Ed), Water-energy interactions in water reuse, IWA Publication.

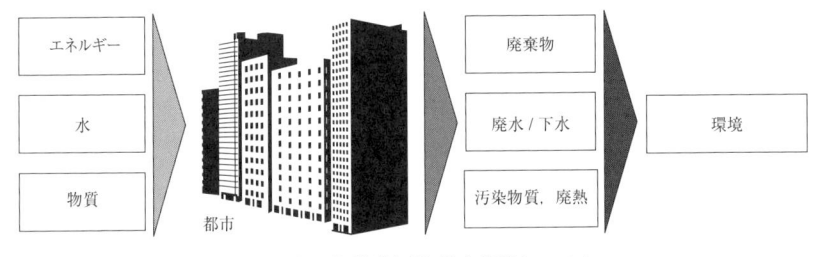

図4-8 ● 一過型（線形）都市代謝システム

める必要がある。上下水道での水，エネルギー，物質の流れを理解することによって，廃水や廃棄物，廃熱の発生と利用，さらに環境への汚濁負荷量を削減する方法をより総合的に検討することができる。

7.3 都市の水インフラシステムのエネルギー消費の限界

今後，世界的には都市や農業生産への水供給の増加，人の健康や生態系への安全性配慮がいっそう重要となるが，地球温暖化対策の進展とともにエネルギー資源もますます制約される。日本の上下水道の使用電力量は，水道と下水道でのエネルギー使用は全く違う構成となっている。水道では，95％のエネルギーが取水，導水，配水，給水のために使われ，浄水そのものには5％が使われているだけであり，ほとんどが水の輸送に使われている[23]。水道システムでのエネルギー削減を考えるうえで念頭に置くべきことは，水の輸送にかかるエネルギーであり，まず水道管からの漏水量を減らすことでエネギー削減が図られる。しかし，さらにエネルギー削減を図るためには，水の輸送に必要なエネルギーを削減することが効果的であり，身近な水資源の利用を考えることが必要である。

---

[23] Ihara, M., Ueyama, T., Kim, I. H., Ogoshi, M., Nishimura, S., Miyamoto, A., Tanaka, H., 2012, Energy consumption in water and wastewater systems and energy saving by wastewater reclamation and reuse, Proceedings of 2012 IWA World Water Congress on Water, climate and energy.

一方，下水道では，水道に比べ，下水を収集するエネルギーは比較的小さく，下水処理や汚泥処理で消費されるエネルギーが圧倒的に大きいため，下水処理，汚泥処理のエネルギー削減を行う余地が大きい。下水に含まれる有機物などの汚染物は，化学的エネルギーを有しており，カーボン・ニュートラルなバイオマスとしての価値がある。都市で使われたエネルギーは廃熱として下水に廃棄されるが，ヒートポンプなどを介してエネルギー利用できる。また都市で使われた下水は，使われる場での位置エネルギーを持つので，下水の輸送とともに水力発電などの未利用エネルギーとしての価値も注目されている。このように下水そのものは化学エネルギー，熱エネルギー，位置エネルギーの視点からの価値を含むので，それらを利用することで，下水道資源から未利用エネルギーを新たに生み出すという創エネルギーの余地もある。BOD除去をするため，さらに最近では窒素除去のために，下水処理で投入するエネルギーの消費量が増大している。一方，下水処理から発生する余剰汚泥のエネルギー価値は，生物処理の高度化に伴い低下している。生物処理前に固形分の除去機能をろ過などに置き換えることで改善させ，生物処理を受けていないエネルギー価値の高い汚泥の回収を促進するとともに，後段の生物処理への有機物負荷を減らすことで曝気量エネルギーを削減する試みも始まっている。またこれまでの窒素除去の基本であった硝化，脱窒に代わり，アンモニアと亜硝酸から窒素除去を行う嫌気性アンモニア酸化は，アナモックスプロセスと呼ばれていて，曝気量の大幅な削減が可能である。このように，単に曝気エネルギーの削減だけでなく，カーボン・ニュートラルなバイオソリッドをできるだけエネルギーとして回収するとともに，アナモックスなど革新的な窒素除去技術を実用化することで下水処理に投入されるエネルギーの削減が期待される。また汚泥消化の効率化，濃縮脱水技術，乾燥・焼却技術，さらに燃料化技術の進化による，投入エネルギーの効率的利用とその回収をいっそう推進することが必要である。

　都市としての人工水循環系でのエネルギー節約を考えると水道で消費されるエネルギーは，送水方法，輸送距離や供給量を変更しない限り，浄水プロセスの節約だけでは効果は限られる。そこで，既存の上下水道という切り口に加えて，再生水という視点を加えると，都市の水での質の改善とエネルギー

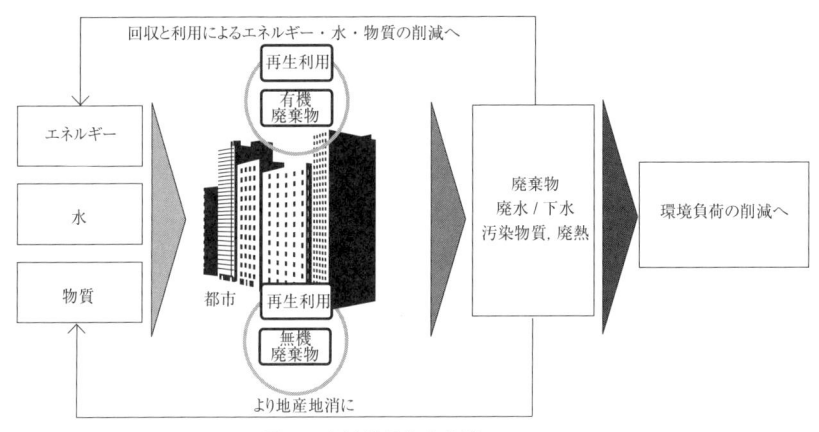

第4章　健康リスク管理と都市環境インフラの共進化

図4-9●循環型都市代謝システム

の改善という両立の可能性が見出される（図4-9）。都市の排水は，安定した水源であり，需要と供給が近く，循環利用の推進により，水環境からの取水量と水環境への排水量の削減を図ることができるため，水資源の確保，水環境への負荷とエネルギー利用の削減が図られる可能性がある。

7.4　廃棄のための処理から水・資源・エネルギーの回収利用へ

下水道を特徴付ける「集める」という大きな資産をいかに活用するかが問われる時代が来ている。水，資源，エネルギーの面で，この集める機能を有効に使うべきであり，下水資源を都市としていっそう体系的に使う必要がある。下水処理場を街の中に作り，水の浄化，熱の回収とリサイクル，栄養塩の回収利用を体系的に行うことやこれまで下水道とは別体系で処理されていた食品や厨芥廃棄物を下水道に取り込み，排水・廃棄物を一体化したシステムでバイオガス生産やバイオマス燃料化，燃料電池などにより資源，エネルギー回収を行い，都市や工業へのエネルギー供給や農業肥料の供給を行うことが考えられる。リン回収した肥料を用いて農地で作られたバイオマスを地域冷暖房システムの燃料として供給し，コジェネレーション技術を使ってエネルギー回収を進めるとともに，下水や下水処理水，廃棄物や下水汚泥焼却

施設からもエネルギーの回収を行うなども考えられる。バイオガスは，自動車や都市ガスの原料として供給する。水道原水も取水位置や配水・給水計画を見直し，水輸送に関わるエネルギーも節約する必要がある。

特に水の再利用は排水管理と水資源管理の両方の点から重要な構成要素となっている。アジア・メガシティでは，増大する水需要を満たすために，水資源確保が重要となっている。このため，都市で発生する排水は水量的には比較的安定であり，再利用することで都市内の水資源として利用できることは魅力的である。水の再利用は表流水への下水の排出による水環境に与える影響を劇的に減らすことのできる確実な手段となりうる。さらに，下水再生水は，飲料水レベルの水質が求められない灌漑用水やトイレの水洗用水など多くの活動に使われる水として代替可能であり，飲用可能な水質の水を節約することができる。

8 都市環境インフラの視点から見た人間安全保障工学の深化

8.1 都市水循環系とエネルギー問題の再利用による複合解決

都市に縦横に張り巡らされた下水道の管渠ネットワークを流れる下水を水資源として使うことができれば，水の需要と供給の場が極めて近いため，水輸送エネルギーは大幅に節約できる。一方，都市で必要な水のうち，飲用や料理に使われる量はかなり限られ，多くは家庭の雑用利用や工業用水，環境維持用水，植栽，道路清掃などのさまざまな用途であり，求められる質的レベルも異なっている。水道水は，飲料を目的とした基準で一元的に供給されているが，都市に必要な水は多様である。問題は，利用用途に合わせて生み出される水の安全性と利用性を確保する技術であるが，水に含まれる病原性微生物や有害化学物質といった「ハザード」も，再生水の利用用途と方法を選択することで「リスク管理」できる。

都市の水循環システムを構築するための新しい上下水道システムは，既存の都市水利用システムのエネルギー消費を改善し，将来の水需要と水環境へ

第4章　健康リスク管理と都市環境インフラの共進化

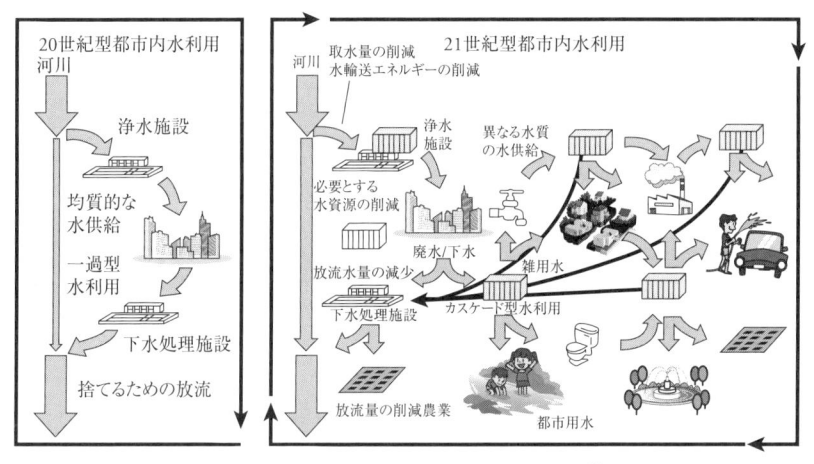

図 4-10 ● 21 世紀型都市内水循環システム[24]

の廃棄の条件を満たすように開発されなければならない。このため，都市の中での水の再利用が特に注目されている。21 世紀型都市水循環システムの最も特徴的なものの1つは，都市地域において水を繰り返し利用することである（図 4-10）。

　都市下水の水量と水質は大きな変動がないため，都市下水は将来の都市水循環システムを構築するうえで重要な役割を果たすであろう。下水再生水の利用促進は，下水処理場からの水環境への排水量を減らすだけではなく，浄水場の取水量も減らし，河川流量を回復して，水源を保全し，都市下水に由来する水環境への影響を軽減する。

　また，都市での水の再利用によって，水の輸送と浄水，下水処理が必要な水量が減少するため，それに要するエネルギーが減る。一方，水再生と再利用を導入するために，追加のエネルギーがかかる。従来の上下水道に要するエネルギーと再利用に要するエネルギーとのトレードオフによって都市内の水の再利用に関する適切な水準が決定される。

---

24) 田中宏明，2009，21 世紀都市代謝系としての下水道への期待，新都市，63(9)，pp. 16-23.

一方，都市での水循環利用による，都市生態系や人の健康に対する下水再生水利用の潜在的影響についても調査を行うべきである。水再生・再利用は下水処理場からの放流量を減らし，汚泥の質を変えるかもしれない。特に，有機物や窒素，リンといった混入物の下水再利用による濃度上昇が予想される。これは既存の下水処理場のエネルギー消費が変化を受ける要因の一つになるだろう。しかし，有機物やリンなどの濃度上昇は，持続可能な社会を支えるために下水処理場の新しい機能として強く期待されているバイオマス利用やリンの回収などを通して，下水処理場でのエネルギー効率や資源回収効率の向上に役立つかもしれない。以上を考慮すると，エネルギー消費を抑えた水利用システムは，下水の再利用によって確立されうるといえる。

8.2　雨水利用と内水対策の複合解決

　雨水は都市に浸水災害を招く視点からは速やかに排除すべき，質的というよりも量的なハザードであるが，同時に軽微な処理で飲用利用しうる都市で確保できる身近な水資源である。世界の多くの地域では，雨水はさまざまに利用されている。すなわち，シャワー，飲み水，食器の洗浄，灌漑そしてトイレの水洗などである。しかし，既に水インフラを有している先進国では，雨水は灌漑や水洗，洗濯，緊急用水，防火用水，プロセス用水など非飲用での利用にしか使われていない。

　雨水利用は持続可能な技術であり，屋根で雨水を受けそれを灌漑用の貯蔵タンクに導く単純なものや，室内で使うために処理を行う大きなタンクに導く複雑なものがある。

　雨水利用には以下のような多くの利点がある。

- 増大する水道供給や雨水排除に必要な下水道へのインフラの負担を最小化できる（水供給を支え，インフラのメンテナンス費用を削減できる）
- 水道供給や雨水排除に必要な処理やポンプのエネルギーが削減できる（温室効果ガス排出量を削減できる）
- とりわけ自然災害時に独立した水安全保障として供給できる

- 長期的に見てコストが節約できる
- 緑地や公共用水認識，自給自足などの公共利益を提供できる

　供給される処理のレベルに応じて雨水の利用を適応させていくことが重要である。灌漑に用いる水は，飲用水基準を満たすまで処理をされる必要はなく，それは時間とお金，エネルギーの浪費である。しかしながら，屋内で水が使われる場合には，健康への懸念を和らげるほど十分に処理が行われていることを保証することが重要である。

　都市の内水対策と水資源確保，エネルギー確保さらに都市水質管理の視点から，都市雨水の統合的管理は，魅力のあるツールである。

8.3　循環型資源利用に潜むリスクとその低減

　再生水に含まれる人の健康や環境にリスクを与える質的「ハザード」も，再生水の利用法を選択することで「リスク管理」できる。これらのリスクの同定，定量化，評価は健康リスク分野の対象とする分野であり，その許容できる目標が達成できるリスク削減技術を選定していくことになる。もちろんその際にはエネルギー使用の効率が良いことだけでなく，4節で述べたように，リスク削減技術の信頼性，コスト，現地での継続性と技術移転性，将来的代替性などを十分考慮して選択すべきである。このような地域に応じた適正技術の選定は，社会，経済，教育，文化的背景が異なる新興国や開発途上国では，最も重要な課題の一つである。

8.4　都市の環境・エネルギー・防災問題・都市ガバナンスの複合解決

　これまで述べたように，今や，健康問題，環境問題の解決のために投資できる資源に限界が見え始めている。この資源制約下での健康リスク問題の解決のためには，環境とエネルギー，環境と防災など，複合解決できる方法の検討が，研究の場と実践の場ともに求められる。人間安全保障工学では，徹

底した現場主義に基づき，都市の問題の解決に寄与するための人材を育成し，技術を開発することを目指している．アジア都市では，エネルギー・費用・人材などさまざまな資源制約条件下で，環境・エネルギー・防災問題・都市インフラ・都市ガバナンスの異なる分野での複合的かつ俯瞰的な視点を持って解決できる人材が求められており，それはまさに，筆者らが人間安全保障工学を通じて育成しようとしている人物像に他ならない．本著を通じて，少しでもそのような人材の育成に寄与できれば幸いである．

コラム 2
東日本大震災と下水処理の問題点

2011年3月11日に発生した東日本大震災は，東日本沿岸にある多くの下水処理場に広範囲に大きな被害をもたらした（図5-A）．マグニチュード9.0の地震規模にもかかわらず，地震そのものによる下水管渠網や下水処理場の被害は，比較的少なかった．しかし，地震によって発生した大津波は，沿岸にある下水処理場，ポンプ場を中心に構造物，機械，電気施設に大きな被害を及ぼした．国土交通省によると東日本の48の下水処理場が運転停止し，63の下水処理場に運転障害が発生し，住民の避難と立ち入り禁止の対象となった，原子炉事故が発生した福島第1原子力発電所周辺の半径30 km圏内にある9の下水処理場は，放置されたままとなった．地元や全国の下水道関係者の努力により，被災した下水処理場は次第に復旧していったが，下水処理場は，復旧に数年の時間を要した場合も出ている．

大津波により，下水処理場の機械，電気施設は浸水によって大きな被害が発生し，土木建築構造物に被害がない場合でも，復旧に時間を要している．震災当初，電力供給が停止し，自家発電装置も被災したため，下水処理場でも電力不足のため，運転停止となった場合も多くみられた．活性汚泥法のための曝気や汚泥脱水機，焼却炉は，大容量の電気を必要としたため，電力不足のために正常な下水処理が行われない事態も生じた．下水処理場での緊急対応は，最初沈殿池を使った沈殿処理の後，塩素消毒を行うだけの簡易処理のみ実施された．

一方，仙台市中心部など内陸にある都市では，地震被害も比較的軽微であり，津波による直接の被害もほとんどなかったため，発災後，数日から数週間で水道供給は復旧した．このため，水道の復旧とともに，被災地での水使用量が急激に増大した結果，大量の下水が発生したが，震災被害を受けた管渠が被災したり，ポンプ場が停止したため，都市内や下水処理場で下水が溢水する事態となった．また管渠やポンプ場の復旧とともに，運転停止中の下水処理場にも下水が大量に流入したため，ポンプ施設を応急復旧させるとともに，最初沈殿池での処理後，生物処理をしない

不十分なレベルで塩素消毒させた状態で，海域に下水が放流される事態となった。このように，開発途上国で日常的に起こっている公衆衛生問題が，災害にともない，先進国日本においても起こりうること，また電力，資源が制約された中での対応技術の開発が不十分であることが明らかとなった。

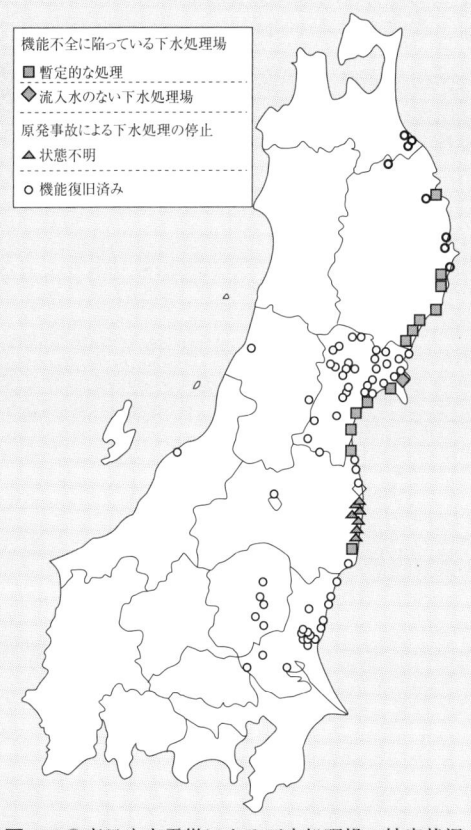

図 4-A ● 東日本大震災による下水処理場の被害状況
（2012年1月10日時点）

人間安全保障工学の視点からの
総合的災害リスク管理

多々納裕一・吉田　護

1 自然災害と人間安全保障

1.1 世界における災害の発生傾向

　国連の定義によれば，大規模災害（great natural catastrophe）は，（1）地域間または国際的な支援が必要な場合，（2）数千人規模の死亡が確認される場合，（3）数十万人規模で住宅を失った場合，（4）重大な経済損失が発生した場合，（5）重大な保険の損失が発生した場合，のいずれか，または複数が該当する災害をいう。図5-1は，1950年から2011年までの大規模災害の発生件数をその要因別に整理したものである[1]。20世紀の後半，1950～1999の50年間は，大規模災害の発生数の増加が顕著であった。1950年代，1960年代では，年間2～3件程度の発生頻度であったが，70年代には平均4.8件/年，80年代には平均6.4/年，90年代には9.3件/年と50年間で4倍程度に増加している。1000人を上回るような死者を発生させるような災害が，年々増加していったのである。大規模災害が最も多く発生した1993年には，地殻変動に起因する災害（geophysical events）の発生件数は1件であるのに対して，台風やサイクロンなど気象現象に起因する災害（meteorological events）が5件，水害や土砂災害など水文現象に起因する災害（hydrological events）は6件，異常な気温や渇水，森林火災など，気候現象に起因する災害（climatological events）も1件発生している。このように天候に関連した災害が増加している傾向を見出すことができる。

　21世紀に入ると，その傾向はむしろ減少傾向にあるように見える（2000年代には平均3.7件/年，2010年代には平均5.5件/年）。2000年代で最も災害の発生件数が多かった2004年の場合には，地殻変動に起因する災害（geophysical events）の発生件数は2件であったのに対して，気象現象に起因する災害（meteorological events）が5件，水害や土砂災害など水文現象に起因する災害（hydrological events）は2件であり，依然として大規模災害が多く発生

---

1)　Munich Re, NatCatSERVICE, 2012 より筆者が修正して作成．

第5章 人間安全保障工学の視点からの総合的災害リスク管理

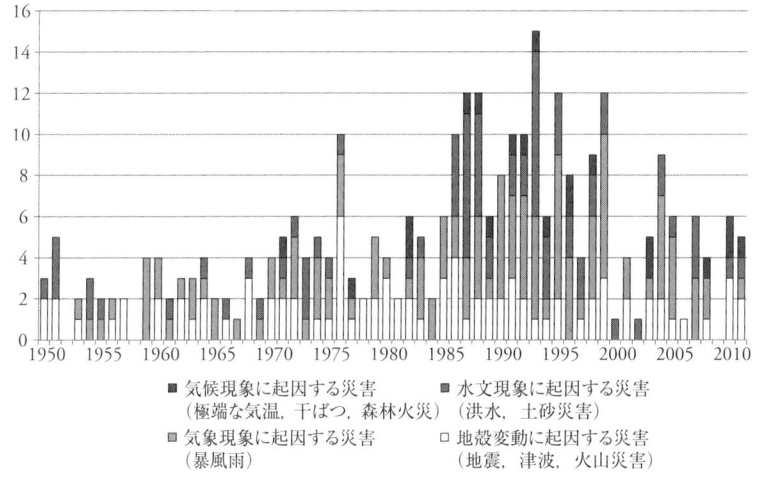

図 5-1 ● 世界における大規模災害の発生回数の推移[1]

凡例：
- 気候現象に起因する災害（極端な気温，干ばつ，森林火災）
- 水文現象に起因する災害（洪水，土砂災害）
- 気象現象に起因する災害（暴風雨）
- 地殻変動に起因する災害（地震，津波，火山災害）

する年の災害種別は，天候に関連した災害の占める割合が高いことがわかる。

被害の変化の傾向を図 5-2 に示す。この図は，2011 年価格に割り戻した各年の被害総額とそのうちで保険によってカバーされた損失の大きさを示している。発生回数とは傾向が異なり，被害額は増加の一途をたどっているように見える。実際には，1990 年代の被害額は 2000 年代の被害額を総額では上回る。しかしながら，2004 年は 1400 億ドル，2005 年は 2050 億ドル，2008 年は 1550 億ドル，さらには 2011 年には 2850 億ドルと，被害額が 1000 億米ドルを超える損害を生じた年が概ね 3 年に 1 度発生していることになる。20 世紀には 1995 年の 1 年のみが 1000 億ドルを超える被害を記録した年であったこととは対照的である。

保険でカバーされた被害の大きかった年は，2005 年，2011 年，2004 年である。2005 年はハリケーンカトリーナの発生した年であり，保険金の支払額も 1000 億ドルにも上った。2011 年は，ハイチの地震，ニュージーランドの地震，東日本大震災が発生した年である。2011 年の災害対する保険金の支払額は 600 億ドル，東日本大震災単独でも，保険金の支払額は 350〜400 億ドルに及ぶと推定されている。

137

(US$ bn)

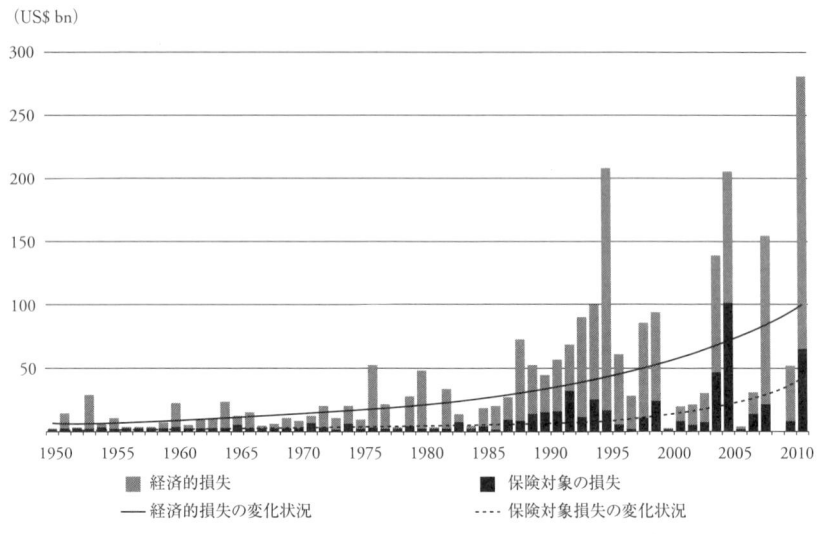

凡例:
■ 経済的損失
■ 保険対象の損失
— 経済的損失の変化状況
---- 保険対象損失の変化状況

図 5-2 世界における大規模災害による被害額の推移[1]

2004年は，日本に10個もの台風が上陸した年で，風水害の多かった年であった。7月には，新潟福島豪雨，福井豪雨が発生し，大きな被害が発生した。7月12日夜から13日にかけて新潟県中越地方や福島県会津地方で非常に激しい雨が降り，栃尾市や下田村では総雨量が400 mmを超す記録的な雨量を観測した。このため，信濃川水系の五十嵐川や刈谷田川，中之島川の堤防が11ヶ所で決壊し，五十嵐川流域の三条市と刈谷田川流域の中之島町を中心に，長岡市，見附市など，広範囲で浸水被害が発生し，死者16名，全壊70棟，半壊5354棟もの被害が発生した。9月には台風18号，21号が上陸した。10月の台風23号では，徳島県，香川県，宮崎県をはじめ西日本から東日本に被害をもたらした。死者95名，行方不明者3名，負傷者552名，被害額約7710億円にも上る損害が発生した。同年の水害被害額は2兆円を上回る。同年10月には新潟県中越地震が発生し，死者68人，負傷者4805人，住宅の全壊3175棟，半壊1万3810棟，一部損壊10万5682棟で，被害額は3兆円にも上った。一方，世界でも8～9月には合衆国南部を襲ったハリケーン（チャーリー，フランシス，アイバーン）が襲った。中でも，アイバーンは

第5章 人間安全保障工学の視点からの総合的災害リスク管理

表 5-1 ● 1980～2011 年までの死者数トップ 10 位の災害[1]

期間	事象	影響を受けた国	総被害 米ドル (×100万)	補填された被害 米ドル (×100万)	死者数
2010 年 1 月 12 日	地震	ハイチほか	8,000	200	222,570
2004 年 12 月 26 日	地震, 津波	スリランカ, インドネシア, タイ, インド, バングラデシュ, ミャンマーほか	10,000	1,000	220,000
2008 年 5 月 2-5 日	サイクロン	ミャンマー	4,000		140,000
1991 年 4 月 29-30 日	熱帯性低気圧, 高潮	バングラデシュ	3,000	100	139,000
2005 年 10 月 8 日	地震	パキスタン, インド, アフガニスタン	5,200	5	88,000
2008 年 5 月 12 日	地震	中国 (四川)	85,000	300	84,000
2003 年 7-3 月	熱波, 干ばつ	フランス, ドイツ, イタリア, ポルトガル, ルーマニア, スペイン, 英国	13,800	1,120	70,000
2010 年 7-9 月	熱波	ロシア連邦 (モスクワ地方)	400		56,000
1990 年 6 月 20 日	地震	イラン (マンジール)	7,100	100	40,000
2003 年 12 月 26 日	地震	イラン (バム)	5,00	19	26,200

125 名もの犠牲者を出し，230 億ドルもの被害額をもたらした。12 月 26 日に発生したスマトラ島沖地震は，M9.1 と今世紀災害級の地震であり，地震によって引き起こされた津波は，スリランカ，インドネシア，タイなどの沿岸諸国を襲い，22 万人もの人命を奪った。その経済被害は 100 億ドルと見積もられている。保険金の支払額は 2004 年の災害全体で概ね 500 億ドルにも上ると推定されている。

表 5-1 に 1980～2011 年までの期間において死者数が多かった災害の上位 10 位までを示している。1 位は，2011 年のハイチの地震であり，22 万 2570 人もの尊い命が奪われた。2 位は 2004 年のインド洋大津波（スマトラ島沖地震）であり，22 万人。3 位は，2008 年にミャンマーを襲ったサイクロン・ナルギスであり，14 万人。4 位は 1991 年のバングラデシュのサイクロン被害で，13 万 9000 人。5 位は，2005 年のグジャラート地震で，8 万 8000 人。6 位

表 5-2 ● 1980～2011 年までの経済被害額トップ 10 位の災害[1]

期間	事象	影響を受けた国	総被害 米ドル（×100万）	補填された被害	死者数
2011 年 3 月 11 日	地震，津波	日本（東北地方ほか）	210,000	35,000–40,000	15,840
2005 年 8 月 25-30 日	ハリケーン・カトリーナ，高潮	米国	125,000	62,200	1,322
1995 年 1 月 17 日	地震	日本（兵庫ほか）	100,000	3,000	6,430
2008 年 5 月 12 日	地震	中国（四川）	85,000	300	84,000
1994 年 1 月 17 日	地震	米国（ノースリッジ）	44,000	15,300	61
2011 年 8 月 1 日 -11 月 15 日	洪水	タイ	40,000	10,000	813
2008 年 9 月 6-14 日	ハリケーン・アイク	米国，キューバ，ハイチ，ドミニカ共和国	38,300	18,500	170
1998 年 5-9 月	洪水	中国	30,700	1,000	4,159
2010 年 2 月 27 日	地震，津波	チリ	30,000	8,000	520
2004 年 10 月 23 日	地震	日本（新潟ほか）	28,000	760	46

が四川大地震で 8 万 4000 人となっている。1 位のハイチを除いて，死者数の 2 位から 6 位までの災害がすべてアジアで発生していることは注目に値する。また，死者数 1 位から 5 位までの災害が，開発途上国で発生していることも留意すべきであろう。これらの表から明らかに，人口の多いアジア諸都市で発生した災害が多くの死者をもたらしたことがわかる。

その一方で経済被害は 2011 年のタイの水害を除けば，上位 10 位の災害中 8 つものケースがアメリカ，日本，中国に集中していることがわかる。産業・資産の集積地が襲われた場合に被害が甚大なものとなることがわかる。

どこまでが保険でカバーされるかは，災害保険の普及の程度によって異なる。表 5-3 に 1980～2011 年までの保険でカバーされた被害額トップ 10 位の災害を示す。10 件中 7 件までもが合衆国の災害であり，他は 2011 年の東日本大震災とニュージーランドの地震，タイの洪水のみが上がっている。ニュージーランドの地震では概ね 8 割が，合衆国の災害では被害額の概ね

表 5-3 ● 1980～2011 年までの保険でカバーされた被害額トップ 10 位の災害

期間	事象	影響を受けた国/地域	総被害額 US ドル (×100 万)	補填された被害	死者数
2005 年 8 月 25-30 日	ハリケーン・カトリーナ, 高潮	米国	125,000	62,200	1322
2011 年 3 月 11 日	地震, 津波	日本 (東北地方ほか)	210,000	35,000–40,000	15,840
2008 年 9 月 6-14 日	ハリケーン・アイク	米国, キューバ, ハイチ, ドミニカ共和国	38,300	18,500	170
1992 年 8 月 23-27 日	ハリケーン・アンドリュー	米国	26,500	17,000	62
1994 年 1 月 17 日	地震	米国 (ノースリッジ)	44,000	15,300	61
2004 年 9 月 7-21 日	ハリケーン・アイバーン	米国	23,000	13,800	125
2011 年 2 月 22 日	地震	ニュージーランド	16,000	13,000	185
2005 年 10 月 19-24 日	ハリケーン・ウィルマ	英国, キューバ, ハイチ, ジャマイカ, メキシコ	22,000	12,500	42
2005 年 9 月 20-24 日	ハリケーン・リタ, 高潮	米国	16,000	12,100	10
2011 年 8 月 1 日 −11 月 15 日	洪水	タイ (バンコクほか)	40,000	10,000	813

1/3～1/2 が保険によりカバーされているのに対して，東日本大震災では 1/6，タイの洪水では 1/4 がカバーされているに過ぎない．

　図 5-3 に 1960 年から 2010 年までの累計自然災害発生件数が最も多い国々における経済被害額と死者数のグラフを示す．国名は，左から 1 人あたり国内総生産が高い順に並べてある．インド，インドネシアなど，1 人あたり国内総生産の低い国においては，他国よりも人的被害が非常に大きいことがわかる．しかし，アメリカや日本など，1 人あたり国内総生産が高い国における被害を見ると，他国よりも人的被害は小さいが，経済被害が非常に大きいことがわかる．

　このような傾向は一体何を意味しているのであろうか？　このために，災

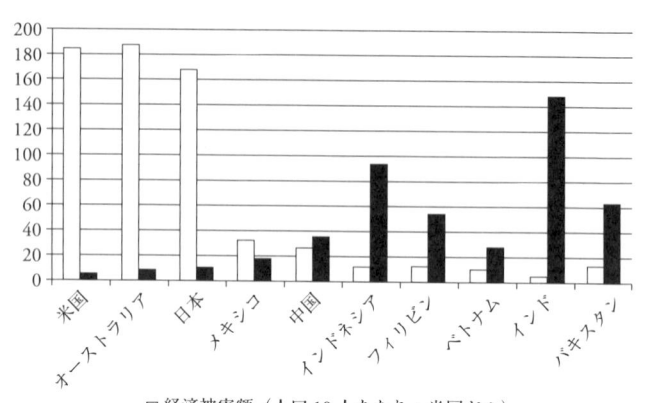

□ 経済被害額（人口 10 人あたり：米国ドル）
■ 死者数（人口 10 万人あたり：人）

図 5-3 ● 1960 年から 2010 年までの人口 10 万人あたりの経済被害額と死者数の関係[2]

　害（disaster）が発生するメカニズムについて解説しよう。図 5-4 は，災害発生のメカニズムが，いかなる要因によって規定されるかを示したものである。ハザード（hazard）とは，地震や台風，豪雨などの災害を引き起こす自然現象そのものを表す。多くの場合，私たちが直接制御することはできない。ただし，これらハザードの発生が直ちに「災害」をもたらすわけではないことに留意する必要がある。例えば，熱帯で発生した台風が，被害対象物となるような資産や人口の蓄積した地域を通過しなければ，いかに大きい台風であっても災害をもたらすことはない。「災害」が発生するためには，自然現象であるハザードの生起に加えて，少なくとも，人口・資産といった「被害対象」が存在し，かつ，それらがハザードに対して「脆弱」である（vulnerable）という条件を満たしていなければならない。ハザードの脅威にさらされている人口や資産といった被害対象物をエクスポージャ（exposure）という。個々のエクスポージャの災害に対する被害の受けやすさの程度を脆弱

---

[2] 林万平，2012，自然災害による被害と経済・社会的要因との関連性：都道府県別パネルデータを用いた実証分析，APIR Discussion Paper Series No. 28 2012/8．

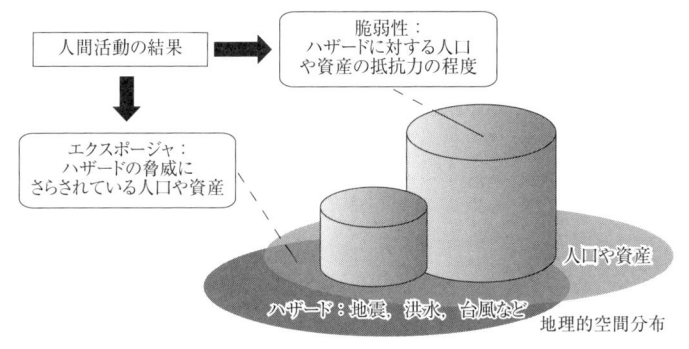

図 5-4 ●災害リスクの構成要素（ハザード，エクスポージャ，脆弱性）

性 (vulnerability) と呼ぶ．一般に，ハザードの発生を制御することは困難であるため，私たちはハザードの脅威にさらされながら，生活を営んでいかなければならない．しかし，都市への人口や資産の空間分布や集積の程度，さらにそれらの脆弱性の程度は，人間の経済的・社会的活動の結果である．このことは言い換えれば，人間が適切にハザードと向き合うことによって災害による被害を抑止，または軽減することができることを意味する．

図 5-3 の結果から見ると，GDP の大きな国，特に，資産蓄積が進みエクスポージャが高い国においては，経済被害額は高いが，人的被害の軽減にはある程度成功しているようである．一方，GDP の小さな国では，資産のエクスポージャはあまり大きくなく，経済被害額は相対的に少ないが，人口のエクスポージャが大きい．このために相対的に人的被害が多くなっていると解釈されよう．

1.2　アジアにおける災害の特徴

次に，世界の地域別の災害の発生動向をおさえておこう．図5-5はベルギーのルーヴァン・カトリック大学にある災害疫学研究センターの自然災害データベース EM-DAT から，1950 年から 2011 年度までの世界の地域別の災害の発生件数，死者数，負傷者，経済損失の割合をまとめたものである．なお，本データベースにおける災害の定義は，1) 死者数 10 人以上，2) 被害者数

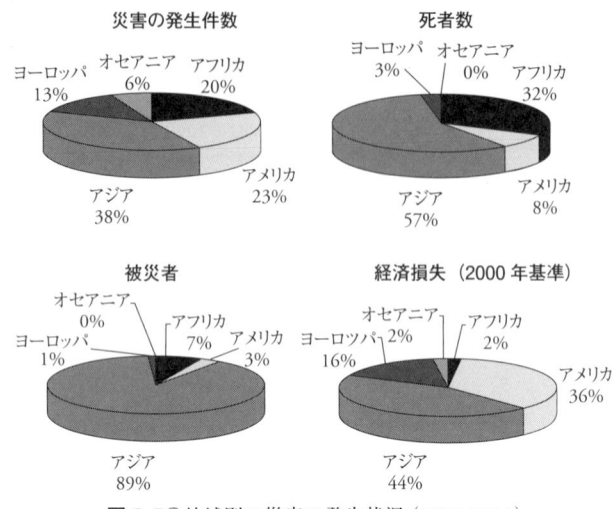

図 5-5 ● 地域別の災害の発生状況（1950-2011）

100人以上，3）緊急事態宣言がだされたもの，4）国際的な支援要請がだされたもの，のいずれかに該当したものを指す。災害の発生件数自体に，地域によって大きな差異は見られないものの，死者や経済損失の約半数はアジア地域が占めており，また被害者数の割合も，約9割がアジア地域となっている。なぜ，かくもアジアに災害の影響が局在化しているのであろうか？ そして，この傾向は将来も続くのであろうか？

また，図5-6は，世界の各地域における都市部と地方部の人口変動の傾向を表している。縦軸に人口（×100万人），横軸に年度が表されている。この図からわかるように世界の全ての地域において都市部への人口流入と資産の集中が進むことが予想されている。さらに，アジア地域において都市への人口の流入が著しいことを確認してほしい。今後,30年の間に中国やインド，インドネシアを含むアジアの都市人口はさらに増大すると予想されている。都市の開発とともに，災害リスク軽減をいかに実践するかが重要である。都市の開発によって，災害の脅威にさらされる人口・資産は増大する。したがって,増加した人口や資産の災害脆弱性を減少させなければ,開発に伴う人口・資産の集中は結果として災害リスクを増大させてしまうことになる。

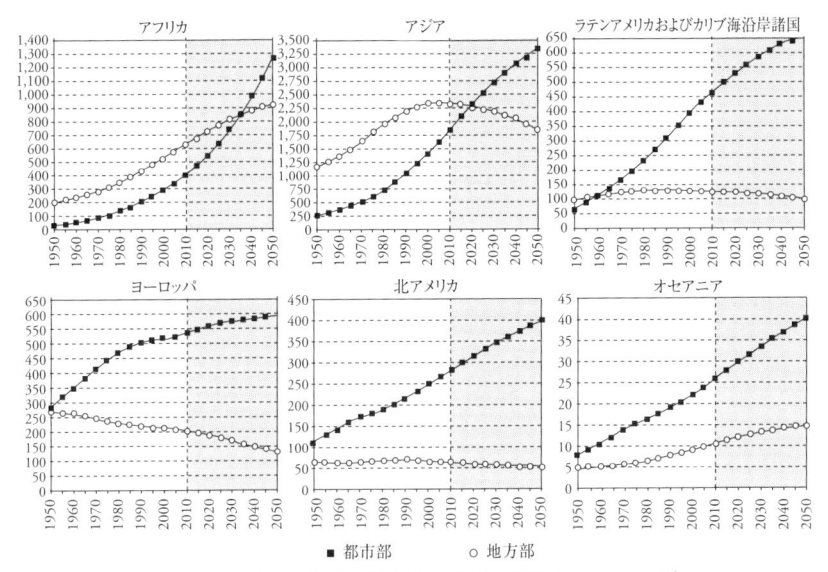

図 5-6 ● 地域別の都市・地方人口構成の変遷（1950-2010）[3]

アジアにおいては，都市居住者の割合が2011年現在52%であり，他の地域に比べて特に都市化が顕著であるとは言えないにもかかわらず，世界の10大都市のうち6つまでがアジアに位置している。そして，表5-4に示すように，これらの都市の多くが複数の種類の自然災害の脅威にさらされている。

人口の増加スピードが行政や民間が提供しうる住居や生活関連インフラの整備速度を上回ると，都市内にスラム区域が爆発的に拡大することがある。なお，スラムの定義については，世界で統一的な定義が用いられているわけ

---

[3] United Nations Department of Economic and Social Affairs/Population Division, 2012, World urbanization prospects: The 2011 revision.

表 5-4 ● 世界の 10 大都市とそれらがさらされている自然災害の脅威[4]

都市名	人口（×100万人）	災害リスク					
		地震	火山噴火	豪風雨	竜巻	洪水	高潮
東京	35.2	×		×	×	×	×
メキシコシティ	19.4	×	×	×			
ニューヨーク	18.7	×		×			×
サンパウロ	18.3			×		×	
ムンバイ	18.2	×		×		×	×
デリー	15.0	×		×		×	
上海	14.5	×		×		×	×
カルカッタ	14.3	×		×	×	×	×
ジャカルタ	13.2	×				×	
ブエノスアイレス	12.6			×		×	×

ではないが，例えば，UN-Habitat (2003)[5] は，スラムと呼ばれる地域は往々にして下記の特徴を有していると説明している．

- 安全な水供給の欠如
- 衛生・その他インフラの欠如
- 低質な住宅構造
- 過密な住居群
- 不安定な居住権

図 5-7 に各国の都市とスラムの住民の居住割合を示す．この図から，先進国におけるスラム居住者の割合は 6% 以下であるのに対し，開発途上国では都市居住者のうちの半数を上回る居住者がこのようなスラムに住んでいる

---

[4] Chafe, Z., 2007, Reducing natural risk disasters in cities, in: 2007 State of the world: Our urban future, Worldwatch Institute.

[5] UN-Habitat, 2003, The challenges of slums: Global report on human settlements 2003, Earthscan Publications.

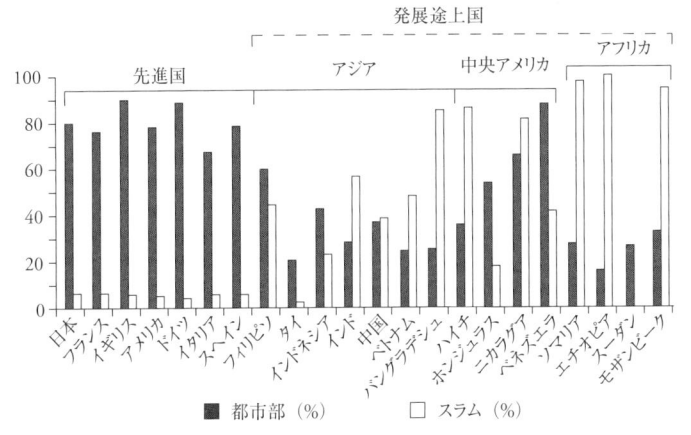

第5章　人間安全保障工学の視点からの総合的災害リスク管理

図 5-7 ● 都市部とスラムの住民の居住割合

ことが多いということがわかる。中央アメリカやアフリカ諸国に比べるとアジア諸国の都市内居住者に占めるスラムの割合は相対的に低いが，それでもインド，フィリピン，ベトナムでは都市居住者の半数近くがこのような地区に住んでいることがわかる。

また，図 5-8，図 5-9 に，アジア各国における都市部の中のスラムに居住する人口の割合と総人口の推移を表す。これらの図からわかるように，アジア各国において，都市部におけるスラムの住民の割合は減少傾向にある。一方で，スラムに居住する総人口は，インドでは若干の減少傾向が見られるものの，他の国では横ばい，または増加傾向にあることがわかる。このようなスラムの住民は極めて災害に対して脆弱であり，日々様々なリスクに直面して生活しているのが実態である。

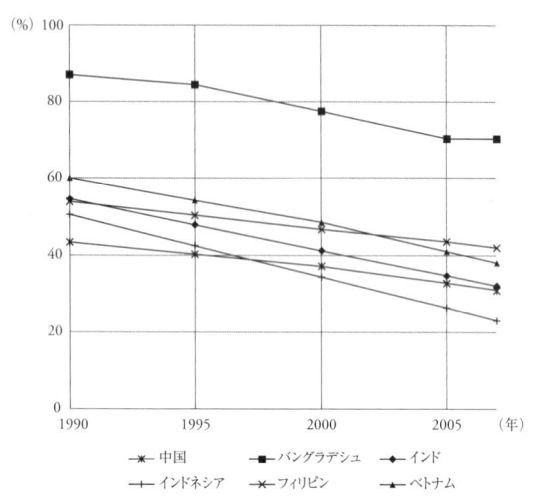

図5-8●アジア各国における都市部のスラムに居住する人口の割合の推移[6]

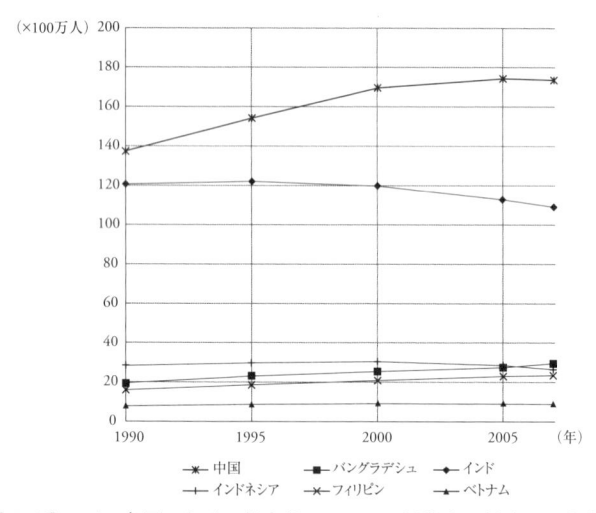

図5-9●アジア各国における都市部のスラムに居住する総人口の推移[7]

---

6) Adikari, Y., R. Osti, R., Noro, T., 2010, Flood-related disaster vulnerability: an impending crisis of megacities in Asia, 3(3), pp. 185-191.

7) UN-Habitat, 2010, State of the World's Cities 2010/2011 –Cities for All: Bridging the Urban Divide より筆者が作成。

1.3 ムンバイにおける災害リスク管理

　ムンバイとは，マハーラーシュトラ州の州都であり，ムンバイ市地区とムンバイ郊外地区からなっている。その2つの地区はムンバイ市政府（MCGM, Municipal Corporation of Greater Mumbai）の管轄となっており，それぞれ67.79 km^2, 437.1 km^2 の面積を有しており，それらの区域に1200万人を超える人々が暮らしている。インドのGDPの5％がこの区域で生み出され，25％の国税収入を生み出している。年間の平均降水量は2050 mmであるが，モンスーンシーズンである6月から10月にその降水量の大半が集中する[8]。2005年の7月に発生した豪雨は，24時間雨量で944 mmを記録し，洪水やそれに伴う斜面崩壊により419名もの尊い命を奪った。伝染病などを含む災害関連死は216名に及んだ[9]。10万棟もの住居や商店などの建物が全壊し，3万もの自動車が水没した。これらの死者の多くがスラムの住民であった。

　ムンバイには，アジア最大のスラム地区であるダラビ地区をはじめとして多数のスラムがある。ダラビは2 km^2 ものエリアに及ぶ地域であり，60万人以上もの人々が居住している。ダラビに限らずスラムの多くでは，水の供給は限られ，公衆トイレもないものも少なくない。ダラビはミティ（Mithi）川に接している。このため，水害に対するリスクを抱えた地域である。排水システム，また，その管理の問題と相まってモンスーンシーズンには洪水に対して極めて脆弱な地域となる（図5-10）。

　もともと，ダラビは沼地であり，漁民が定住していた。19世紀末，ダラビ地区は埋め立てられ漁業は消滅した。このような改変の途上，移民が現在のスラム地区に定着し始めた。インド各地からやってきた移民はそれぞれコミュニティを形成し，それぞれがこの地で生産活動を始めている。例えば，グジャラート出身のコミュニティでは周辺の粘土を利用して陶器づくりを始めている。現在，ダラビでは製陶の他，ごみの再利用，パンの製造・販売，

---

8) K. Gupta, 2007, Urban flood resilience planning and management and lessons for the future: A case study of Mumbai, Urban Water Journal, 4(3), pp. 183-194.

9) Government of Maharashtra, 2006, Report of the fact finding committee on Mumbai floods.

図 5-10 ● ダラビ地区（ムンバイ，インド）。地区上部に見える川がミティ川。

衣服の加工，皮革加工などが営まれている。ダラビ地区における年間の粗利益は年間5億ドルにものぼるといわれている[10]。このように，スラム地区はムンバイ経済の少なからぬ部分を担っており，産業的な結びつきも強い。

図 5-11 はダラビ地区内を流れる排水溝の様子である。ごみの投棄のために，排水溝が詰まり，水害に対する脆弱性を高めていることがわかるであろう。市当局はモンスーンシーズン前にこのような排水溝の清掃を実施し，脆弱性を軽減するよう努力している。

ムンバイ市政府には災害管理部があり，さまざまな災害対応業務にあたっ

---

10) http://www.citymayors.com/development/dharavi.html

第5章　人間安全保障工学の視点からの総合的災害リスク管理

図5-11 ● ダラビ地区内の排水溝の様子。人々がごみを投げ捨てるため住家の近くの排水溝にはごみが堆積している。底部には汚泥が堆積し，悪臭を放っている。

ている。2005年の水害を契機として，大幅にその機能が拡充された。ムンバイには，崩れそうな崖のぎりぎりまで住居が立ち並び，モンスーンシーズンにはその利用が制限される。この場合の立ち退きの指導などは市政府が担っている。また，洪水による浸水などの情報はコントロールセンターに電話または無線によって寄せられることとなっており，これらの情報をもとに対応がなされる。残念ながら，2005年の水害当時は，停電などの影響もあり，避難を促すような情報提供がなされなかった。このことが被害を拡大する要因になったことは否定できないが，人的被害は災害の規模に比して一概に大きすぎたとは言えないであろう。日本などに比べれば，気象警報や避難勧告などの仕組みが十分整備されているとは言えないし，避難行動自体をとりにくい状況にもある。スラム地区ではオープンスペースが極端に不足している。避難をしようにも避難ビルなどは指定されていないし，公共の避難所も区役

所の建物が指定されているだけであったり，円滑な避難を行うための仕組みは十分に整備されているとは言い難い。

2005年の水害を受けて，ムンバイが属するマハーラーシュトラ州政府は，調査委員会を立ち上げ，20項目にわたる提言をまとめている[10]。主なものだけでも，①劣化している河川および河川堤防の改善，②湖やマングローブの保全，③固形ごみの処理システムの改善，④環境管理システムの改善，⑤排水システムの改修，⑥災害管理を担う行政組織の強化，などが挙げられる。

このように見てくると，途上国，とりわけアジアにおける災害リスク管理の問題としては，①巨大都市の形成とインフラの整備との速度のかい離，②水供給，ごみ処理，排水システムの不備，③災害対応システムの貧弱さ，④都市におけるガバナンス上の問題などを挙げることができよう。これは，くしくも人間安全保障工学が対象としている4つの専門領域，「都市ガバナンス」，「都市基盤マネジメント」，「健康リスク管理」，「災害リスク管理」のそれぞれの課題が凝縮する形で，アジア・メガシティにおける災害リスク管理の問題が立ち現れていることがわかる。災害リスク管理の問題は，単に災害という現象のみに着目するのでは不十分であり，都市自体のシステムを総合的にとらえその計画・管理を適切に進めていくことによって初めて達成されることがわかるであろう。

❷ 人間の安全保障を目指した災害リスク管理

2.1　人間・生活の災害脆弱性の形成過程

岡田（2004）[11]は図5-12のようなモデルを提示し，都市を生体としてとらえ，都市における生活や産業活動などが重層的な構造の上に成り立っていることを示している。すなわち，最下層に，自然環境，その上に，文化や制度

---

11) Okada, N., 2004, Urban diagnosis and integrated disaster risk management, Journal of Natural Disaster Science, 26(2), pp. 49–54.

などの社会の仕組み，その上に社会基盤，さらにその上に，建築環境や土地利用，コミュニティにおける生活があるとみるのである。

　階層の上部ほど変化の速度が速く，下層ほど変化の速度が遅いシステムとして描かれている。したがって，上部層の活動は下部層の状況によって制約を受け，活動内容の決定の前提条件となっている。言い換えれば，下部層を基盤として上部層の活動は展開しうるのである。例えば，自然条件や社会制度，インフラの状況は企業や家計の立地選択の前提となる。

　災害の文脈に即してみれば，まず，この図はエクスポージャとなる人口や資産（建築環境，社会基盤）の形成とより変化速度の遅い社会規範や制度，文化，自然環境などとが相互に関連しあっている構造を表現していると読み取ることができる。人種的偏見やカースト制度など，社会制度・慣習・文化といった側面が，災害に対して脆弱な地域に人々を居住させる遠因となっていることや，地方部からの人口の急激な流入などによってもたらされる人口の急激な増加に対してインフラや土地の供給が追い付かずスラムが形成されることも，やはり災害に対して脆弱な都市を作り出す要因である。このように見てみると，この図は同時に災害に対する脆弱性の形成をも説明しているように解釈できる。

　災害に対する脆弱性の形成に関してもう少し詳しく検討してみよう。災害の脅威（ハザード）にさらされている人口・資産（エクスポージャ）の被害の受けやすさの程度を脆弱性と定義した。図5-12に関連付ければ，生活（生命）や建築環境，社会基盤などが災害の脅威（ハザード）の発生による被害の程度を規定する要因である。

　B. ウィズナーら（2004）[12]は，「人とその集団の日常生活を過ごす場が安全でない（unsafe）状態を脆弱な（vulnerable）である」と，脆弱性を定義している。その上で，脆弱という術語は，人間とその居住地の性質として用いられるべきであり，建造物，居住場所，公共建造物などの状態に関しては，安全でない（unsafe）を用いるべきであると主張している。それは，彼らが"人間"

---

[12] Wisner, B., Blikie, P., Cannon, T. and Davis, I., 2003, At Risk: Natural hazards, People's vulnerability and disasters, Routledge.（監訳：岡田憲夫，2010，防災学原論，築地書館．）

により焦点を当てたアプローチをとることを推奨しようとしているためである。本書では必ずしもこの立場には立たず，脆弱性を人間のみならず，資産の被害の受けやすさという意味でも用いることとするが，その際には，各種プロジェクトの効果を資産被害の軽減のみによって評価することによって，人間・生活の復興可能性などの向上に寄与するプロジェクトを過小評価しないように留意する必要がある。

図 5-4 で示した災害のリスクを構成する要因のうち，我々が制御可能なものは脆弱性とエクスポージャの 2 つである。人口や資産が大きな変動を生じない短期的な視野で議論を行うと，エクスポージャは所与だから，脆弱性のみが各種のプロジェクトの効果を与えることとなる。期待被害額がどの程度軽減できたかというようなプロジェクト評価の視点はこのような立場に立っている。しかしながら，個々の人間に着目すれば，この見方は災害がもたらす影響の一側面のみを強調することになっていることを意識しなければならない。コラム 3 で示すように，災害によって，より少額の被害を被った貧しい人々がより深刻な影響を長期にわたって被ることの可能性は常に意識しておかなければならない。

コラム 3

富や権力は災害の被害の大きさに影響を及ぼす？

B. ウィズナー (2004) は，自身の著作 "At Risk" の中でウィンチェスターの研究成果 (1986, 1992)[13,14] を，以下のようなエピソードとして自身の著書の中で紹介している。

「ベンガル湾で発生したサイクロンは，海岸に接近すると，アンドラプラデシュ地域の低地をほぼ定期的に襲う。サイクロンは人の生命と財産に激甚な被害をもたらすだけでなく，農業の再建に数ヶ月から 1 年を要するほどの被害を与える。被害の大部分は暴風によるものであるが，高浪と長雨による被害も甚大である。このサイクロンが与える損害が，たった 100 m しか離れていない場所に住む金持ちと貧困層

---

13) Winchester, P., 1986, Cyclone Vulnerability and Housing Policy in the Krishna Delta, South India, 1977-83, Ph.D. Thesis, School of Development Studies, University of East Anglia, Norwich.
14) Winchester, P., 1992, Power, Choice and Vulnerability: A Case Study in Disaster Mismanagement in South India, James & James Science Publishers (London).

とで，どれほどの差になるのか比較してみよう。

　金持ち世帯は6人家族でレンガ作りの家に住み，6頭の乳牛に1haの肥えた水田を所有している。世帯主（男）はトラックを1台持ち，穀物を扱う商売をしている。一方の貧しい農民世帯は，藁葺きの掘っ立て小屋に住んでいて，労役用のオス牛と子牛を1頭ずつ飼育し，0.25ha程度の痩せていて灌漑のない自作の畑と，0.25haの小作畑を持っている。家族は夫婦に5歳と2歳の子どもがいて，夫婦は食べていくために年間の一時期，農業労働者として働かなければならない。サイクロンがきた時には，金持ち世帯はラジオで警報を聞き，家族と家財道具をトラックに乗せて安全地域に避難する。高浪がきて彼らの家屋を一部破壊し，強風が屋根を引き剥がす。3頭の家畜が溺れ死に，畑が冠水して作物が収穫不能になった。一方，貧困農民の世帯では，家がそっくりなくなって，2歳の子が溺死した。家畜が溺死し，畑が冠水して作物は全滅した。

　サイクロンがとおり過ぎると，金持ち世帯は家に戻り，農業と商売で蓄えた貯金を使って1週間で家を再建した。家畜を買い足し，洪水が引くのを待って畑を耕し，作物を植え替えた。貧困農民は，金額と量からすればなくした物はわずかだったが，貯金がないために，金持ちの家のたった5％にすぎない再建費用が出せず，家は失ったままだった。何にもまして住むところが必要なので，村の高利貸しから法外な利子率の金を借りて，家を再建せざるを得ない。金がないので耕作に必要な牛を買えず，どうにかやりくりして子牛を購入した。耕作するためには牛を賃借せざるを得ないが，農作業用の牛の需要は大きく，さらに手を打つのが遅かったために，牛を借りることができなかった。結果としてこの家族は，サイクロンによる災害後8ヶ月にわたって食糧不足に悩むことになる。(Rahmato, 1988)[15]」

　B. ウィズナーは，「このように，災害が起きた後の影響の深刻さや広がりを支配するのは富と権力を持っているかどうかである」とも指摘している。

　コラムで取り上げた例でも明らかだが，災害に対する脆弱性は単に被害対象物の強度のみに依存するわけではない。先の例では，災害によって，生業の機会が奪われ，平常時通りの量の穀物を収穫することが困難となったために，将来の食料不足へと状況は悪化していった。

　ある地域の災害脆弱性を調査して対策を立案しようとする際には，何がどの程度脆弱であるのかを知ることも重要であるが，なぜそのような脆弱性が形成されたのか，その根本的な原因やそれが危険な状態を導く過程を理解す

---

[15] Rahmato, D., 1988, Peasant Survival Strategies, Institute of Development Research, Addis Ababa University/International Institute for Relief and Development, Geneva.

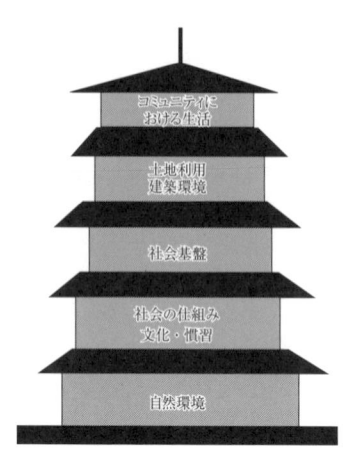

図 5-12 ● 生体としての都市

ることもそれ以上に重要である。

　B. ウィズナー（2003）は，加圧減圧（PAR）モデルを示して，このような脆弱性の形成過程を説明しようとしている。

　図 5-13 はそのうち，安全でない状況が形成されていく過程（脆弱性の形成過程）が示されている。B. ウィズナーらは，災害リスクはハザードと脆弱性によって規定されると考えている。（彼らの用法では，エクスポージャは脆弱性の構成要素であることに留意する必要がある。）脆弱性の拡大は，まず，権力構造や資源への限られたアクセス，政治システムや経済システムなどとして表れているイデオロギーなどの「根源的な原因（root cause）」が存在し，訓練不足や地方への投資不足，報道の自由の欠如や，急速な人口変化，都市化，森林の消失などのマクロな力が「動的な圧力（dynamic pressure）」を形成し，物的な環境，地方経済，社会的関係さらには公衆の行動に「危険な状況（unsafe condition）」を作り出す。これが，脆弱性の形成過程であるといっている。

　図 5-12 の都市の生体モデルと PAR モデルは大変よく似ている。人間の生命・生活の脆弱性は，都市の生体モデルでは既存の社会制度やインフラ，建築環境の条件に規定されるとしているが，PAR モデルでは制度的条件に源を発し，各種の動的な圧力によって影響を受けた物的環境，経済・社会条件，

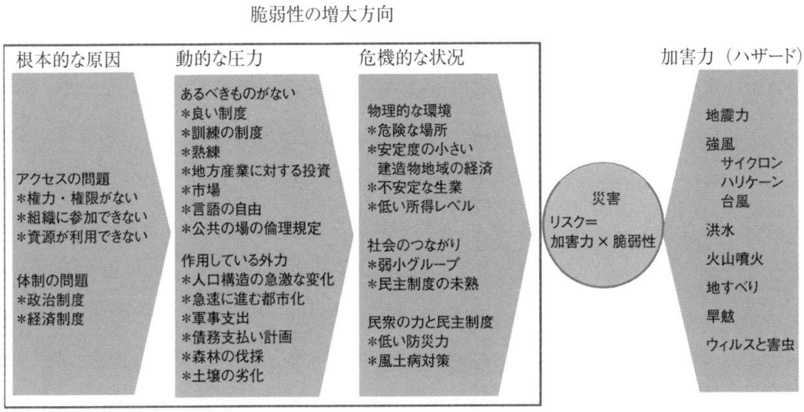

第5章　人間安全保障工学の視点からの総合的災害リスク管理

脆弱性の増大方向

根本的な原因	動的な圧力	危機的な状況		加害力（ハザード）
アクセスの問題 *権力・権限がない *組織に参加できない *資源が利用できない 体制の問題 *政治制度 *経済制度	あるべきものがない *良い制度 *訓練の制度 *熟練 *地方産業に対する投資 *市場 *言語の自由 *公共の場の倫理規定 作用している外力 *人口構造の急激な変化 *急速に進む都市化 *軍事支出 *債務支払い計画 *森林の伐採 *土壌の劣化	物理的な環境 *危険な場所 *安定度の小さい 　建造物地域の経済 *不安定な生業 *低い所得レベル 社会のつながり *弱小グループ *民主制度の未熟 民衆の力と民主制度 *低い防災力 *風土病対策	災害 リスク＝ 加害力×脆弱性	地震力 強風 　サイクロン 　ハリケーン 　台風 洪水 火山噴火 地すべり 旱魃 ウィルスと害虫

図5-13●加圧減圧（Pressure and Release：PAR）モデル[13]

公共の行動などが危険な状況を作るとしている。PARモデルは，動的な圧力を考慮することでより明示的に社会制度がいかに人間・生活の脆弱性に結びつくかを描くことに力点を置いているが，都市の生体モデルではより一般的な関連関係が記述される代わりに，因果関係を明示的に記述するのには向いていない。

双方にあるのは，社会制度であり，人間・生活の危険な状況である。PARモデルは動的な圧力に着目することで，（社会的）脆弱性の形成プロセスを描くことを可能としているが，都市の生体モデルはインフラや建築環境を考慮することで，よりエクスポージャの形成過程を描くことに向いたモデルとなっている。

しかし，いずれも，人間・生活の脆弱性が社会制度をはじめとする種々の要素がからんで（複雑に）形成される状況に依存しており，その状況の改善のためにはその根本的な問題を解決しなければならないことを強調する点においては同様である。ここで，我々が理解しておくべきことは，人間・生活の災害に対する脆弱性が都市ガバナンスなどを含む社会制度や社会基盤（都市の生産・生活インフラ）に大きく規定されるということである。

2.2 災害リスク管理の手段

　災害リスク管理の手段は，リスクコントロールとリスクファイナンスに分類される[16]（図5-14）。災害リスクの構成要素であるハザード，エクスポージャ，脆弱性のうち，エクスポージャおよび脆弱性が人間の行動の結果定まることは既に言及したが，このことは同時に，エクスポージャや脆弱性は，我々の働きかけによって改善することが少なくとも部分的には可能であることを意味している。エクスポージャを減少させる方策のことを「回避・予防」方策と呼ぶ。例えば，自然災害の発生の危険の高い場所には住居や構造物を立地しないという行動をとるという個人の選択や，土地利用の規制をかけて利用そのものを禁止するという政府の選択はこの回避方策に該当する。次に，脆弱性を減少させる方策を「軽減」という。地震に対してより強い建物や構造物を構築することや堤防を築いて設計の範囲内の氾濫が堤内地に氾濫しないようにすること，二線堤や三線堤を築いて氾濫水が大きな被害をもたらさないようにすることなどは被害を軽減するための方策である。

　リスク移転も有効な災害リスク管理の手段である。リスクの移転の手段としては，伝統的な保険による方法と，デリバティブなどを利用する災害債券（catastophe bond）などの代替的リスク移転手段がある。リスク移転手段は，「回避・予防」，「軽減」などの方策と違い，発生する被害そのものの規模を制御することができないが，被害の帰属を制御することができる。例えば，一般世帯は日本においては火災保険金額の1/2を上限として地震保険に加入することができる。保険金額は建物や家財の時価，もしくは，新しく同様の建物や家財を購入するのに必要な金額（新価）をベースに設定できる。新価をベースで火災保険に加入していたとすれば，たとえ，地震や津波，地震火災などによって自宅が全損したとしても復旧のための費用の半額は保険でカバーすることができる。言い換えれば，保険に加入していれば，災害後の生活再建のための費用の一部を他の保険加入者の保険金から負担してもらうことができるのである。社会的に見れば，このようなリスク移転の手段は，災害の発

---

16) 山口光恒, 1998, 現代のリスクと保険, 岩波書店.

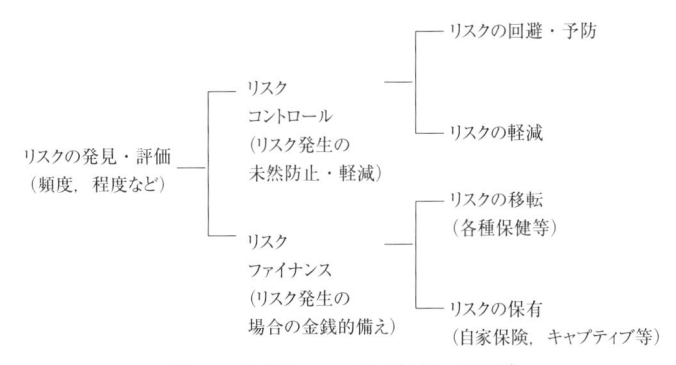

第5章　人間安全保障工学の視点からの総合的災害リスク管理

```
リスクの発見・評価 ─┬─ リスクコントロール ─┬─ リスクの回避・予防
(頻度，程度など)   │  (リスク発生の       │
                  │   未然防止・軽減)     └─ リスクの軽減
                  │
                  └─ リスクファイナンス ─┬─ リスクの移転
                     (リスク発生の       │  (各種保健等)
                      場合の金銭的備え)  │
                                        └─ リスクの保有
                                           (自家保険，キャプティブ等)
```

図 5-14 ● 災害リスク管理技術の分類[16]

生による被害総額には影響を与えない[17]が，その配分には影響を与えることがわかる。

「回避・予防」，「軽減」，「移転」を行っても，通常，リスクを完全にゼロにすることはできない。このようなリスクを「残余不確実性」という。残余不確実性を認識し，それの実現に対していかなる準備を行っておくかがリスク「保有」の積極的な意味である。災害対応計画を立案したり，避難の計画を立てたり，訓練を実施したり，さまざまな「対応」がこの中に含まれる。金銭的な対処方策としては，内部留保金を持つとか，貯金をしておくなどの方策がある。

図 5-2 のデータにも現れているように，災害で生じた被害のうち，保険でカバーされた金額はわずかなものであり，多くの災害で被災後の再建や復興の過程で新たな金銭的困難が生じていることが読み取れる。災害後の都市やくらしの再生がスムーズになされるよう事前の仕組み作りが重要なことは明らかである。

さらに，図 5-15 に示すように，このような状況下では，災害による経済

---

17) 主として直接被害に限った表現である。コラム3に示したような先のインド南西部における生業機会の回復に関しては，事後的な復旧のための資金がどの程度あるのかは，生業機会の回復そのものが可能かどうかを左右する。この意味で間接的な被害に関して言えば，リスク移転によって災害後に復旧のための資金が手当てされることは間接的な被害を軽減しうるのである。

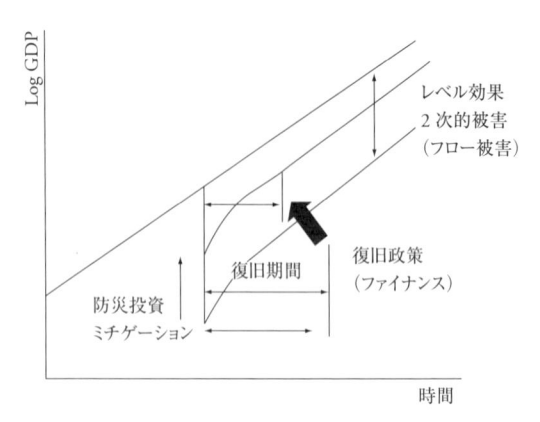

図 5-15 ● 災害からの復興とリスクマネジメント施策

の落ち込みを減少させる被害軽減・回避方策と復旧の速度を支配するリスクファイナンス施策とが相互補完的な役割を果たす[18]。

2.3　レジリエンシー ── 抵抗力と回復力

　英国規格 BS25999（BCMS：Business Continuity Management System）によれば，レジリエンシーは「インシデントに影響されることに抵抗する組織の能力」と定義されている。Resiliency の原義は，bounce back，すなわち，跳ね返ることである。このことから，レジリエンシーは，狭義には「回復力」，広義には，「抵抗力」+「回復力」として解釈されている。

　ベンガル湾でのサイクロンが生活再建に及ぼした影響の例（コラム 3）を引くまでもなく，災害からの回復過程はさまざまな要因に支配される。その要因の 1 つは，図 5-15 で示されるように，初期の被害の大きさである。もう

---

18) Tatano, H., Honma, T., Okada, N. and Tsuchiya, S., 2004, Economic restoration after a catastrophic event: Heterogeneous damage to infrastructure and capital and its effects on economic growth, Journal of Natural Disaster Science, 26(2), pp. 81-85.

1つは，復旧期における資源へのアクセスを挙げることができる。資源へのアクセスが，復旧のための資金に関連することは疑いようがない。ベンガル湾のサイクロンの事例では，金持ちと貧乏人の生計の回復速度に及ぼした決定的な違いは，生計の手段を立て直すための資金が確保できたかどうかであった。もちろん，災害からの回復に必要なものは必ずしも資金だけではない。この例でも，被災した農地を回復するための労働力や家畜，農業機械の確保などさまざまな要素がある。

2011年3月11日に発生した東日本大震災から2年が経過しようとしているが，被災地の復興はなかなか進んでいない状況にある。これにも種々の理由が指摘されているが，津波被災地などでは，がれき処理や集落移転計画を含む土地利用計画など復興に関わる計画づくりに時間がかかっていることなども復興のスピードを規定する重要な要因である。図5-15からも明らかなように，復興のスピードがその後の被害の大きさを左右する。迅速な復旧が可能となればなるほど，災害後の地域の成長曲線は，災害がなかった場合の成長曲線に近づき，事後的な（フロー）の被害は軽減される。この意味で，資源への事後的なアクセスを可能とする仕組みは，被害の分布を均等化するという機能の他に，事後的な被害を軽減するという機能も持っているのである。

2.4　災害リスク管理の主体

災害リスクを管理するのは誰であろうか。それは，公共なのか，住民なのか，コミュニティなのか。多くの主体が災害のリスク管理に関わるが，その関わり方はさまざまである。

地震の例を考えてみよう。地震による死亡原因は，地震による揺れによって倒壊した建物やその内容物の下敷きになったことによる圧死がその大部分を占めている。このような被害を軽減するためには，地震のリスクの少ないところに立地するか（回避・予防），強度を増すなどして建物の地震に対する抵抗力を高めたり，家具などの固定を行って地震発生時の命の危険を軽減しなければならない（軽減）。このような対策を実際に実施するか否かは，建物

の所有者だったり，使用者だったり，個人の意思決定に委ねられている。しかしながら，地震のリスクの分布に関する情報は，日本の場合には確率的地震動予測地図や，地震対策推進本部などから発表される特定のシナリオに沿った地震動の分布やそれに伴う被害の分布などから得ることになる。これらの情報は，政府が提供しており，一般の住民はこれらの情報を頼りとして，予算の範囲内で，少しでも安全な地域を選択するという意思決定を下すことになるであろう。その場所に家を新築する場合，政府が定めた耐震基準に従って地震に対する安全性の担保された建物を建築することになる。ただし，2005年に発覚した構造計算書偽造事件など，建築業者や設計技術者が100％信頼しうる訳ではない。これは，施工者が建築した建物の安全性に関わる品質を適正に評価する能力を施主が欠いている場合には，第3者に検査を依頼する必要を生じさせる。このような検査にはコストを要するし，また，その検査の信頼性も精度により異なる。精度の高い検査を行おうとすればより多くのコストを支払う必要がある。耐震安全性を事後的に検証することは容易ではないために，このような状況が発生しうる[19]。

　さらに，既存住宅に関しては，既存不適格の問題がある。耐震設計基準自体が改定されてきているために，新基準よりも古い基準に従って建設された住宅は新基準を満たさず，新しい住宅に比べて耐震性能が劣るという問題である。政府は，1995年耐震改修促進法を制定し，既存不適格住宅の耐震性能を向上させるための施策を展開している。国土交通大臣は耐震改修を促進するための基本方針を定めるとともに，都道府県には，耐震改修実施に関わる目標や施策，啓発・知識普及を含む耐震改修促進計画を制定するように求めている。

　以上みてきたように，災害に関わるリスク管理の場面では，被害を受ける主体（被害客体）が，実は，リスクを制御したり，対応したりする際の主要

---

19) このような事態を防ぐ，もしくは，軽減するためには，構造計算書偽造などが発覚した場合の処罰の厳格化や，事前の検査などの体制の整備も必要であり，2005年以降はこのような方向で法整備および検査体制の充実が実施された。http://www.mlit.go.jp/kozogiso/index.html

な意思決定者となっていることがわかる。もちろん，水害にかかわるリスク管理などのように，河川整備を通じた洪水リスクの軽減や，ダムの建設・管理を介した洪水・渇水リスク管理など，政府が直接，リスクを軽減しうる施策を実施する場合もあるが，政府や各種機関，NGOなどは，間接的に，被害客体でもある住民の意思決定が適切になされるように誘導したり，必要な場合には住民の行動を規制する役割を果たしているとも言える。

このように，災害のリスク管理の意思決定では，直接的に制御可能な手段と，間接的な誘導策を，異なる主体が，明示的に，もしくは，暗黙的に，協力して策定・実施していく枠組が重要となる。次節で示すように，伝統的なリスク管理は，ある特定の組織のリスクを管理することを念頭に置いて構築されている。したがって，複数の主体の関与は明示的には考慮されていないように見える。しかしながら，災害のように，単一の主体の意思決定のみでは，全体として適切な管理ができないような領域では，複数の主体による意思決定の場を設定し，コミュニケーションやモニタリングを介して，これらの主体が協働してよりよい管理を目指す必要が生じる。特に，災害リスク管理の場合には，地域によって抱えている問題が多様であり，住民や企業の憂慮をすくい上げ，また，地域での意思決定が実効あるものとなるために必要なステークホルダーの計画作りへの参加が必要となるケースも多い。むしろ，災害リスク管理というよりも，災害リスクガバナンスと呼んだ方が適切であるともいえる。

2.5 災害リスク管理のプロセス

図5-16に標準的なリスク管理のプロセスを示す。オーストラリア・ニュージーランドのリスクマネジメント規格（AS/NZS 4360：2004）をもとに，ISO 31000が2009年に制定されている。我が国においても，オーストラリア・ニュージーランド規格とは独立して，「JIS Q 2001リスクマネジメントシステム」という規格が存在したが，ISO 31000を採用した国内規格「JIS Q 31000リスクマネジメント」が2010年に導入された段階で，廃止された。

この規格では，主として企業など，単一の組織のリスク管理を念頭に置い

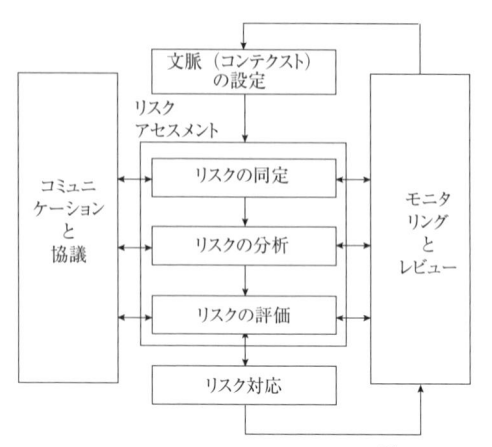

```
                    ┌─────────────┐
                    │ 文脈（コンテクスト）│
                    │   の設定     │
                    └──────┬──────┘
                     リスク  │
                   アセスメント │
┌────────┐         ┌──────▼──────┐        ┌────────┐
│ コミュニ │◄───────►│  リスクの同定 │◄──────►│ モニタ │
│ ケーション│         └──────┬──────┘        │ リング │
│   と    │◄───────►┌──────▼──────┐◄──────►│   と   │
│  協議   │         │  リスクの分析 │        │ レビュー│
│        │◄───────►└──────┬──────┘◄──────►│        │
│        │         ┌──────▼──────┐        │        │
│        │         │  リスクの評価 │◄──────►│        │
└────────┘         └──────┬──────┘        └────────┘
                    ┌──────▼──────┐              ▲
                    │  リスク対応  │──────────────┘
                    └─────────────┘
```

図 5-16 ● リスク管理のプロセス[20]

ており，そのプロセスは，リスクを同定（特定）し，現状を分析し，評価基準を満たしうる状態が達成できているかどうか評価する「リスクアセスメント」と，評価基準を満たしうる状態を達成するための対応策を設計・実施する「リスク対応」により，自らの組織のリスク管理を行うものと考えられている。

同一の組織におけるリスクというように対象を絞り込んだとしても，組織の活動が他のステークホルダーに影響を及ぼし，影響を被ったステークホルダーが組織を訴えるなどの状況は，十分に考えられる。この意味では，ステークホルダーの関与はリスク管理上考慮すべき内容であると考えられる。ISO 31000 は，元になった AU/NZ4360 に盛り込まれたステークホルダーとの「コミュニケーションおよび協議」や「モニタリング・レビュー」などが明示的に盛り込まれているところに特色がある。

　　「組織のあらゆる活動には，リスクが含まれる。組織は，リスクを特定し，分析し，自らのリスク基準を満たすために，リスク対応でそのリスクを修正することが望ましいかを評価することによって，リスクを運用管理する。このプロセス全体を通して，組織は，ステークホルダーとのコミュニケーション

---

20) ISO 31000 (2009) より筆者が修正して作成．

および協議を行い，更なるリスク対応が必要とならないことを確実にするために，リスクおよびリスクを軽減するための管理策をモニタリングし，レビューする。この規格は，この体系的かつ論理的なプロセスを詳細に記述するものである。」

もうひとつ，特色を示すと，それは「文脈の設定 (establish the context)」である。これは，JIS Q 31000 の用語では，「組織の状況の確定」となる。これは，もちろん，リスク管理の対象となる組織に焦点を当てた記述である。しかしながら，同時に，同一の組織であるとはいっても，組織内部のサブ組織などでは，必ずしも，リスク管理の目的や内容が共有されているとは限らない。このために，管理対象とするリスクやその目的など，リスク管理の内容を確定したうえで，リスクアセスメントを実施することになっている。

2.6 災害リスクガバナンスとコミュニケーションのデザイン

災害リスクの管理，特に，総合的な災害リスク管理を指向する場合には，さまざまな主体が，それぞれ異なった形でリスク軽減に関与することを積極的に意思決定のプロセスに反映しておくことが重要である。

リスクガバナンスの問題の場合，あらかじめ，参加主体を明確に定義することも容易ではない。そのリスク事象がどれにどれくらいどのような影響を与えるのか，「回避・予防」，「軽減」，「移転」，「保有」といった管理の手段を誰がどのように行使しえるのか，その影響は誰にどのように及ぶのかも問題となる。

図 5-17 は IRGC のリスクガバナンスプロセスを我々の関心のある問題に適用するために若干の修正を加えたものである。このプロセスでは，「仮に」参加主体を特定し，そのリスク事象がどれにどれくらいどのような影響を与えるのか，「回避・予防」，「軽減」，「移転」，「保有」といった管理の手段を誰がどのように行使しえるのか，その影響は誰にどのように及ぶのかといった問題のフレームをまず仮に設定する。この段階を事前の調査・評価と呼んでいる。その後に，これらの主体を交えてリスクの査定をする必要がある。この際には，リスク評価のみならず，関係主体が憂慮するリスク事象そのも

のや，それが及ぼす影響の範囲，または，それに関連する制度・組織などが抱える脆弱性などに関して，コンサーンアセスメントを実施しておくことが重要である。コンサーンアセスメントは，フォーマルな意見聴取という形で行われることもあるが，一般にはワークショップなどの場において表明される意見から，推測することによっても実施可能である。この段階を通じて，主体ごとのリスクや憂慮が明らかになり，形成されるべき意思決定の場の情報が徐々に明確となる。例えば，水害時における避難の問題を考える場合に，昼間には老人や子どものみが地域におり，水防団の参集がむずかしく，避難などの誘導が円滑に行えないという問題とか，要援護者の避難を誰が担うのか，というような問題もある。このような場合，単に河川や防災の担当者，地域の代表などを参加主体としていても十分でない。少なくとも，福祉を担う部局の担当者や，老人の代表，できれば，雇用者である企業の参加も必要となろう。

　スコーピングの段階では，リスク査定の段階で明らかになった問題群を整理し，グループとして取り組む問題を絞り込む。この際，参加すべき主体はだれか，利用可能な手段は何か，など，取り組もうとする問題の構造を明らかにしておくことが重要となる。

　このような準備を経て，問題解決のためのリスク管理の手段を計画し，実施する過程が，リスク管理の段階である。

　このプロセスを循環的に実施していくことによって，参加主体や取り扱われる問題の範囲などが徐々に変化しながら，改善されていくこととなる。

　図には同時に各段階におけるコミュニケーションの目的も整理している。Rowan（1995）はリスクコミュニケーションの目的を各目的の頭文字をとってCAUSEという覚えやすいフレーズにまとめている。

- 信頼の確立（Establish Credibility）
- リスクと対応策に関する気づきの形成（Create Awareness of the risk and its management alternatives）
- リスクの複雑性に対する理解の促進（Enhance Understanding of the risk complexities）

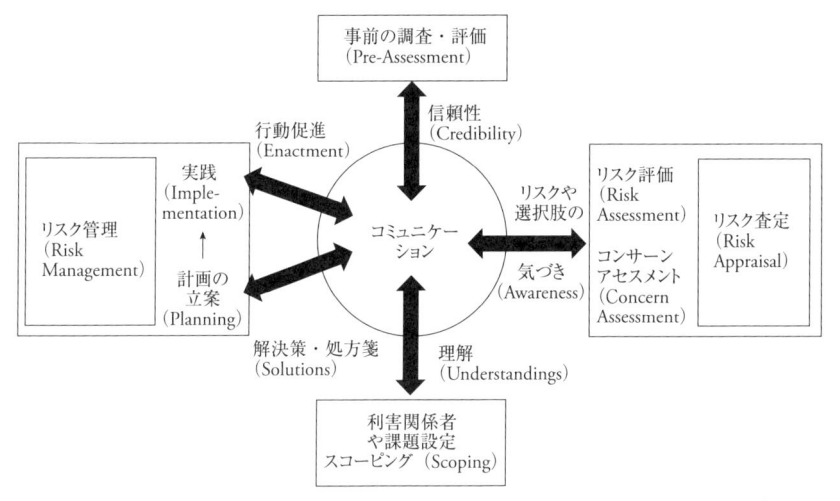

第5章 人間安全保障工学の視点からの総合的災害リスク管理

図5-17 ●リスクガバナンスの各段階におけるリスクコミュニケーションの目的（Rowan (1994)[21] のCAUSEモデルとリスクガバナンスプロセスの関係）

- 課題解決のための満足化や合意形成（Strive for Satisfaction/agreement on resolving the issue）
- 行動に移るための戦略の提示（Provide strategies for Enactment or moving to action）

リスクコミュニケーションにおける障害を分類し，それを軽減していくためのコミュニケーション上のステップととらえることができる。すなわち，コミュニケーションの最初のステップでは，「信頼」の形成に重きがおかれる。信頼の定義にはさまざまなものがあるが，中谷内ら（2008）[22]に従い，「相手の行為が自分にとって否定的な帰結をもたらしうる不確実性がある状況で，それでも，そのようなことは起こらないだろうと期待し，相手の判断や意思決定に任せておこうとする心理的な状態」として定義しよう。伝統的には信

---

21) Rowan, K. E., 1995, What risk communicators need to know: An agenda for research, pp. 300–319. In B. B. Burelson (Ed.), Communication yearbook/18, Thousand Oaks, CA: Sage.
22) 中谷内一也，2008, 安全。でも，安心できない…―信頼をめぐる心理学，筑摩書房．

頼の形成要素は「能力への信頼」と「意図への信頼」である．また，近年の研究では価値観の類似性も信頼を規定する要素であるとがわかっている．事前の調査・評価の段階では，ステークホルダーからの信頼を得るためのコミュニケーション，すなわち，ガバナンスプロセスへの関与者（主導者，外部者）の能力や意図を伝わるようなコミュニケーションを実施し，ステークホルダーの理解を得ることが重要である．その地域の成り立ちや歴史，同地域が抱えている問題点などを整理し，「我々はあなたたちの問題を解決するお手伝いをするために来たのであり，あなたたちから何かを奪うために来たのではない」ということを伝える必要がある．信頼を築くことは，一般的に極めて難しい．継続的な関係性を構築することによって信頼を築くことができるかもしれないが，そうはいっても，昨日今日地域に現れたよそ者を安易に地域の人々が信頼するはずもない．地元で長期にわたって信頼を勝ち得てきた組織や人のネットワークを鍵として，参加型意思決定の場づくりを進めていくことが望ましい．

　第2の段階では，リスクの査定がなされるが，これには2つの目的があった．1つは，リスク評価（リスクの同定，分析，評価を含む）であり，現状のリスクの状況を把握し，施策の検討に用いたり，住民に伝達してリスクの認知を高める施策，すなわち，リスクへの気づきを誘発する活動を含む．この段階のコミュニケーションの目標はリスクとその改善策に対する気づきの促進である．

　もう1つは，コンサーンアセスメントであり，仮設定した問題構造がほぼ妥当なのかどうか，元のフレームで実施した場合に問題となる事柄はないかがはっきりとしてくる．例えば，住民参加型でハザードマップを作成しようとするような場合，行政は管理対象の河川の浸水予想区域図に，避難経路や避難場所などの情報を付加したものでハザードマップとしようとすることが多い．このような場合，流域内に存在する管理対象の異なる河川（多くの場合は支川）や下水道などからの浸水の危険はないのかと尋ねられることになる．行政からしてみれば管理対象が異なるのだからデータがないし，その川の氾濫危険度をどうこう言うことは越権行為である．このような理由によって，勢いあたかもこれらの河川や下水道からの浸水がないかのように扱われ

たハザードマップの作成が目指されることになる。一方，住民は，大きな川よりも小さな川の浸水が起きやすいことを経験上知っている場合も多く，大きな川からの氾濫によって浸水が始まるよりもずっと早い時点で，内水によって道路などが水没し，孤立してしまって避難が難しくなる可能性を懸念しているような場合が少なくない。このような場合には，氾濫を引き起こす河川の範囲を広げて内水を含むようにすることが必要になる。もちろん，懸念の中には，もっと多様なものが含まれうる。崔ら（2012）[23]は，懸念を結果の広がりとリスクの構成要因に分けて整理するコンサーンテーブルを用いてこの種の問題を整理する方法を示している。この段階で必要なコミュニケーションは，複雑なリスクの構造を参加者が理解できるようにすることである。

　リスクの構造の理解が進めば，スコーピング，すなわち，利害関係者や課題の設定を行う。その際に，ステークホルダーが納得しうる解決策を見出しうるように，意思決定に必要なステークホルダーを巻き込むことが必要となる。ここでのコミュニケーションの要諦はやはり災害リスクをめぐる関係者間の複雑な関係の理解の促進にあるといえるだろう。

　参加者の構成とその役割が明確になり，取り組むべき目標が明らかになれば，そのための手段を構成することは比較的容易となるであろう。リスク軽減のための手段を構成するための計画を立案し，実施する段階が「リスク管理」の段階である。ここでのコミュニケーションのポイントは，計画立案に際しては，解決策を見出すためのコミュニケーション（solution）となるし，実施に際しては，行動に移るための戦略の提示（enactment）となる。

3　総合的災害リスク管理の実現に向けて

　都市化のスピードという面においては，アジアは最もその速度が大きい地

---

23) Choi, J., Tatano, H., 2012, A study of workshops that develop viable solutions for flood risk reduction through the sharing of concerns: A case study of the Muraida community, Maibara city, Shiga prefecture, Disaster Prevention Research Institute Annuals, B, pp. 67–74.

域であり，実に年率2.7％にも達している[24]。アジアにおいては，開発と災害はいずれも重要であり，都市における災害リスク管理の革新的な構想が多く導入されてきている。

　フィリピンにおいては，災害と開発との問題を解決するために数多くのプロジェクトが実施されてきている。例えば，ナガ市における洪水被害軽減計画の策定にはじまり，サン・カルロス市における複数の自然災害を対象とした計画に発展したプロジェクトはその先駆的事例である。このプロジェクトでは，ハザードマップの作成や被害軽減計画の策定に加えて，土地利用計画，災害管理のための基準類の整備，都市専門家のトレーニングなどに力点が置かれた。このプロジェクトは，アジア都市災害軽減プログラム（AUDMP）による9つの国家レベルのデモンストレーションプログラムのうちの1つである。他のプロジェクトは，バングラデシュ，カンボジア，インド，インドネシア，ラオス，ネパール，スリランカおよびタイにおいて実施されている[25]。

　世界銀行は総会に合わせて2012年10月に仙台において，「防災と開発に関する会合」を開催し，「開発のあらゆる側面で防災の観点を取り入れることが喫緊の課題である」とする仙台宣言を採択した[26]。アジア地域の発展の著しい地域を考えるとき，都市インフラや住宅などの建築環境の整備スピードと人口集積のスピードの違いが多くの問題を引き起こしてきている。そのうちの1つの問題がスラムなどが災害に対して脆弱な地域に広がっていっているという事実であった。この問題に取り組むための総合的対策として，住環境の改善や都市インフラの整備が進められようとしている。このような機会に際して，災害に対する脆弱性を軽減するような開発を行うことは焦眉の課題であるという認識が共有化されつつある。その実施には，地先レベルでの災害危険度情報の提供や，土地利用の規制・誘導策，災害保険などを介し

---

24) http://www.unchs.org/istanbul+5/14.pdf
25) http://www.adpc.net/audmp/audmp.html
26) http://www.worldbank.org/ja/news/press-release/2012/10/10/sendai-dialogue-advances-global-consensus-on-disaster-risk-management

たインセンティブの付与など複合的な施策を推進する必要がある。併せて，住民の災害に対するリスクおよび対応策に関する認知を高め，防災教育などを通じて災害に対する理解を促進し，住民自らが主体的に被害軽減に取り組むような環境の整備が必要とされている。人間安全保障の観点から総合的な対策を実施し，災害リスク管理を進めていくことが今ほど求められている時はないと確信している。

　本章では，主として都市域の災害に議論を絞ったが，農村部の災害は被災地の生業機会を奪い，場合によっては多くの災害難民とも呼べるような人口移動を引き起こすことがある。人間安全保障の観点からは，この点も解決すべき課題の1つであるということは言うまでもない。農村開発に際しても，人間安全保障工学の観点からのアプローチが有用であることは議論をまたないであろう。

都市の人間の安全保障における
コミュニティ次元

ショウ ラジブ

❶ 「人間の安全保障」をめぐるさまざまな主張

　人間の安全保障は多岐にわたる概念である。安全保障とは恐れや不安から解放されている状況のことを指す。ソルース (1997)[1] の定義によると，安全保障とは「人々が生存し，健康で幸福な生活を実現する上で絶対に不可欠であるものを，人々が享受し続け得ることを保障すること」である。人間の安全保障は，人間の基本的人権の保護と拡大に関わる。人間の安全保障は，人々を深刻な脅威から守るとともに，人々にそれぞれが生活に責任を持つエンパワーメントを求める。1980年代終わりから90年代にかけて，環境変化は安全保障の課題であるという議論が急激になされるようになり，ほどなく定着していった[2]。環境変化と関連して，地球環境変化と人間の安全保障計画 (GECHS : Global Environmental Change and Human Security, 1999)[3] は，人間の安全保障とは，個人やコミュニティが社会権および環境権といった人権へのリスクを排除，抑止，順応させるのに必要な選択肢を持っている状況であるとする。つまり，人々がそれらの選択肢を障害なく行使できる資格や自由を有している，あるいはそれらの選択肢の獲得に向けた行動に参加している状況を指す。人間の安全保障とは，国家を中心に置いて脅威や紛争を考えてきた伝統的な安全保障概念の範囲を越えたものである[4]。人間の安全保障とは，人間を中心に置いた概念であり，脆弱性の軽減，あるいは環境変化を引き起こす要因の解決に取り組むことで，個人やコミュニティが環境変化に対応できるようにすることに焦点を当てている。

---

1) Soroos, M., 1997, The endangered atmosphere: Preserving a global commons, University of South Carolina Press.
2) Barnett, J., 2003, Security and climate change, Global Environmental Change, 13, pp. 7–17.
3) GECHS, 1999, Global Environmental Change and Human Security GECHS Science Plan, IHDP.
4) O'Brien, K., 2006, Are we missing the point? Global environmental change as an issue of human security, Global Environmental Change, 16, pp. 1–3.

第6章 都市の人間の安全保障におけるコミュニティ次元

　緒方とSen（2003）[5]は，人間の安全保障の主眼は，人間の生命を脅かす危険を減少，可能であれば，排除することにあると指摘している。国連開発計画の先見的経済学者マブーブル・ハックによって人間開発アプローチが提唱され，これは開発学の発展に大きな貢献を果たした。人間開発とは，人間の営みを制限し，その発展を妨げるあらゆる障害を取り除くことを目的とする概念である。この人間開発の概念が拡大的に用いられる際，人間開発の概念だけでは十分に配慮しえない「ダウンサイドリスク」が生じる。このダウンサイドリスクへの対応が不十分となる範囲を効果的に補うことができる概念が，人間の安全保障である。人間開発と同様に，人間の安全保障は持続可能な開発の3つの柱である環境・経済・社会の社会的側面に焦点を当てている[6]。

　また，ショウ（2006）[7]の指摘によると，人間の安全保障と環境の安全保障の関連性は，人間が自然資源に依存する分野で最も顕著に見られる。環境がもたらす自然資源は多くの人々の暮らしを根源的に支えるものである。そのため，環境変化によりその環境の資源が危機に瀕した場合，人々の安全も脅威にさらされることとなる。また，環境変化の影響で農村地域の人々が辺境の地域に移り住まざるを得なくなった場合，彼らの収入は減少することになる。この関連性は持続可能な開発を促進していく中で明らかとなった。環境安全保障および持続可能な開発という概念は，ともに人間の安全保障および人間開発の概念とおおよそ同時期に生まれ，広がっていった[6]。環境安全保障は特に自然に焦点を当てるが，環境安全保障自体がより複雑化しているため，自然環境と人工環境を包括的に捉える環境安全保障の見方や，これら2

---

5) Ogata, S. and Sen, A., 2003, Human Security Now, Report of the Commission of Human Security.
6) Khagram, S., Clarke, W. C., and Radd, S. F., 2003, From the environment and human security to sustainable security and development, In: Chen, L., Fukuda-Parr, S, and Seidensticker, E. (eds), Human Insecurity in a Global World, Harvard University Press, pp. 108-135.
7) Shaw, R., 2006, Community-based climate change adaptation in Vietnam: inter-linkages of environment, disaster, and human security, pp. 521-547, In: Sonak, S. (ed), Multiple dimensions of global environmental change, TERI Press.

つの環境間の相互作用を考慮することが強く説かれるようになった。

　伝統的な安全保障概念では，主に外部からの脅威に対応する国家能力に焦点が当てられていた。人間の安全保障は国家安全保障に置き代わるものではないが，国家安全保障を補完し，人権保障を強化し，人間開発を促進させる概念である。人間の安全保障は，個人およびコミュニティへのさまざまな脅威から人々を保護し，個人およびコミュニティのエンパワーメントを促すことを目的とする[5]。つまり，安全保障の対象が，国家から，国民および個人へと変化したものなのである。

> 「人間の安全保障」とは，人間の安全保障委員会の定義によると，人間が持つ自由と可能性を高める方法で，全ての人間の生活にとって欠かせない核を保護することである。人間の安全保障は，基本的自由（つまり，生命の本質である自由）を保護することである。それは深刻かつさまざまな脅威および事態から人々を保護することである。それは人々の能力や熱意に基づいた方法を用いることであり，人々が生存し，暮らしを営み，尊厳を保つための基礎的要素を与える政治的，社会的，環境的，経済的，軍事的，文化的な全体的システムを構築することである[5]。

したがって，人間の安全保障委員会は人々の保護とエンパワーメントの両方が重要であると認識している。アルカイアー（2003）[8]は人間の安全保障に関するさまざまな概念を提示している。国連のミレニアム報告書（2000）[9]によると，人間の安全保障は，人権・グッドガバナンス・教育の機会・保健医療の保障を包含し，個人がそれぞれ有する可能性を実現させるための機会や選択を確保する。マシュー（1997）[10]は，人間の安全保障が，国家の外交や軍事力といったものよりむしろ食糧や住居，雇用，健康，公共の安全性といった日常生活の状況を要因として生まれた概念であるとみる。世界開発報告書（2000/2001）では，人間の安全保障は全ての人が抑圧や暴力，飢餓，貧困そ

---

8) Alkire, S., 2003, A conceptual framework for human security working paper 2 centre for research on inequality, Human Security and Ethnicity, CRISE Queen Elizabeth House, University of Oxford.
9) http://www.un.org/millenniumgoals/
10) Mathews, J. T., 1997, Power Shift, Foreign Affairs 76.

第6章 都市の人間の安全保障におけるコミュニティ次元

して病気から解放され，清潔で保健医療の整った環境に暮らす権利を保障されることとしている。カーグラムら（2003）[6]は，持続可能な安全保障と持続可能な開発について，環境の点から，より広い見解を示している。

❷ 人間の安全保障と災害リスク軽減枠組

2.1 災害に対する人間の安全保障

2011年に発生した東日本大震災によって，自然災害の予測および万全な備えが極めて困難であること，また，自然災害が個人やコミュニティの安全や幸福に及ぼす影響が人々の想像をはるかに超えることは誰の目にも明らかとなった。インド洋津波（2004）やハリケーン・カトリーナ（2005），オーストラリア森林火災（2009），ハイチ地震（2010），パキスタン洪水（2010）といった東日本大震災以前の自然災害において，これらの自然災害が人々や社会に与えた衝撃は即時的であり，圧倒的なものであった。こういった大災害は災害発生前から存在していた問題や格差を助長させる傾向があり，しばしば脆弱な人々がより甚大な被害を受ける。例えば，東日本大震災での死者に関して，初期の推定によるとその65％は60歳以上であるとされる。人々はこの震災により，避難や国内移住を余儀なくされたり，あるいは以前の暮らしが完全に崩壊し，長期間にわたる健康問題に直面したりと，それぞれ辛い思いを抱えている。震災がもたらした結果はこういった人々の心に何年も留まり続ける問題となるだろう。人間の安全保障は人々を中心に置いたボトムアップ型のアプローチを進めている。それはその土地の人々のニーズや能力，経験に重点を置く。このような人間の安全保障は，平和構築や人道支援，開発，教育，健康などの多くの分野に広く応用されている。しかしながら，ハイチや日本で発生した地震のような近年の大災害で明らかになったことは，人々が自然災害発生後に苦闘する真の脅威とは，武力紛争のような人為的な危機がもたらす脅威と似ているということである。それはつまり，"恐怖"（余震や悪化した治安など）と"欠乏"（食糧や水，住居の不足）という脅威である。さ

177

らにこれらの災害からわかったことは，自然災害対応に携わる機関や団体は同じである場合が多く，特に国連と人道主義的 NGO の災害救援活動が顕著である．実際に，自然災害の救援にあたる機関のほとんどは，彼ら自身がそう名乗ることはなくとも，人間の安全保障を守るために活動している．

2.2　兵庫行動枠組の展開と課題

　2005 年 1 月に，第二回国連防災世界会議 (United Nations World Conference on Disaster Reduction) が日本の兵庫県神戸市で開催され，「災害に強い国・コミュニティの構築：兵庫行動枠組 (HFA：Hyogo Framework for Action) 2005-2015」が採択された[11]．兵庫行動枠組では，今後 10 年間において，災害による人的被害，社会・経済・環境資源の損失を実質的に削減することを目的に，5 つの優先行動が設定された．国連国際防災戦略事務局 (United Nations International Strategy for Disaster Reduction，以下，UNISDR) は，国連が災害リスク軽減や，持続可能な開発へ更なる貢献を果たす上で，その中心的役割を担う機関である．UNISDR は世界防災会議の開催や兵庫行動枠組の立案過程において，その事務局として機能した．兵庫行動枠組の採択以来，UNISDR がコーディネートする災害リスク軽減への国際的な取組みにおいて，それぞれ地域の特性に合わせた防災活動を実施することが重要であることが認識され始めた．これは，災害の影響がローカル（地域）レベルにおいて最も早くまた最も激しく感じられるからである．それゆえに，兵庫行動枠組の具体化で極めて重要で有効なプロセスも，ローカルレベルでなされることを必須としている．つまり，住民や地方自治体の職員自身によって地域性に合わせた対策の具体化および実践が行われることが求められている．このようなプロセスを通じ，防災の取組みにおける地方自治体のガバナンスが強化され，ステークホルダーはその役割および責任を明確にし，それを実行に移していく．最も重要な役割を担う機関は，さまざまな政府組織や地方自治体である．地

---

11) UNISDR, 2005, Hyogo framework for action 2005-2015: Building the resilience of nations and communities to disasters.

方自治体は住民やコミュニティの安全保障に関して最大の責任を負う。ボランティアによる救援活動は，困難なリスク管理に取り組む上で補足的役割を果たすに過ぎない[12]。

2010年にUNISDRは兵庫行動枠組の具体的な進捗状況に関する中間評価を行った。兵庫行動枠組は2005年に採択されて以来，国際機関からの援助の下，ナショナル（国家）レベルで実施されてきた。同時に，包括的な災害リスク軽減アプローチとローカルレベルでの兵庫行動枠組の実施の必要性が強く認識されてきた。兵庫行動枠組の具体的な進捗状況に関する中間評価報告書[13]では，ローカルレベルでの兵庫行動枠組の実施についてはいまだ不十分であることが述べられた。加えて，ISDR国連世界防災白書2011[14]は，災害リスク管理において地方自治が中心的な役割を担うことの必要性について強い認識を示した。また，災害リスク管理における地方自治体の強化とコミュニティ参加の促進が上手く進まず，採択された枠組目標と現実が乖離していることにも言及した。以上のような評価により，地方自治体による兵庫行動枠組の具体化が，国際機関がともに取り組むべき重要課題の1つであることが明確となった。評価で言及された認識や取組みはまた世界防災キャンペーン「災害に強い都市の構築」[15]などの国際的なイニシアティブを通してさらに広がりをみせた。「災害に強い都市の構築」キャンペーンとは，世界中の地方自治体に災害リスク軽減（防災）に向けた取組みとして行動を起こすことを促す活動である。

---

12) Christoplos, I., 2003, Actors in risk, In: Pelling, M. (Ed.), Natural disasters and development in a globalizing world, Routledge, pp. 95–109.
13) UNISDR, 2011, Hyogo framework for action 2005–2015 Building the resilience of nations and communities to disasters, Mid-term review 2010–2011, Geneva.
14) UNISDR, 2011, Global assessment report on disaster risk reduction 2011, Geneva. www.preventionweb.net/gar
15) UNISDR, 2010, Information kit for ISDR 2010–2011 World Disaster Reduction Campaign.

2.3 人間の安全保障と兵庫行動枠組

以下では，人間の安全保障と兵庫行動枠組の関係性について述べる。

災害リスク軽減に向けた地方自治体の取組みと兵庫行動枠組のローカルレベルでの実施にある課題を検証する。

図6-1で示されるように，人間の安全保障は経済，食糧，健康，個人，コミュニティ，環境，政治の7つの領域から成る。それぞれの領域はコミュニティおよび国家の安全保障と持続可能性に深く関連している。類似したアプローチとして，兵庫行動枠組の5つの優先分野もまたコミュニティおよび国家の安全保障と持続可能性について焦点を当てている。HFA 1 は防災の制度化に焦点を当てている。防災の制度化は人間の安全保障の中でも経済，食糧，環境および政治の安全保障の領域と関連する。HFA 2 はリスクの特定に関する分野であるが，この分野は経済，食糧，健康，コミュニティおよび政治の安全保障の領域に深く関わる。対応力の構築についての HFA 3 では，経済，食糧，健康，個人，コミュニティおよび環境の安全保障と関係する。潜在的なリスクの軽減に関する HFA 4 では7つのすべての安全保障領域と関係する。また，災害対応に関する HFA 5 についてもすべての安全保障の領域と密接に関わる。いくつかの事例で，災害対応の欠如によって政情不安や深刻な環境問題が生じ，コミュニティの経済，食糧および健康の安全保障に悪影響がもたらされている。

2.4 兵庫行動枠組のもとでの自治体の取り組み

地方自治体の災害リスク軽減に向けての取組みが重要である一方で，地方自治体には取組み実施に向け対応していく力（対応力）が限られているという課題を考慮し，京都大学と UNISDR (2010)[16] は地方自治体向けの兵庫行

---

16) Kyoto University, UNISDR, 2010, A guide for implementing the Hyogo framework for action by Local Stakeholders. http://www.preventionweb.net/english/professional/publications/v.php?id=13101

第6章　都市の人間の安全保障におけるコミュニティ次元

```
・HFA 1（防災の制度化）          ・経済安全保障
・HFA 2（リスク評価）            ・食糧安全保障
・HFA 3（対応力の構築）          ・健康安全保障
・HFA 4                        ・個人安全保障
  （潜在的なリスクの軽減）       ・コミュニティ安全保障
・HFA 5（災害対応）              ・環境安全保障
                                ・政治安全保障
```

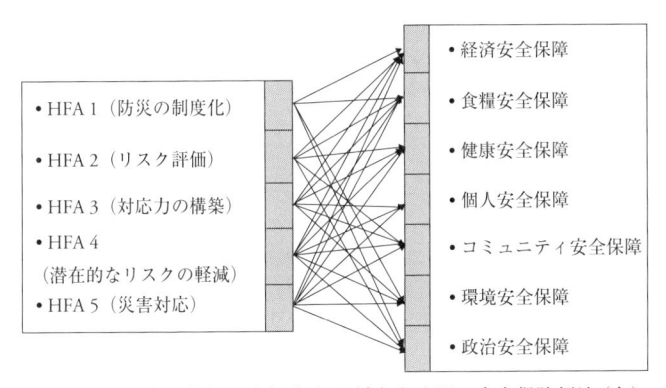

図 6-1●兵庫行動枠組優先行動分野（左）と人間の安全保障領域（右）

動枠組実施ガイドライン「地域ステークホルダーが兵庫行動枠組を実施するための手引き」を制作した。これは地方自治体および地域のステークホルダーが，それぞれの自治体で災害リスク軽減に向けた取組みを実施する際の参考として作られた手引きである。UNISDRが制作した兵庫行動枠組ガイドライン「Words into Action」[17]では，兵庫行動枠組優先行動分野を具体化する22の主要タスクが明示されているが，この22のタスクは地方自治体レベルでの兵庫行動枠組の導入を目的として取り入れられたものであり[18]，これらのタスクは前述した京都大学とUNISDR（2010）[16]によって制作された手引きの20タスク（表6-1）に若干の変更を加えたものである。この「地域ステークホルダーが兵庫行動枠組を実施するための手引き」はローカルレベルで兵庫行動枠組を実施，評価およびモニタリングするためのツールとなる。

---

17) UNISDR, 2007, Words into action: A guide for implementing the hyogo framework. http://www.unisdr.org/files/594_10382.pdf.
18) Matsuoka, Y. and Shaw, R., 2011, Linking resilience planning to Hyogo framework for action at local level, Climate Disaster Resilience in Cities, Emerald, pp. 129–147.

表 6-1 ● 兵庫行動枠組 (HFA) の 5 つの優先分野において地方自治体と地域のステークホルダーが実施すべき 20 のタスク

HFA 1　防災の制度化
タスク 1. 災害リスク軽減に向けた制度的基盤を構築するために複数のステークホルダー間で話し合いの場を持つ
タスク 2. 災害リスク軽減について組織的に調整が行える仕組みを構築または強化する
タスク 3. 災害リスク軽減に向けた組織の基盤評価を行い，さらに整備する
タスク 4. 災害リスク軽減の優先度を特定し，適切な財源の割当てを行う

HFA 2　リスク評価
タスク 5. 国別リスク評価と相互補完する，コミュニティのリスク評価に向けたイニシアティブを確立する
タスク 6. リスクに関する情報が利用可能であるか，またデータの収集・運用ができているか検討する
タスク 7. 災害対応力の見直し，評価を行い，早期警戒システムを強化する
タスク 8. 災害リスク情報と早期警戒のための情報を伝達し，拡散させる仕組みを構築する

HFA 3　対応力の構築
タスク 9. 防災意識の啓発を行い，学校と地域コミュニティに向けた防災教育プログラムを開発する
タスク 10. 優先度に基づき，重要な機関（人材）向けの防災トレーニングを開発，実施する
タスク 11. 防災に関する情報の集約，普及，活用をより積極的に行う

HFA 4　潜在的なリスクの軽減
タスク 12. 環境：防災の観点を環境マネジメントに取り入れる
タスク 13. 社会的ニーズ：貧しい人々や最も脆弱な人々の災害に対する回復力を向上させる仕組みを確立する
タスク 14. 物理的計画：都市計画および土地利用計画に災害リスク軽減を組み込むための措置を設ける
タスク 15. 構造：建築構造物の安全性と重要施設の保護のための仕組みを強化する
タスク 16. 経済開発：製造業とサービス業に分野における防災への取組みを奨励する
タスク 17. 財政的/経済的手段：民間部門が防災に関わる機会を設ける
タスク 18. 非常事態と公共の安全：災害復旧：防災を組み込んだ復旧計画プロセスを構築する

HFA 5　災害対応
タスク 19. 予防防災対策を確認し，災害対策への共通理解を広げる
タスク 20. 予防防災計画とプログラムを増強する

3 アジア地域の都市リスクおよび都市回復力と人間の安全保障に関わる課題

3.1 アジア都市が直面する災害リスク

　近年，アジア・太平洋地域では気象災害の発生増加傾向が顕著にみられ，世界の他地域と比べ，災害が最も多発している地域であると報告されている。さまざまな被災地域にてその災害の要因を調査した研究によると，ある種の災害に関して，被災地域でも人口が過密な都市の方がより死者数，被災者数が多いことがわかった。アジアの多くの国々では，国の経済活動の65％から90％が都市部に集中しているため，経済的損失も甚大になる[19]。ここ数十年の間，アジア・太平洋地域で発生する自然災害が増加傾向にあることは明らかである。この地域は，頻繁な地震，火山噴火，サイクロンおよび毎年のモンスーンといった世界でも最悪の被害をもたらしうる自然ハザードが発生する地域である。このように自然ハザードが頻発するアジア・太平洋地域には人口1000万を超える世界的メガシティも数多くあり，それゆえにこの地域において災害リスクにさらされている人口は莫大な数となる。さらに，急速な人口増加，都市化，気候変動などの要因によって，災害は発生頻度が増しているのみならず，規模の面でも毎年深刻になってきている。21世紀の間にアジア・太平洋地域で巨大災害が最低一度は発生することは不可避な状況であると考えられ，その場合，何百万もの人々に甚大な被害が及ぶ。ある研究者らは南アジアのヒマラヤ造山帯で100万人もの死者を出す地震が発生すると予想する。また，中国，インドネシアそしてフィリピンのメガシティにおいても巨大災害が発生する可能性が高いことが提起されている。加えて，アジアの巨大デルタ（メガデルタ）地域や沿岸地域で起きている爆発的な人口増加は，気候変動への脆弱性を増大させるとともに，洪水やサイクロ

---

19) Sharma, A., Surjan, A., Shaw, R., 2011, Overview of urban development and associated risks, In: Climate and disaster resilience in cities, Emerald Publisher, pp. 1-16.

ン,津波の発生により被災者の数が数千万に上ることが予想されている。急速に成長するアジア・太平洋地域は災害リスクが非常に高い。

都市が抱えるリスクは,その都市の成り立ちに深く根ざしているため,都市計画や都市開発の段階において,災害リスクの軽減について考慮することは重要である。経済的な要因により,人々が都市に移住し,見知らぬ人々とともに見知らぬ環境に住みつく時,彼らが直面する災害リスクは比較的高い。都市には産業が集中し,交通機能も複雑に絡み合っており,災害の発生が時に大きな人々の混乱をもたらすことになる。

3.2 都市化するアジア・メガシティ

都市の開発とそれに伴う人口の集中は,都市部の災害リスクを増大させている。人々が密集して居住することにより,災害リスクは増大する。また,建設された建造物やインフラストラクチャーが建築基準を満たしていない場合も多く,このような違法建築の問題も災害リスクを増大させる。

一方で,都市部では,密に繋がったコミュニティが持っていた社会的なセーフティネットが失われてしまった。そして,人々の繋がりのないコミュニティにおいて,争いが増加している。同じく,環境の劣化や非衛生的な住環境,その他リスクを増大させるさまざまな要因が都市部には存在している。アジアでは今後20年のうちに11億もの人々が都市部に移り住むといわれている。これは,毎年都市部の人口が4400万人ずつ増加することを意味する。その絶対数において,アジアは今日の急速に進む都市化の中心地である(WB & ADB, 2008)。アジアのメガシティにおける人口と経済は,世界のいくつかの国の規模に匹敵するほど巨大なものである。東アジアでは都市部人口だけで東アジア地域全体の富の92%が生み出されている。また東南アジアも,東アジアほどではないが,その地域の77%,南アジアでも地域の75%の富の生産を都市部人口が担っている。このことは,将来都市部おいて,人間の脅威となる災害や気候変動も含め何らかの混乱が生じた際,その混乱から都市が回復する力が,国家としての復旧および経済成長をも決定づけることを意味する。アジアの都市部では,約2億5000万人もの人々が1日1ドル以

下で暮らしている。都市貧困層は極めてわずかな財産しか持たず，気候変動への適応力は低く，一番脆弱な存在である。驚くべきことに，今後20年の間に生じる地球温暖化ガスの半分以上は，このようなアジアの都市部で生み出されると考えられている。このようなアジア地域であるが，洪水，地滑り，熱波，水不足などといった気候変動によって生じる現象に対して極めて脆弱であることが指摘されている[20]。

3.3　災害リスクにさらされる都市貧困層

　前述したような都市住民の多くは，元々の伝統的な社会的セーフティネットから離れた状況にあり，何か危機が起きた時に頼れるものがない。これは，都市貧困層に関する明白な真実であり，彼らは都市の中でも人の居住に適さない土地にある建築基準を満たしていない住居で，わずかなインフラストラクチャーと行政サービス，そして少しの財産とともに生活している。都市部には災害に対して脆弱な人々が集中して暮らしている。

　世界における貧困層の多くは急速に人口が増加している開発途上国に暮らしている。そして，そういった国々では貧困と人口の増加が互いをさらに助長する作用を引き起こしている。さまざまな要因に伴う人口増加により，多くの都市が先例のない速度で成長している。しかしながら，都市の拡大に必要な土地は不足している。そのため，都市はより過密になり，より垂直的に成長している。人々が現在建物を建て，生活を営み，活動している土地は，以前はハザードにさらされていることを理由に何にも占有・使用されていなかった場所である。それは例えば，急傾斜地，低地といった土地である。さらに，これらの土地は，ここ2世紀における人間活動と近年の地球温暖化によって高い災害リスクを有するようになっている。とりわけ，山間部，河岸部，沿岸部の居住地では取り返しのつかない状況となっている。

---

20) ADB, 2008, Managing asian cities: Sustainable and inclusive urban solutions, Asian Development Bank.

次の2つのことは警告的な真実である。1つは2030年までに世界の3人に2人が都市部に住むようになることであり、もう1つは既に地球上の沿岸地域に暮らす人々の65％が都市部で暮らしているということである。都市人口が増大するにつれ、都市が垂直的かつ水平的に拡大していくことは明白である[20]。この都市化の傾向は、これまでの都市計画や都市における統治のあり方に変化をもたらすことを意味する。国連人間居住計画（UN-HABITAT）の都市に関する最近の報告書[21]において、「2050年までに開発途上国の都市人口は53億人に達する。例えば、アジア地域だけでも世界の都市人口の63％、つまり33億人が都市で暮らすようになる。一方アフリカ地域では、12億人が都市部で暮らすようになり、つまり世界の都市人口の約4分の1をアフリカ地域の都市部で抱えることになる」と述べている。しかしながら、「アジア・アフリカ地域では、10人中6人がいまだ農村地域に暮らしている」ことも事実である。それにも関わらず、2007年、アジア地域は世界の都市人口の約半分が暮らす場所となったことが、この報告書によって提起されている。
　アジアの都市部には各国の経済基盤の平均80％が集中しているが、そこには著しい数の貧困層が暮らしている。たいていの場合、スラムに住んでおり、貧困ライン以下で暮らす人々が都市人口の過半数を占める。「農村部の貧困層」にとって、生計手段、交通、保健医療、教育の種類を選択することはいまだ夢であるが、それとは対照的に、「都市部の貧困層」は貧困層の新しい区分であり、彼らは都市の中で周縁部に置かれるという犠牲を払うことで、農村部の貧困層が持っていない選択肢を全て獲得している。スラムとは、元々一時的な居住を目的に形成される。しかしながら、結果として、行政によってわずかに改善が加えられたスラムに、3世代にわたって暮らす都市貧困層世帯を見つけることもさほど難しいことではない。このような住民の災害に対する回復力を高めるための道筋はいまだ明確に定まっておらず、またそれは簡単なことでないことは留意しなければならない。対応策が結果として有害になることもある。このような住民のセーフティネットをいかに確保

---

21) UNH, 2008, State of the World's Cities 2008/2009 UN-HABITAT, 2008.

するかは，災害に対する回復力を高めるための重要な検討課題である。

4 都市回復力の分析ツールとアプローチ

4.1 都市回復力の概念について

　近年，実務家や学者らによっていくつかの都市回復力概念が提案されている。例えば，国連大学環境・人間の安全保障研究所（UNU-EHS）の研究者らは「メガシティの回復力に関する枠組（The Megacity Resilience Framework）」を提起し，ロックフェラー財団は「アジア地域の都市における気候変動回復力ネットワーク（ACCCRN：Asian Cities Climate Change Resilience Network）」を設立した。また，インド洋大津波を受けてアメリカ合衆国国際開発庁（USAID）は「沿岸地域コミュニティの回復力に関する手引き（Coastal Community Resilience Guide）」を制作し，国際研究機関であるレジリエンス連合（The Resilience Alliance）は「都市回復力計画（The Urban Resilience Program）」という名の重要な調査を実施している。

　これらの取り組みからわかるように，都市環境における気候および災害リスクからの回復力強化に向けた取り組みが世界のさまざまな地域で行われており，その重要性については疑いの余地はない。ただし，回復力の概念そのものがいまだ議論の段階にあり，地方自治体や現場レベルで応用するのに必要な包括的な知識が確立されているとは言いがたい。そのような現状の中で，以下ではこれまで行われてきた災害からの回復力の概念について整理する。

　多くの取り組み事例の中では，さまざまな手段を用いて脆弱性を軽減することによって回復力の強化が実現されるとしている。具体的な手段としては，局所的なストレスを引き起こしている根本要因の解消，備蓄のシステム化，ボトムアップ型とトップダウン型アプローチの組み合わせによる相乗効果，ステークホルダーと連携した開発，都市を構成するインフォーマルおよびフォーマル両システムの参加などがある。また，リスクの特定や脆弱性の評価，および人間が持つ脆弱性の軽減も実施する包括的な開発も，回復力強化

につながると考えられている。

　カーペンターら[22]は社会生態学的システムの回復力（レジリエンス）について定義を行っている。彼らの解釈を通し，災害関連分野で用いられる回復力（レジリエンス）という用語の意味が理解されうる。カーペンターらによると，回復力（レジリエンス）は以下のように定義される。

- システムがそれが機能する範囲において，持ちこたえ，留まりうる変化の総量
- システムがシステムそれ自体を組織化できる範囲
- システムが学習および適応する力（対応力）を構築できる程度

　この定義に従い，トゥィッグ（2007）[23]はコミュニティにおける災害に対する回復力（レジリエンス）という用語を，日常的な災害（incident）あるいは大災害（disturbance）の発生「後に」，コミュニティがそれらを収拾し，原状回復させる力であると説明した。

　UNISDR（2007）[16]の用語説明によると，災害に対する回復力（レジリエンス）とは，「ハザードにさらされたシステムやコミュニティまたは社会が，時宜を得た効果的な手法によって，ハザードがもたらす影響に抵抗し，またそれを吸収・順応させ，元の状態へと戻る力をいい，コミュニティの基礎をなす構造および機能の保護や復元がこれに含まれる」と説明している。この説明を借用すると，システムとコミュニティという用語はともに混乱や災害の発生後に回復する力を持つ対象となっている。この定義は，都市における災害回復力（レジリエンス）を解釈するのに極めて明解であり，この定義により，都市はさまざまな人々や機関，団体，また多様な物理的および自然的な要素から構成されるシステムであると簡潔に説明される[24]。

---

22) Carpenter, S., Walker, B., Anderies, J. M. and Abel, N., 2001, From metaphor to measurement: Resilience of what to what?, Ecosystems 4, p. 766.
23) Twigg, J., 2007, Characteristics of a disaster-resilient community: A guidance note, DFID Disaster Risk Reduction Interagency Coordination Group.
24) Joerin, J. and Shaw, R., 2011, Mapping climate and disaster resilience in cities, In: Shaw, R. and Sharma, A. (eds), Climate and disaster resilience in local governments, Emerald

第6章　都市の人間の安全保障におけるコミュニティ次元

このように回復力（レジリエンス）についてここで繰り返し述べたことで，回復力という言葉が歴史的にどう用いられてきたかと，それがUNISDRの定義する災害に対する回復力として用いられるためにどう変化してきたのかを示した。これに関しては後の節でまた議論する。しかしながら，災害に対する回復力という言葉はある程度定義されてはいるものの，都市部においてこの回復力をどう計測するか，あるいは適切な計測ツールをどう構築するかという点については，いまだ明確ではない。それゆえに，1つ注意すべき重要な点がある。それは災害に対して回復力を備えておくべき対象（人・もの）は誰 / 何なのかという点である。簡潔に結論を述べると，本章の目的は，台風や洪水，干ばつなどの気象および気候関連ハザードに強い都市づくりに向けて，それに関連する分野を評価・検証するツールを開発し，その切迫したニーズに貢献することである[25]。これについては，さまざまな学者や組織によっても取り組まれており，その点についてはサージャンら（2011）[26]が詳細に論じている。

4.2　CDRI（気象および災害からの回復力評価イニシアティブ）

筆者らは，都市の回復力を定量的に評価するため，CDRI（気象および災害からの回復力評価イニシアティブ：Climate and Disaster Resilience Initiative）というツールを開発した。この手法を用いることによって，ある一定の枠組でもって都市の回復力を評価することが可能となる。以下では，CDRIの概要と，いくつかの都市で実施したCDRI評価の結果について説明する。

CDRIは計画策定のためのツールであり，これは，気象関連災害に対する回復力が最も低い分野，あるいは適切な災害対応力を備えていない分野を明

Publishers, pp. 47-61.
25) Klein, R. J. T., Nicholls, R. J. and Thomalla, F., 2003, Resilience to natural hazards: how useful is this concept?, Environmental Hazards 5, pp. 35-45.
26) Surjan, A., Sharma, A. and Shaw, R., 2011, Mapping climate and disaster resilience in cities, In: Shaw, R. and Sharma, A. (eds), Climate and disaster resilience in cities, Emerald Publisher, pp. 17-46.

表 6-2 ● CDRI アンケート内容（5×5 マトリックス）

物理的	社会的	経済的	制度的	自然的
電気	人口	収入	防災と気候変動適応の主流化	自然ハザードの衝撃/影響の大きさ
水	健康	雇用	地区の危機管理枠組みの有効性	自然災害の発生頻度
公衆衛生とごみ処理	教育と意識	家計資産	知識の普及と管理	生態系サービス
道路へのアクセス性	ソーシャルキャピタル	財政と貯蓄	他機関・ステークホルダーとの連携制度	土地利用計画
住宅と土地利用	コミュニティの災害時への備え	予算と補助金	グッドガバナンス	環境政策

らかにすることを目的とする。表6-2は，CDRIを構成する，5つの次元（物理的，社会的，経済的，制度的，自然的）と25のパラメータ（指標）を示している。さらに，表6-3に，25のパラメータを導出する際のそれぞれの調査項目（変数）を示している。なお，実際には，都市の状況や規模，行政区分の違いに応じて調査項目を変更しており，さまざまな都市/地域でCDRI調査を試行錯誤的に実施していく中で，表6-3に示す調査項目に定まった経緯がある。

なお，アンケートの回答者として，どの機関が適しているかは，調査地域の状況によって異なってくる。一般的には，地方自治体の各課，主に都市計画課が設問の回答者として適している。そこで量的な設問に対する二次資料を提供してもらったり，質的な設問，量的な設問ともに，利用可能な資料がない設問に対しては，個人的見解（回答として最も望ましい）によって回答をもらう。

アンケート調査の結果は，主にレーダーチャートを用いて表現する。CDRIによるパラメータおよび調査項目（変数）は1（低）から5（高）のスコアで示されるが，CDRI全体結果または各次元の結果を理解する上で，数値自体はあまり重要ではない。さまざまなスコアを解釈する上でより重要なのは，比較的低いスコア，比較的高いスコアを示す次元，パラメータ，変数を検証することである。スコアの低い次元やパラメータを都市の計画，開発プ

ロセスにおいて検討することにより，より災害に対して頑強な都市が形成される。また，各国，各都市，各地区に応じて，重要視される調査項目も異なるため，数値自体の比較も意味を持たない。特に，行政区分の違いにより，政策に関する意思決定の権利の範囲が異なるため，重要視される調査項目が異なる点には留意されたい。

　CDRI アンケートの調査項目については，表 6-3 の形に至るまで，試行錯誤を繰り返しており，調査地域の状況に応じて調整が行われた。CDRI アンケートでは，調査対象の行政レベル（首都圏，市，地区）が異なれば，CDRI アンケートの制度的次元でのパラメータや変数に，その違いを組み込む必要がある。したがって，地区レベルでの CDRI 調査では，市や国の機能よりも，むしろ地区で行われる意思決定に焦点が置かれる。具体的には，市内の特定地区における回復力を分析する場合，市レベルでなされる取り組みよりも各地区の行政職員がローカルに行う取り組みが反映されることが重要である。例えば，住宅開発または交通計画や交通政策は，その制度上，地区レベルよりも市レベルで扱うべき事柄である。したがって，地区レベルの CDRI 評価を行う場合，制度的次元のパラメータや変数を市レベルのものから，各地区の行政組織が持つ，災害リスク軽減へ向けた開発計画の策定力と置き換えて評価を行う必要がある。さらに，地区レベル CDRI アンケートの最新版の形式では，兵庫行動計画で採択された一連の優先事項を明確に取り入れている。言い換えると，地区レベルの政策的枠組も既に定まっているが，CDRI アンケートでは，各地区の行政組織の状況に応じて，更なる調整が加えられる。また，市レベルでの CDRI アンケートもそれを管轄する行政組織の状況を考慮している。このように行政区分の違いに応じて CDRI の調査項目に調整を加えることは，多様な都市の多様な地域性を対処して CDRI 評価を行う上で不可欠なことである。

　また，CDRI 評価に関して，調査地区の規模の違いがその評価に影響しない点は留意すべきである。CDRI 評価は地区レベル同様に，市レベルでも実施することができる。データ次第では，団地のような規模でも同様に CDRI 評価を行うことができる。したがって，CDRI の質問項目に関するデータを都市がより多く持っているほど，CDRI 評価の結果の正確さは高まる。また，

表6-3●CDRIアンケートの次元,パラメータ,変数

物理的	電気(アクセス性,利用可能度,供給量,新エネルギーの供給) 水(アクセス性,利用可能度,供給量,従来と異なる水の供給) 公衆衛生とごみ処理(衛生設備(下水設備など)へのアクセス性,ごみの回収・処理,リサイクル,災害後のごみの回収) 道路へのアクセス性(陸上道路網の普及の割合,舗装道路,洪水時のアクセス性,集中豪雨後の道路の閉塞状況,蓋付の道路側溝) 住居と土地利用(建築基準,非耐久構造建築,対浸水建築,所有権,公害産業に近接して暮らす人口)
社会的	人口(人口増加,15歳未満65歳以上の人口,インフォーマル・セクター従事人口,昼夜における人口密度) 健康(水媒介性・動物媒介性感染病罹患人口,災害後の水媒介性・動物媒介性感染病罹患人口,プライマリ・ヘルス・ケア施設へのアクセス性,災害時におけるプライマリ・ヘルスケア施設の対応能力) 教育と意識(識字率,人々の災害に関する意識,参加可能な行政の防災意識啓発プログラム/防災訓練,インターネットへのアクセス性,災害後の学校の機能性) ソーシャルキャピタル(コミュニティの活動/会への参加人口,(地区)コミュニティ・リーダーの認知レベル,コンセンサスをまとめ,市の意思決定過程に参加するコミュニティの能力(民主主義のレベル),民族分離のレベル) コミュニティの災害時への備え(備え(ロジスティクス,物資,対策),被災者へ避難所の供給,NGO/コミュニティ組織からの支援,自主避難人口,救援活動参加人口)
経済的	収入(貧困ライン以下の人口,世帯ごとの収入源の数,インフォーマル・セクターから得る収入,災害に伴い収入が減少した世帯の割合) 雇用(フォーマル・セクター:失業者の割合,若年失業者の割合,女性被雇用者の割合,市外に暮らす被雇用者の割合,行政区ごとの児童労働の割合) 家計資産(各世帯の所有資産に関して:テレビ,携帯,モーター付の乗物,モーター無の乗物,家具) 財政と貯蓄(防災目的での融資利用可能度,融資へのアクセス性,都市貧困層向け融資へのアクセス性,世帯貯蓄,家財保険) 予算と補助金(災害リスク管理予算,十分な,防災への予算,居住者の住宅再建への補助金/助成金,生計手段の多様性,災害後の医療)
制度的	防災と気候変動適応の主流化(気候変動適応と防災の主流化を行う分野:行政区ごとの開発計画,開発計画を構築する能力と技術,開発計画作成過程におけるコミュニティ参加の程度,防災計画の実施) 行政区での危機管理枠組の有効性(災害時緊急対策チームの有無とその有効性:リーダーシップ,避難センターの利用可能度,災害時緊急対応の訓練を受けた人の効率性,代替的に意思決定が可能な職員の有無) 知識の普及とマネジメント(過去の災害の学習の有効性,緊急対応を行う人に向けた防災訓練プログラムへの参加可能度,コミュニティ向け 防災意識啓発プログラムの有無,防災意識啓発プログラム(防災教育)普及のための資料(教材,パンフレットなど),防災意識啓発プログラムへのコミュニティの満足度) 災害時における他の機関やステークホルダーとの連携制度(行政区の外部組織や外部からの支援への依存度,近接する他の行政区との連携や相互連絡性,市の中央非常事態管理部との連携(支援),行政区内の各地区における非常事態管理職員,各行政区のNGOや民間機関との連携制度) グッドガバナンス(早期警戒システムの有効性,防災訓練の有無,各行政区によるコミュニティ向け災害時非常事態情報広域伝達システムの敏速さと非常事態を正確に広域伝達する各行政区の体系の透明性,復興プロセスを主導する各行政区の対応力)

第6章 都市の人間の安全保障におけるコミュニティ次元

自然	自然ハザードの衝撃/影響の大きさ(洪水,サイクロン,熱波,干ばつ(水不足),たつ巻) 自然ハザードの発生頻度(洪水,サイクロン,熱波,干ばつ(水不足),たつ巻) 生態系サービス(都市における各生態系サービス質:生物多様性,土壌,大気,水域,都市部の塩分濃度) 土地利用計画(気象関連ハザードに脆弱な地域,都市の地形,危険な土地に建設された住居,都市緑地スペース,都市緑地スペースの減少) 環境政策(開発事業における行政区ごとのハザードマップの活用,開発計画に投影される環境保全規制の範囲,環境保全政策実施の範囲,効率的なごみ処理システムの実施(RRR:Reduce, Reuse, Recycle),大気汚染軽減対策の実施)

地域性に応じて組み立てられるCDRIの手法は,地域,国,首都圏別の都市の比較評価にも応用できる。各都市は沿岸部,山間部,河岸部あるいは乾燥地帯といった地理的状況や,小規模,中規模あるいは大規模といった都市の規模によって分類されうる。CDRIの全体評価や次元(物理的,社会的,経済的,制度的,自然的な次元)ごとのCDRI評価は,各都市の規模や地理的状況あるいはその両方に基づきながら,各都市が持つ特徴の分析に用いられる。CDRIには調査地の規模によってその評価が影響を受けないという面があり,それゆえに市レベルやコミュニティレベルでの人間の安全保障を分析するのには有用である。

以上述べてきたように,CDRI評価とは,都市が抱えるリスクを検証し,都市のサービスやシステムの評価を行うユニークなアプローチである。CDRIは質的・量的アプローチの両方をうまく取り入れたものである。CDRIでは,調査地域が持つ気象および災害からの回復力の評価を行うが,それはイニシアティブの全体に組み込まれている。すなわち評価結果は,調査都市における気象および災害に強い地域と弱い地域を明らかにする。さらには各分野の相関関係を分析を行うことによって,相互に影響を及ぼし合う次元,パラメータおよび変数の関係性を導き出すことができる。すべての分野の回復力が明らかになれば,都市に潜在している気象および災害に弱い部分に対処するためのプロセスが,ひとつまたはそれ以上の分野にまたがりながら,参加型行動計画の形式で始まっていく。CDRI評価の大きな特徴は,調査に地方自治体を巻き込んでいることである。この特徴は,気象関連災害に強い都市の構築に向けての防災対策を効果的に編み出し,適用,実施していくためには,その制度体制が重要であることを強調している。

4.3 CDRI 指標と人間の安全保障および兵庫行動枠組

　ハスティング (2011)[27] は，経済的，環境的，および社会的の要素から人間の安全保障の程度を評価する人間の安全保障インデックス (HSI：Human Security Index) を提案している。HSI の経済的な項目には，収入，借金，貯蓄などに関する項目を，社会的な項目には教育，ジェンダー，食糧の安全性，人口などに関する項目を挙げている。これらの項目は，CDRI のパラメータや変数とも関連しており，CDRI 指標は国家や都市，地区といった行政区分ごとの人間の安全保障の課題を検討する際にも有効である。

　また，CDRI と兵庫行動枠組を相互リンクさせることは重要である。兵庫行動枠組は，災害リスク軽減に関する課題への包括的な対策である。この枠組は現場で活動する専門家らの賛成および各国政府の採択を受けている。この兵庫行動枠組の魅力は，災害リスク軽減に対する取組みについて，明確な目標や指標を定め評価する，おそらく最初のツールである点である。兵庫行動枠組が施行されて最初の 5 年は，国家レベルでの枠組の実施に焦点が当てられていたが，次の 5 年はローカルレベルでの実施に焦点が移った。そのため，いかにローカルレベルでの災害リスク軽減に関する対策を推進するかが課題となっている。CDRI 評価の調査項目と兵庫行動枠組の重点課題を有機的に結びつけることは，ローカルレベルでの対策を適切に促すことにつながる。そのような観点から，CDRI 評価の分析で用いる 25 のパラメータは，兵庫行動枠組実施に向けた 20 のタスクを考慮したものになっている。

　兵庫行動枠組と CDRI の相互リンクは，CDRI と人間の安全保障の間の繋がりをも強化する。前述した通り，人間の安全保障は，経済，食料，健康，個人，コミュニティ，環境および政治という 7 つの領域から成る。一方，CDRI 評価は，物理的，社会的，経済的，制度的，および自然的な回復力の 5 つの次元から都市の全体像を捉えようとする。また，兵庫行動枠組は，防災の制度化，リスク評価，対応力の構築，潜在的なリスクの軽減，災害対応

---

27) Hastings, D.A., 2011, Human security index: an update and new release. http://www.humansecurityindex.org/

の5つの優先分野から構成されている。CDRIの物理的次元の回復力の強化は，水，公衆衛生および電気に関する状況の改善を意味する。これは転じて，経済，健康および環境の安全保障の向上へとつながる。同様に，CDRIの社会的次元の回復力評価の項目である教育および健康，また経済的次元の回復力評価における収入および公的予算はそれぞれ，経済，食糧，健康，個人の安全保障の向上に貢献する。さらに，制度的次元での回復力は，ローカルなレベルおよび国家レベルの両方において，政治の安全保障と密接な相関性を持つ。

4.4 CDRI評価の実践事例

以下ではCDRI調査に関する実践事例を紹介する。筆者らは，これまでチェンナイ市の10行政区，デリー市における9行政区，ダッカ市の9行政区において，CDRI調査を実施した。その際に，各行政区の担当者に対して，気象災害からの回復力を強化する上で重要と思われるパラメータ並びに変数について5段階で評価をしてもらった。各行政区の評価結果を都市毎に平均化している。その結果を表6-4，表6-5にそれぞれ示す。結果として，都市毎に行政担当者が重要と考えているCDRIパラメータや変数に違いがあることがわかる。

チェンナイ市において，最もスコアの値が高く，重要だと考えられる分野（パラメータ）は，行政が主導する分野もしくは行政が関連する分野であった。具体的には，電気，連携体制，道路のアクセス性である。この結果は，調査対象が地方自治体であったことによる。同時に，危機管理はチェンナイ市では上手く機能していて，災害時には必要な災害対応が首尾よくなされるだろうと考えられていることも確認できた。一方，自然資源の過剰利用や不十分なごみ処理といった，都市化やその影響に伴う課題は，低いCDRIスコアとなって現れている。そして，これらの課題に対し，市全体での改善対策が必要であることを強く示している（表6-5）。

デリー市の場合は，水の供給，収入，雇用，コミュニティの備え，土地利用が最も優先度の高い分野として選ばれた。これらの分野はすべて，5段階

表 6-4 ● 3つの都市において最も重要な分野（CDRI パラメータ）

都市名	最も重要な CDRI パラメータ	平均スコア値（5段階評価）
チェンナイ	1. 電気	4.9
	2. 連携制度	4
	3. 道路へのアクセス性	4
	4. 健康	3.9
	5. 危機管理	3.9
デリー	1. 水	4.2
	2. 収入	4.2
	3. 雇用	4.1
	4. コミュニティの備え	4.0
	5. 自然な土地利用	3.9
ダッカ	1. 生態系サービス	4.3
	2. 環境政策	4.2
	3. 教育と意識	4
	4. 雇用	3.7
	5. 道路へのアクセス性	3.6
	コミュニティの備え	3.6

評価で4という高いスコアを示し，気象関連災害からの回復力に非常に重要であると捉えられていることがわかる。デリー市の水供給システムは，デリー市の全地区，全コミュニティに対して平等な供給を確保していない。市が管理する水タンクの近くで暮らす住民の方が，そうでない住民に比べ，多く水の供給を受けている。そのため，デリー市のほとんどの地区で，十分な水の確保が大きな課題となっている。市の行政当局も水の供給に高い優先度を置き，問題解決に努めている。収入と雇用の結果から，もし人々に雇用機会と生活に十分な収入があるならば，人々が抱える脆弱性は減少するし，同時に，人々は災害意識を持ち，災害への備えを行うことで，人々の災害からの回復力が向上するだろうと考えられる。そのため，収入と雇用の確保に高い優先度が置かれている。過去10年の間にデリー市の市街地は10％拡大したが，それは計画的な拡大ではなかったことから，土地利用も重要分野の1つである[28]。このようなデリー市の土地利用の現状が，開発課題（変数）の

---

28) Government of Delhi, 2006, Delhi human development report 2006, Oxford University Press.

第6章　都市の人間の安全保障におけるコミュニティ次元

表6-5●3つの都市において最も重要な開発課題（CDRI変数）

都市名	最も重要な CDRI 項目	平均スコア値（5段階評価）
チェンナイ	1. 環境保全政策の実施範囲	4.1
	2. 電気供給を管轄する各行政区組織	4
	3. 災害の脅威と衝撃に関する人々の意識や知識	4
	4. 各行政区のコミュニティ活動参加人口	4
	5. フォーマル・セクターにおける若年失業者の割合	4
	6. 災害時危機対応チームの有効性（リーダーシップ/能力）	3.9
	7. 洪水	3.9
	8. 災害後の避難所収容可能人数や緊急支援物資対応人数	3.8
	9. 各行政区の防災対策年間予算	3.8
デリー	1. 建築基準に準じた建築物の割合	4.8
	2. 貧困ライン以下で暮らす人口	4.4
	3. 非常事態/危険な状況が発生した際に行政区の医療機関が有する対応力	4.2
	4. 各行政区の15歳未満と65歳以上の人口の割合	4.1
	5. 各行政区のコミュニティ活動参加人口	4
ダッカ	1. 防災と気候変動適応策の行政区開発計画への組み込み	4.4
	2. 各行政区のコミュニティ活動参加人口	4.1
	3. 非常事態/危険な状況が発生した際に行政区の医療機関が有する対応力	4
	4. 各行政区で公害産業/ごみ処理場に近接して暮らす総人口の割合	4
	5. 各行政区の防災対策年間予算	4
	6. 災害時緊急対応チームの有無	4
	7. 開発事業における行政区ごとのハザードマップの活用の程度	4
	8. 災害の脅威や衝撃に関する人々の意識や知識	3.9
	9. 災害後NGO/コミュニティ組織や宗教組織からの支援の程度	3.9
	10. 災害時非常事態管理のための近接する行政区との相互連絡性（ネットワーク）/連携	3.9
	11. 各行政区によるコミュニティ向け災害時非常事態情報広域伝達システムの敏速さ	3.9

優先度に反映された結果，建築基準の順守が最重要課題の1つに選ばれた。市の行政当局はまた，貧困や医療施設，コミュニティの参加，人口という負荷などを，デリー市の気象関連災害からの回復力に関する優先課題であると示している。

ダッカ市は世界でも最も急速に成長している都市のひとつであり，それゆえにダッカの市街地は拡大にある一方，市内の緑地や環境は急激に劣化しつつある。このような状況を反映し，ほとんどの区の行政職員が生態系および環境に関する政策が重要であると強調した。また，教育および意識啓発とコミュニティの災害への備えはコミュニティの災害対応力の向上につながるため，行政職員らはこれらの要素もダッカが気象関連災害に強い都市になるために大切だと考えている。雇用と交通路整備に関しては，いずれの次元から見ても，コミュニティのCDRI向上を補完しうるものである。気象関連災害からの回復力を最重要問題とみなすならば，たいていの区行政職員は，各開発課題の優先度を決める上で，気象災害に直結する開発課題を優先させる。そのため，行政職員らは，区の開発に防災および気候変動の観点を組込むことやコミュニティの参加，NGOおよび自治体の参加，防災への年間予算，災害時の連携や迅速な対応に関して，重要度が高いと評価している。

　また，CDRI評価で取り上げているパラメータおよび調査項目の相関関係についても分析を実施している。この種の相関分析は，それぞれの市において，気象災害からの回復力を強化するための効果的な政策を構築するのに役立つだろう。
　チェンナイ市では，収入と家計資産について興味深い相関性がみられ，収入が多い人々ほど家計資産を多く所有するという仮定が確かなものとなった。また，ソーシャルキャピタルと環境政策の間にも高い相関性が見られた。この2つの間にある相互作用は，コミュニティが上手く機能し，その内部の結びつきが強いほど，人々が環境保護や環境-政策の順守に対して高い意識を持つことを示している。また，教育水準とコミュニティの災害へ備えも相関関係にある。これは教育水準の高いコミュニティは教育水準の低いコミュニティに比べ気象関連災害に対して防災の知識をより多く持ち，より良い災害対応を取ることが可能な点を示唆する。
　デリー市のCDRI調査の結果は，デリー市では人口が収入および雇用と正の相関関係にあることを示している。その主な理由は，デリー市がある州の州内生産において，サービス部門が占める割合が増加している点にある。

州内生産におけるサービス部門の割合は，1993-94年では71％であったが，2003-2004年には78％に増加した。これは，増加した人口がサービス部門に上手く吸収されたことを意味する。また，貧困ライン以下で生活する人口もこの数十年の間に減少している。1973-74年には，デリー人口のほぼ半数が貧困ライン以下にあったが，2001年にはそれは8％以下となった。このことは，この30年の間，人口が急速に増えながらも，貧困ライン以下の人口が減少したことを示している。つまり，人口の増大と雇用および収入の向上が良い相関関係にあることを意味する。また，環境政策と健康についても正の相関関係を示していることが，デリーのCDRI調査結果からわかっている。環境政策とは，大気および水質汚染といった環境問題に対処する上で，確実に効果のある手段である。もし仮に，これらの環境問題に対し適切な措置がなされなければ，結果として人間の健康に被害をもたらす。したがって，適切な環境政策が実施されれば，人々の健康に良い結果が現れることになる。

　ダッカ市における計画居住区域の収入レベルは他の区域よりも高く，雇用状況も良い。その結果，この区域の人々が所有する家計資産もより多い。これは，住居および土地利用計画と家計資産，住居および土地利用計画と収入，そして収入と土地利用計画の間に強い相関関係が見られるためである。別の興味深い相関性は，道路へのアクセス性と土地利用計画の間に見られる。気象関連災害に対する脆弱性が高く，かつ緑地スペースの少ない区は，どの交通手段を利用しようともアクセスが良くない場所であることが多いのである。また別の興味深い点として，家計資産の項目における課題は，生態系サービスと深い相関性を持つこともわかった。実際に，より多くの家計資産を所有する高収入グループは，計画居住区域で暮らし，そこにはほかの区よりも豊かな生態系サービスが存在している[29]。

---

29) Shaw, R. and Sharma, A., 2011, Beyond resilience mapping, In: Climate and disaster resilience in cities, Emerald Publisher, pp. 281-287.

5 人間の安全保障強化のためのコミュニティ主体アプローチ

5.1 人間の安全保障強化のためのコミュニティ次元

　緒方と Sen（2003）[5]は人間の安全保障報告書の中で，「持続可能な開発で最も重要な点は，人間の安全保障と環境が，その微妙なバランスを均衡に保つことである」と述べている。彼らはまた，「政府やそのほかのステークホルダーは，生態環境の安定と人間の安全保障が関係していることを急激に認識し始めた。これは，特に環境マネジメントの分野でより強く見受けられる。しかしながら，ローカルレベルにおいて，環境の影響を実際に受ける地域コミュニティの住民が環境マネジメントに参加することを促す具体的な方策はほとんどない。特に環境マネジメントおよび持続可能な開発と予防防災の連携を明確に計画する必要性がある」と述べている。

　過去10年間で，ローカルレベルやコミュニティレベルでの人間の安全保障の実施にそれほど大きな変化は見られない。人間の安全保障の範囲はいまだ国家または国際的なレベルに限られている。人々の基本的なニーズとその優先度は長い間論点であった。ショウ（2006）[7]は人間の安全保障の個人およびコミュニティの次元には生計手段，環境，社会，自己，そして情報の安全保障なども含まれるべきであると論じている。生計手段の安全保障とは，一番はじめに保障されるべきものであり，農業，水産業，漁業，畜産業など，複数の生計手段から収入を得ることで生活水準の向上を図ることが望まれる。環境の安全保障は，生計手段の次に優先されるべき安全保障であり，コミュニティの自然資源管理が重要課題となっているさまざまな農村地域で不可欠な安全保障と考えられている。社会の安全保障とは三番目に挙がる安全保障の領域であり，これは人々がさまざまな社会的利益を享受し，また人々の医療や教育などの社会的サービスに関する選択肢を豊かにしてくれるものである。自己の安全保障は四番目の安全保障であり，これは人々やコミュニティが自助や共助に努めことにより自由の範囲が拡大することを保障するこ

とである。社会の安全保障と自己の安全保障は密接に関連する。五番目の安全保障は，情報の安全保障である。これには，人々やコミュニティが適切な決定や措置を下す上で極めて重要な知る権利の保障が含まれている。本節では，コミュニティが主体となった3つのアプローチを紹介する。具体的には，CDRI評価に基づく都市レベルでの行動計画（CAP：Community Action Planning）について説明し，それらの実施に関係する機関，団体および人々が果たす役割の重要性を明らかにする。続いて，行動および実施型回復力評価（AoRA：Action-oriented Resilience Assessment）とそれらを実施するための手法として社会，制度および経済回復力行動（SIERA：Social Institutional and Economic Resilience Actions）について紹介する。これらは人間の安全保障のコミュニティ次元と関連するものである。

5.2 コミュニティ行動計画（CAP）

「コミュニティ行動計画（CAP：Community Action Planning）」とは，問題解決を通したコミュニティ開発を目的とした参加型アプローチである[30, 31]。CAPで鍵となる重要な点は，コミュニティ開発に重点を置いて策定される行動計画であるという点である。この計画は，主に物理的な改善や，コミュニティ組織の強化，コミュニティ主導の環境改善イニシアティブの明確化といったコミュニティ開発の特定のテーマに焦点を当てることによって，リスクの軽減を図る[32]。行動計画が何なのかは，伝統的な都市計画を考えると理解しやすい。伝統的な都市計画は，その地域に月並みな恩恵しか与えず，あまり効果的なものとはいえない[31]。このような都市計画では，結果として，

---

30) Prashar, S., Sharma, A., Shaw, R., 2011, From action planning to community-based adaptation, In: Shaw, R., Sharma, A. (eds), Climate and disaster resilience in cities, Community, environment and disaster risk management, 6, Emerald Group, pp. 163-182.
31) Hamdi, N., Goethert, R., 1997, Action planning for cities: a guide to community practice, Wiley.
32) Bhatt, M., Gupta, M., Sharma, A., 1999, Action planning from theory to practice, Doc Centre Urban Plan 24(3), pp. 16-23.

貧しい人々に届く恩恵はごくわずかなものになる。従って，実際に都市計画の影響を受ける地域のコミュニティを巻き込むことで，都市計画がはるかに良いものになるといえる。

コミュニティ行動計画の第一段階は，問題およびそれに対する解決策を明らかにすることである。CAP策定の第一段階で種々の参加型農村調査(PRA)[33]手法を利用することができる。この手法は，コミュニティに元々ある知識を用いて問題およびその解決策を明らかにするのに役立つ。つまり，土地に伝わる知識こそ，CAPの第一段階において最も重要な鍵を握るのである。

筆者らが実施した，デリー市でのコミュニティ行動計画の作成事例では，当該地域でこれまでに実施されてきたコミュニティ開発に関する取り組みを考慮しながら，具体的には，いくつかのパンフレットに記載されていた住民福祉協会（地縁型コミュニティ）のコミュニティ開発を参考にしながら，コミュニティ行動計画の策定を行った。加えて，東デリー地区の住民とともに問題およびその解決策の特定のために，直接的観察や資源調査もPRAの実践として実施した。最終的には，東デリー地区における災害マネジメントを行う行政職員や地元のNGOスタッフといった，東デリー地区の防災で鍵となる人々とともに，コミュニティの行動計画策定に向けた協議を行った。このように，第一段階では地域やそのコミュニティに元々ある知識や経験を可能な限り考慮することが重要となる。

コミュニティ行動計画の第二段階は，必要な物資および資金の獲得なども考慮しながら，戦略的な行動計画の策定を行うことである。第二段階では，コミュニティが地域の問題の解決やその妥協点の解明に向け，時に中間的組織のサポートを得ながら，問題解決への対策や選択肢を定めながら戦略づくりを行う。ここでの成果は，コミュニティが自ら優先度を定めた具体的行動

---

33) Bhatt, M., Gupta, M., Sharma, A., 1999, Action planning from theory to practice. Doc Centre Urban Plann, 24 (3), pp. 16–23.

として示され，その各行動は，コミュニティが基本として主体となり取り組む，災害リスク軽減を目的とする。第二段階では，アンケート調査やブレインストーミング，ダイアグラム化，時系列化などの手法が，状況や環境に応じて用いられる。この段階の成果は，コミュニティ自らによって優先づけされたコミュニティ開発行動であり，それらは不可欠で実現可能な行動であると同時に，近い将来中間組織からの協力を得ながら実施されうる行動である。

　コミュニティ行動計画の第三段階は，行動計画の実施とモニタリングである。この段階では，主に，優先付けされた各行動をどのように実施し，またそのためにどのようなプラットフォームが必要であるかを検証する。例えば，プロジェクトチームが組まれて行動計画が策定される際，その段階で予定表や時間の流れ，また費用や方針，役割などが議論される。コミュニティ行動計画の成果を評価するためには，実施した行動をモニタリングすることが必須である。モニタリングはプロジェクトを実施する側がプロジェクトの影響を把握する上で役立つものである。モニタリングには2つのレベルがあり，1つはプログラムが首尾よく目的を達成するかどうかの地区レベルでの評価であり，もう1つは，プログラム実施後の影響の市レベルでの検証である。コミュニティ行動計画の第三段階において，モニタリングのために用いられる指標としては，例えば，技術的，経済的，運営あるいは組織上，社会的，および環境的な指標がある。1つ例に挙げると，環境的な指標とはプロジェクトが環境に与える影響を測る指標であり，例えば，公衆衛生改善が人々の健康や近隣の自然生態環境に与える影響を計測するのに用いられている[30,31]。コミュニティ行動計画をモニタリングし，今後のための教訓を得ることは，市レベルの戦略計画を調整および改善する際に役立つ[32]。したがって，コミュニティ行動計画とは，コミュニティの実際の状況を政策に反映させるのに非常に役立つとともに，各都市のガバナンスへのコミュニティやローカルな人々の参加を保障しうるものである。

5.3　行動および実施型回復力評価（AoRA）

　行動および実施型回復力評価（AoRA：Action-oriented Resilience Assessment）は

CDRIで用いられた5つの次元と，その25のパラメータのうち，21のパラメータを用いて行われる（表6-6）。AoRAでは，CDRIの評価結果に基づき，パラメータごとに3つの具体的行動措置を定め，これらの行動が実際にどの程度実施されているか，また，その実施プロセスで5つの重要なステークホルダー（地方自治体，コミュニティ，研究者，民間団体，NGO）がどの程度重要な役割を果たしているのかを検証する。つまり，AoRAの目的とは，コミュニティ（あるいは地区）が災害からの回復力強化に向け，コミュニティの優先度に基づき選定した行動を実施する際に，実施に関係する機関，団体および人々が果たす役割の重要性を明らかにすることである。しかしながら，AoRAで定められている具体的な行動措置に対する役割および責任の程度については，5つのアクターごとに異なる。AoRAでは，地方議会議員の見解に焦点を当て，彼らの意見がそれぞれの選挙区の住民の意見を代表しているものとする。この実務的なアプローチは，定められたさまざまな行動に対して，どの程度マルチ・ステークホルダーの参加が必要とされているか，それともトップダウン型行政主導計画でも十分な効果が望めるのかどうかを明らかにする[34, 35)]。

AoRAで定められている全部で63の行動（21のパラメータに対し，等しく3つの行動が割り振られている）は，以前実施されたCDRI評価の結果や，災害からの回復力を備えたコミュニティに関する文献調査に基づき決定された。AoRAで定められている各行動は，CDRI評価に加え，さまざまな現地調査や，過去の災害からの教訓に関する研究の綿密な調査，またその他色々と参考にして導き出されたものである[16)]。

63の各行動がどのように規定されたかについては論じないが，代わりに，災害からの回復力を備えたコミュニティにおいてAoRAの21のパラメータ

---

34) Joerin, J., Shaw, R., Takeuchi, Y., Krishnamurthy, R., 2012, Action-oriented resilience assessment of communities in Chennai, India, Environmental Hazards, accepted for publication.

35) Joerin, J., Shaw, R. Takeuchi, Y., Krishnamurthy, R. 2012 Assessing community resilience to climate-related disasters in Chennai, India, International Journal of Disaster Risk Reduction, accepted for publication.

表 6-6 ● CDRI から考案された AoRA の次元とパラメータ指標

次元	物理的	社会的	経済的	制度的	自然的
AoRAで用いられるパラメータ	・電気 ・水 ・公衆衛生とごみ処理 ・道路へのアクセス性 ・住居と土地利用	・人口 ・健康 ・教育と意識 ・ソーシャルキャピタル ・コミュニティの災害への備え	・雇用 ・財政と貯蓄 ・予算と補助金	・防災と気候変動適応の主流化 ・行政区での危機管理枠組の有効性 ・知識の普及とマネジメント ・他の機関やステークホルダーとの連携制度 ・グッドガバナンス	・生態系サービス ・土地利用計画 ・環境政策
AoRAで用いないパラメータ			・収入 ・家計資産		・自然ハザードの衝撃/影響の大きさ ・自然ハザードの発生頻度

が利用可能で機能していることがいかに重要であるかを次元ごとに説明する。

- 物理的次元：災害後の生計手段評価に関する研究によると，例えば，早急な災害復旧には電気および水の安定供給が必要不可欠である[24, 36, 37]。つまり，都市部において災害を収拾させるには，丈夫な物理的インフラストラクチャーが極めて重要である。そのため，都市サービスの機能とは別に，建造環境（例，住宅）が高い建築工学の基準を満たすことが不可欠となる。
- 社会的次元：さまざまな学者が，コミュニティ内にある強力なソーシャ

---

36) Cannon, T., Twigg, J. and Rowell, J., 2003, Social vulnerability, sustainable livelihoods and disasters, conflict and humanitarian assistance department and sustainable livelihoods support office, Department for International Development.
37) Gaillard, J., Pangilinan, M. R. M., Cadag, J. R. and Le Masson, V., 2008, Living with increasing floods: Insights from a rural Philippine community, Disaster Prevention and Management, 17(3), pp. 383–395.

ルキャピタル，つまりソーシャル・ネットワークや災害意識が，コミュニティが災害から受ける衝撃を抑えるのみならず，コミュニティが首尾よく災害対応にあたるのを効果的にサポートしてくれると強調している[36, 38, 39]。さらにトービンとホワイトフォード（2002）[40]は，災害時の防ぎうる死を減らすには，医療対応力（医療機関と医療ネットワーク）が災害の衝撃によって損傷することなく，災害時でも十分に機能することが喫緊の課題であると指摘している。

- 経済的次元：A. ローズ（2004, 2007）[41, 42]は，災害による損失の軽減を促すインセンティブを開発する支援を行うために，財源の適切な配分および経済部門の効果的な組織化が重要であると説く。災害保険や災害対策のための財政制度があれば，災害による経済的損害を抑えるのに有益な，災害予防・復旧のための（公的・私的）資金をそこから供給することが可能になる。
- 制度的次元：気候変動対応策の主流化[43]は，効果的な非常事態管理と隣り合わせにある。気候変動対応策の主流化には，災害が起こる前の気候変動適応策の実施と，災害時の実施対応策の機能維持という2つを確保する強力な体制の確立が必要不可欠である。
- 自然的次元：自然環境（生態系，都市緑地スペース）の保護は，災害発生の可能性を軽減させ，自然の災害対応力を支える上で，極めて重要なこ

---

38) Paton, D., 2003, Disaster preparedness: a social-cognitive perspective.
39) Murphy, B. L., 2007, Locating social capital in resilient community-level emergency management, Natural Hazards, 41, pp. 297–31.
40) Tobin, G. A. and Whiteford, L. A., 2002, Community resilience and volcano hazard: the eruption of Tungurahua and evacuation of the faldas in Ecuador, Disasters, 26(1), pp. 28–48.
41) Rose, A., 2004, Defining and measuring economic resilience to disasters, Disaster Prevention and Management, 13(4), pp. 307–314.
42) Rose, A., 2007, Economic resilience to natural and manmade disasters: multidisciplinary origins and contextual dimensions, Environmental Hazards, 7, pp. 383–398.
43) Trohanis, Z., Shah, F. and Ranghieri, F., 2009, Building climate and disaster resilience into city planning and management processes, Sustainable Development Department East Asia and the Pacific Region, The World Bank.

とである。

　この簡潔な説明は，回復力（レジリエンス）という用語の災害リスク管理分野での適用には，非常に多くの学問領域が関連していることを示している。それゆえに，AoRA は，5 つの次元の各パラメータに対し，優先度に基づき 3 つの具体的行動を提起し，コミュニティの災害からの回復力強化および構築にはどのステークホルダーが鍵となるかについてのコミュニティ・リーダーの見解を検証する。提起された行動を選定することで，気象関連災害に対する回復力強化に関する都市部のニーズと行動が一致することを目指す。なお，CDRI でも用いられたパラメータのうちの 4 つ（収入，家計資産，気象関連ハザードの強度と，その頻度）は，行動に影響を及ぼす要因とは考えていない。それはこの 4 つのパラメータが複雑な性質を持つからである。例えば，処分可能な家計資産の程度は，1 つの家庭が自由に使用できる収入や，また家族の一人ひとりの雇用状況によって変わってくる。それゆえに，収入を増やすために取るべき行動自体，雇用の有無や具体的な雇用内容によって変わってくる。同様に，ハザードの強度および頻度は，人間活動が間接的にしか関わりえないため，それらに対し何か措置を取ることは，容易ではない。気象関連ハザードの強度および頻度を正確に予測することはさらに困難である。

　AoRA の重要な目的は，都市コミュニティの気象災害ハザードからの回復力向上に向けた行動を実施する上で，5 つのステークホルダーがそれぞれどのような役割を果たすかを理解することにある。回復力強化に向けたさまざまな行動において，どのステークホルダーが重要な役割を担うかを理解することで，各行動が実施されやすくなり，参加型開発の促進につながる。したがって，都市の回復力強化に向けた取り組みがより広くコミュニティに受け入れてもらえるようになる。

5.4　社会，制度および経済回復力行動（SIERA）

　包括的な都市回復力評価へ向け，最終的に重要となるのはコミュニケー

ションである。これは，草の根レベルで収集されたリスクや回復力に関する情報を，都市に広がるたくさんのコミュニティにどのように伝えるかという，都市評価における最終段階である。情報はその伝播の仕方によっては，各コミュニティが行動に取り組むきっかけとなる。社会，制度および経済回復力行動 (SIERA：Social Institutional and Economic Resilience Actions) とは，都市コミュニティに最も浸透している女性グループやユースグループ，信仰組織などのコミュニティ主体社会組織 (CBSOs) を通じ，社会，制度および経済的な回復力を高めるための，リスクや回復力に関する情報を伝達するツールである（ここでは物理的・制度的行動は地方行政によって実施されると仮定する）[44,45]。SIERA アプローチは，災害前，災害時，災害後という災害の時間区分ごとに，それぞれにおいて最も重要となる指標を用いて，防災の取り組みを分析する。災害の時間軸に合わせ SIERA を実施することは，女性たちが災害のサイクルの各段階で取り組むべき戦略を描けるようにするために重要なことである。マッキンタイア (2001)[46] は，単なる自然現象または人為事故に留まらない衝撃をもたらす災害問題の対処には，包括的なアプローチが必要であると強調する。さらに，災害マネジメントはもはやただ災害時の対応のあり方を示すだけではならないとも説く。代わって必要とされていることは，すべての関係機関，団体および人が災害の段階ごとに取るべき対処を示すアプローチである。これに関し，SIERA アプローチでは 3 つの次元と 15 の最重要指標に応じて，それぞれに適切な防災の取組みを指し示すようになっている。SIERA アプローチ全体としては，全部で 45 の状況に向けた防災の取り組みを示すことができる[45]。コミュニティでの活動や紙および電子媒体（新聞，テレビ，ラジオ）などの手段のほか，ソーシャル・メディア（ソーシャル・ネットワークを用いた相互作用コミュニケーションなど）などのさまざ

---

44) Mulyasari, F., Shaw, R. and Takeuchi, Y., 2011, Urban flood risk communication for cities, In: Climate and Disaster Resilience in Cities, Emerald Publisher, pp. 225–260.

45) Mulyasari, F., Shaw, R. and Takeuchi, Y., in press, Women as disaster risk reduction drivers in Bandung, Indonesia: Paving towards a resilient-community, in disaster.

46) McEntire, D. A., 2001, Triggering agents, vulnerabilities and disaster reduction: Towards a holistic paradigm, Disaster Prevention and Management 10(3), pp. 189–196.

まな手段によって，これらの行動は促進，達成されうる。

6 今後の展開

人間の安全保障とは，国家の安全保障よりもむしろ，個人およびコミュニティの安全保障にとって重要なものである。そしてそれは人権や人間開発をも内含するものである[47]。人間の安全保障を経済や開発の文脈で定義しようとする試みは1990年代半ばに失敗し，さらに1990年代終わりに物理的な保護に関する議論によって，ますます困難なものとなった[48]。1990年代後半，アマルティア・センは，人間開発に関する初期の研究の中で，開発と選択の自由の関係性に焦点を当てた。彼はまた，本章でも先述した通り，人間の安全保障における人々とコミュニティの次元の重要性を強調した。1998年，当時の日本総理大臣・小渕恵三は人間の安全保障を日本の外交政策の要素として重視し，国連・人間の安全保障基金を創設した。物理的保護や人権，および開発といった課題を，人間を中心におく人間の安全保障という1つの概念に包括した。人間の安全保障委員会報告書（2003）では，人間の基本的人権の保護と拡大が強調されている。これらは環境マネジメントや災害リスク軽減と密接に関連するものである。開発途上国にとって，発展度の高さおよび都市化の速さを考えると，人間の安全保障の確保は，都市リスクを軽減するために極めて重要なことである。女性や子ども，移住を余儀なくされた人々（脆弱な人々の集団[48]）は，人間の安全保障概念において特別な措置を必要とする集団であると考えられている。それぞれの脆弱な人々のためのアドボカシーや規範が構築されることが重要であるとされている。

本章で述べた通り，人間の安全保障と災害リスク軽減は，特に都市部においては，強くリンクするものである。それゆえ，兵庫行動枠組とCDRI評

---

47) Kaldor, M., 2007, Human security, Polity Press, p. 183.
48) MacFarlane, S. N., Khong, Y. F., 2006, Human Security and the UN, Indiana University Press, p. 157.

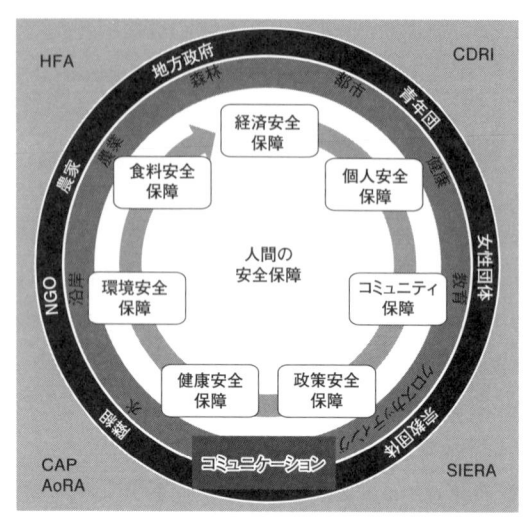

図 6-2 ● 人間の安全保障のコミュニティ次元の統合的な枠組[49]

価（気象および災害からの回復力評価イニシアティブ）は，それぞれ有用な分析的枠組であり，評価ツールである。都市における人間の安全保障と災害リスク軽減に関して，鍵となるミッシング・リンクはコミュニティの参加である。図 6-3 は，人間の安全保障のコミュニティ次元について俯瞰する枠組を示している[49]。この包括的な枠組には，人間の安全保障の 5 つの次元を核にして，水，健康，教育といった開発分野および人間の安全保障と関連する課題がともに示されている。人間の安全保障で鍵となるものの 1 つは，コミュニケーションである。このことは CAP，AoRA，SIERA といったコミュニティ主体アプローチによって説明されうる。コミュニケーションは，若者グループや女性グループ，およびその他の地域グループといった地域で一定の力を有するチェンジ・エージェント（change agents）を通してなされる必要がある。ローカルレベルにおいて，コミュニティが主体となった行動計画を実施

---

49) IEDM, 2012, International environment and disaster management laboratory: Community governance and disaster risk reduction in Asia, Lecture series.

する際，地方自治体，地域のコミュニティ組織，NGO といったさまざまなステークホルダーが，それぞれ重要な役割を果たす。そして，こうした行動計画が実施されることで，人間の安全保障は強化されるのである。

アセットマネジメントとは

小林潔司

1 アセットマネジメントの必要性

1.1 アセットマネジメントの背景

　人間安全保障工学が目指す「脅威からの自由」を可能にする上で，インフラストラクチャー[1]（以下，インフラと呼ぶ）は必要不可欠である。道路，橋梁，ダム，上下水道といったインフラが，自然の脅威からわれわれを守り，まさに社会活動の基盤としての役割を果たしている。インフラに求められる効果は，必ずしも永続的ではない。インフラが劣化した場合，逆に，われわれの健康や安定的な社会経済活動が脅かされる可能性が高くなる。したがって，インフラを建設するだけではなく，建設した後も，インフラの状態をモニタリングし，所定の機能が発揮できるように，適切な維持補修措置を講じていく必要がある。

　米国では，インフラに対する不十分な維持補修が原因となって，1980年代後半にインフラの急速な老朽化と荒廃が問題化した。連邦政府による調査の結果，緊急対応が必要とされる欠陥橋梁が45％に及ぶことが明らかになった。いわゆる，「荒廃するアメリカ」[2]である。人々は，自分の資産（アセット）に対しては関心を持つが，公共的なアセットの老朽化に関しては，ほとんど興味を示さない。それまでにも，インフラの管理担当者からは，維持補修の必要性が主張されていた。しかし，維持補修のための財源が確保されず，適切な維持補修が先送りされた。その結果，米国全体にわたりインフラの老朽化が進行し，危機的状況につながったのである。「荒廃するアメリカ」を招いた原因は，長年にわたりインフラの老朽化を放置したという制度的欠陥にある。橋梁に代表されるインフラは，損傷や劣化が軽微な段階で予防的な維

---

[1] インフラストラクチャーの用語に関して，本章では，物理的な資産としてのインフラを指す。1章で引用されているような広義のインフラの定義とは異なる点は留意されたい。

[2] Pat Choate & Susan Walter 著，米国州計画機関評議会編，1982，荒廃するアメリカ，建設行政出版センター．

持補修を行うことにより，インフラの長寿命化が可能となり，結果としてライフサイクル費用が節約される。逆に，維持補修を先送りすれば，維持費用が増加し，将来世代が膨大な維持補修費用を負担することになる。そこで，インフラを国民の資産（アセット）として位置づけ，インフラの維持補修を計画的に，かつ着実に実施するためにアセットマネジメントという考え方が生まれた。

1.2　日本におけるアセットマネジメントの現状

日本では，高度成長期に建設された膨大なインフラの老朽化が着実に進行しつつある。日本におけるインフラ整備は米国より30年遅れているといわれる。戦後から高度経済成長期にかけて一斉に整備されたインフラがその耐用年数を迎えようとしており，インフラの高齢化が加速度的に進展している。2011年には建設後50年以上経過した橋梁数が2001年時点の約4倍，2021年には約17倍に達するという試算[3]も報告されており，これは荒廃するアメリカを上回るペースといわれる。昨今，維持補修の重要性への認識は高まってきたとはいえ，現行の予算執行制度の下で適切な維持補修を行うための十分な財源を確保することは依然として困難な状況にある。さらに，日本では，少子高齢化社会の到来による税収減少や社会保障費用の増大により，今後，インフラ整備の財源基盤がいっそう縮減することが予想される。ひとたび，荒廃が始まれば，当時のアメリカのような復活のシナリオを簡単には描くことはできないだろう。このような問題意識の下に，国，地方自治体，民間企業をはじめとして，アセットマネジメントに対する理解が深まり，既にアセットマネジメントが導入された事例も豊富になってきた。しかし，アセットマネジメントに対して，適切な財源が確保されているとは程遠く，また多くの制度的欠陥も顕在化している。

近年では，行財政改革の一環として，公共部門の運営に対して民間的経営手法を導入したり，市場メカニズムを活用するなどの，いわゆるNPM（New

---

3）　国土交通省，2009，平成21年度国土交通白書．

Public Management)の考え方が浸透しつつある。しかし，インフラのアセットマネジメントは，資産額の大きさやその機能が長期的・広域的に及ぶといった性質を持つため，民間資産に対するアセットマネジメント手法をそのまま適用することはできない。インフラの機能を維持・向上するために，新規のインフラ整備のニーズに応えつつ，既存のインフラの維持・補修，更新をより効率的に実施していかなければならない。

2 アセットマネジメントの概要

2.1 アセットマネジメントシステムの必要性

　インフラを運営・管理する多くの国，地方自治体，公的企業において，財源難の中で，効率的なインフラの維持補修業務を遂行するために，アセットマネジメント手法の導入が試みられている。これまでに，世界各国において精力的に導入が進められてきたアセットマネジメントシステムは，マクロレベルのマネジメントシステムと呼ぶべきものであり，建設から運営，更新・廃棄に至るまでのライフサイクル費用の低減を達成しうる望ましいインフラの維持補修計画や，インフラのサービス水準を維持するために必要となる維持補修予算を求めることを目的としている。マクロなレベルのアセットマネジメントシステムは，インフラの維持補修業務の持続的な実施体制を確立するために必要である。特に，インフラのモニタリングにより，早急な維持補修が必要であることが判明したとしても，予算などの制約のために，すぐに大規模な維持補修工事を実施できるかどうかはわからない。大規模補修を実施するためには，「なぜ，いま補修しなければならないのか」という問いに答えなければならない。必要となる予算を獲得するために，管理担当部署や担当者には多大な行政的・人的努力が要求されることになる。必要な予算が獲得されなければ，インフラの維持補修業務が将来に先送りされる。その結果，インフラ全体の老朽化が時間とともに進展し，インフラを維持補修するための費用が累積していくことになる。このような事態に陥ることを避ける

ために，長期的な視点から，インフラの劣化状態を診断し，インフラが維持すべきサービス水準とそれを実現するために必要な予算を求めるためのマクロなレベルのアセットマネジメントが必要とされる。

アセットマネジメントシステムが導入され，アセットマネジメントのために適切な予算枠が設定されれば，担当者が直面する問題は，「なぜ，いま，このインフラの維持補修をしなければならないか」ということではなく，「今年はどのインフラの維持補修を実施すべきか」という問題に置き換わる。インフラ管理者が直面する意思決定問題を，「維持補修の必要性」に関する問題から，「優先順位の決定」に関する問題に変容させる。これが，マクロなレベルにおけるアセットマネジメントシステムを導入することの効用である。このような視点から，国際金融機関によるプロジェクト的融資の現場では，相手国政府に対して，アセットマネジメントのための財源措置を求める。日本においては，アセットマネジメントのための特別会計が存在するわけではないので，予算過程を通じて必要な財源を確保することが必要となる。

多くの地方自治体で，アセットマネジメントシステムが導入され，インフラのサービス水準と，それを実現するための予算措置をめぐる交渉と合意形成が日夜繰り返されている。しかし，アセットマネジメントのための予算計画を策定し，インフラの維持補修のための実効性のあるアクションプログラムを機能させようとすれば，そのガバナンスを確保するために管理会計が必要となる。アセットマネジメントに関する管理会計は研究の途上にあり，管理会計が実務で適用されている例は，例えば日本を対象とする限り皆無に等しい。今後，インフラの資産価額の評価方法，アセットマネジメントと連動した管理会計の発展が望まれる。

2.2　アセットマネジメントシステム

現在，行政やインフラ企業が導入したアセットマネジメントシステムは，インフラの健全度を診断し，劣化したインフラの維持補修計画を策定することを目的としている。アセットマネジメントサイクルは図7-1に示すように整理できる。図中の小さいサイクルほど，短い期間で回転するサイクルに

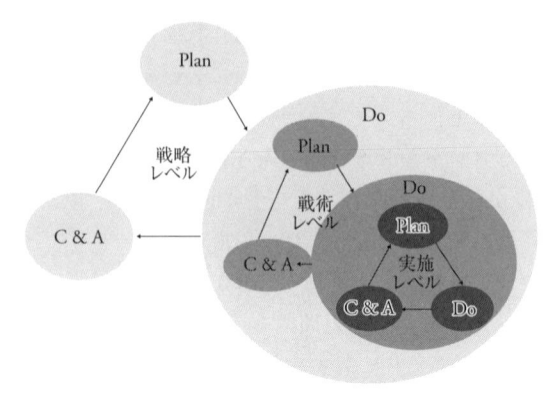

図7-1●アセットマネジメントサイクル

対応している。最も外側のサイクル（戦略レベル）では，長期的な視点からインフラ群の補修シナリオやそのための予算水準を決定することが課題となる。中位の補修サイクル（戦術レベル）では，新たに得られたモニタリング結果などに基づいて，例えば将来5ヶ年程度の中期的な予算計画や戦略的な補修計画を立案することが重要な課題となる。最も内側のサイクル（実施レベル）は，各年度の補修予算の下で，補修箇所に優先順位を付け，補修事業を実施するサイクルである。いずれのレベルでも，計画（Plan），実施（Do），チェック，アクション（C&A）という基本的なマネジメントサイクル（PDCAサイクル）を機能させることが求められる。

(1) 戦略レベルのマネジメント

戦略レベルのマネジメントは，維持補修目標を設定し，維持補修の基本方針および，長期的な最適維持補修計画を策定し，それを遂行し，その成果を検証し，継続的な改善を行うことを目的とする。マクロの視点から管理者が管理するインフラ全体に関して長期的な維持補修方針を策定するため，できるだけ簡略化された管理モデルを用いることが望ましい。そのためには，台帳やモニタリング履歴，補修履歴などの情報に基づいて，インフラの現況を把握し，インフラの使用状況，周辺環境，および損傷状態を整理し，インフラの重要度などの観点からグループ分けを行い，グループごとの維持補修戦

略を決定する。インフラの現状把握ができれば，整理したデータをもとに劣化予測を行って最適補修戦略と最適モニタリング戦略を策定する。戦略レベルではインフラ全体の長期的な投資計画を策定すること，そして長期にわたる劣化予測を行うことを目的としているため，劣化予測を行う際に，劣化過程に含まれる多大な不確実性を排除することができない。したがって，劣化予測においては，個々のインフラに対する詳細な劣化予測を実施するのではなく，インフラ全体の平均的な劣化傾向を把握することができればよい。

　劣化予測結果に基づき，グループごとに望ましい補修戦略が規定される。その際，インフラのライフサイクル費用を最小にする維持補修戦略，もしくは期待純便益を最大にするようなインフラ投資戦略が決定される。分類されたグループごとにインフラの投資・補修戦略が策定されれば，この結果に基づいて長期的な予算計画を策定する。長期予算計画の策定においてはグループ単位の集中投資など，さまざまなシナリオを想定して望ましい投資戦略を策定する。長期予算計画には，長期的にインフラのサービス水準を維持するために必要な予算水準と，それを用いて維持すべきインフラのサービス水準が記載されることになる。

(2) 戦術レベルのマネジメント

　戦術レベルでは，定期的なモニタリングによるインフラの最新の損傷状態に関する情報に基づいて，中期的な予算計画の策定と具体的な投資，維持補修計画を策定する。それに基づいてPDCAサイクルを機能させることが課題となる。モニタリングデータと，戦略レベルのインフラ投資・補修戦略，長期予算計画，計画されたサービス水準に関する情報をもとに，中期的に補修が必要となるインフラを選定し，補修の優先順位をつけ，必要な各年度における予算額を算出する。モニタリングにより，構造上の安全性が疑われるインフラが発見された場合には，詳細調査や追跡調査が実施され，構造安全性に対する照査が行われる。中期的な予算計画が，戦略レベルで策定された長期予算計画と必ずしも一致する保証はない。戦術レベルにおいてもインフラの劣化予測を行う。戦略レベルにおいては，全体の投資計画を策定することが目的であるため，劣化予測も全体レベルのものであった。戦術レベルで

実施する劣化予測は補修の優先順位を選定するための基礎情報となる。従って，個々のインフラごとに劣化要因を特定して劣化予測を行ったり，劣化予測の信頼性評価が必要となる。劣化予測により構造安全上問題が予想されるインフラは優先的に補修を実施する対象となる。

(3) 実施レベルのマネジメント

　実施レベルは，実際の維持補修を行うマネジメントレベルを意味する。中期的な予算計画で選定されたインフラを対象として，当該年度における補修計画を策定する。その際，補修対象となるインフラの立地条件や補修規模に基づいて，実際の補修箇所を選択する。近接しているようなインフラが補修対象となっている場合には，同時施工に対する検討も行う。補修箇所を対象として補修設計の発注が行われ，補修数量と補修費用が把握される。ただし，予算に制約があるため，補修が先送りされるインフラが発生する可能性があることに注意が必要である。最終的に補修の対象箇所となったインフラは実際に補修が実施される。補修の記録はデータベースに収録される。この結果は，戦略レベルや戦術レベルにおける事後評価の基礎資料として用いられる。

2.3　アセットマネジメントシステムの構成

　アセットマネジメントでは，インフラ全体を対象とした維持補修計画を策定し，効率的な維持管理を実施することを目的とする。前述したように，アセットマネジメントシステムは「戦略レベル」「戦術レベル」「実施レベル」という異なる階層で構成され，上位レベルでは，インフラ全体を対象としたマクロな視点での取り組みを行い，その時間軸も長期にわたる。下位レベルでは個々のインフラが対象となり，その視点もミクロになる。取り組みの時間軸も単年度程度の短期になる。

　一般的に，アセットマネジメント計画を策定し，それを実行に移すためには，基本的な方向性を示す「基本計画」を策定し，基本計画を実行に移すための具体的な「実施計画」を定め，実施計画に基づいて，実際の維持補修工事が実施される。これら実行された維持補修政策はレビューされ，全体とし

てPDCAサイクルを形成する。アセットマネジメントシステムにおいては、「戦略レベル」においてインフラの維持補修に対する「基本計画」を策定し、長期的な維持補修の基本戦略を取り決める。次に「戦術レベル」において基本計画を具体化するための中期的な実施計画を策定し、「実施レベル」において個々のインフラの要求性能を満たすように維持補修活動を実施する。維持補修の実施状況は各レベルにおいてレビューされ、次の計画策定に向け、改良などが施される。

各マネジメントレベルでは、それぞれのレベルにおけるPDCAサイクルを運用し、アセットマネジメント上の課題の解決やマネジメント技術の継続的な質的向上を図ることが必要となる。実施レベルにおける「Check」では、実際の維持補修活動を通して年度当初の計画どおりに事業が遂行されているかどうかを評価する。実施レベルの評価を蓄積し、戦術レベルにおける実施計画の評価が行われる。ここでは、管理会計情報なども活用して評価が実施される。さらに戦術レベルの評価を蓄積することによって、戦略レベルの評価が実施される。評価の結果は、次の計画に適宜反映され、システムの効率性、精度の向上が図られる。維持補修活動の結果は必要に応じて外部に公開され、透明性を確保するとともに、説明責任を果たす役割を持つ。

③ アセットマネジメント標準

3.1 ISO5500X

国際市場をめぐる競争は、製品の価格や質をめぐる伝統的な競争から、国際的な技術標準、異なるビジネスモデルをめぐるシステム間競争に変質しつつある。設計基準や技術基準の国際標準化、国際会計基準などの普及、さらには企業倫理に関する意識の高まりも企業の技術開発・経営システムの変革を要請している。2014年春の制定をめざして準備が進められているアセットマネジメントの国際標準ISO5500Xは、多くのアジア諸国において実施される国際インフラ事業を支えるマネジメント標準として定着していくことが

期待されている．

　ハードな技術やインフラ技術を輸出すればいいという単純な発想は，国際建設市場においては時代遅れの神話になったと考えてよい．インフラプロジェクトは，まさにインフラをシステムとして運用するための総合的なソフト技術に支えられて初めて付加価値を生み出すのである．そのソフト技術の国際標準化をめざした国際競争が激化している．ISO5500X は，アセットマネジメントの国際標準である．行政や企業が，組織が抱える膨大なインフラのそれぞれが直面する劣化状態を評価し，組織の継続的発展のためにインフラ全体の劣化状態の進行管理やインフラ維持補修予算の平準化を達成することにより，インフラのリニューアルを戦略的に実施するためのマネジメントプロセスの標準化モデルである．アセットマネジメントはインフラを管理する組織の継続，発展のための中心的課題であり，単にインフラの維持補修のみを目的とするような矮小化された概念で理解してはならない．ISO5500X の効用は極めて多様であるが，(1) 組織のアセットマネジメントにおける PDCA サイクルを機能させるためのガバナンス手段，(2) 国際建設・エンジニアリング市場における競争力を確立する手段，という 2 つの役割を指摘してみたい．

3.2　日本におけるマネジメント標準の役割

　日本でマネジメントの国際標準である ISO900X，1400X を導入している企業は少なくない．日本企業の ISO 導入の動機は多様であるが，公共調達の参加要件や企業の評判を確立することが動機である場合が多く，企業マネジメントのガバナンスを直接的な動機とする場合は極めて少ない．むしろ，ISO の導入により，「文書作業の負担が多くなった」などの不満が多く聞かれる．日本における認証評価の有り様にも問題なしとはしないが，ISO 導入によりマネジメントガバナンスの確立を目指そうとしない（目指せない）原因について考慮することが必要である．多くの組織がアセットマネジメントシステムを導入したにもかかわらず，せっかくのマネジメントシステムが機能していないという事例は枚挙にいとまがない．「アセットマネジメントのア

セットマネジメント」が必要であるといわれる所以である。また，多くの組織体が行政マネジメント，企業マネジメントにおける PDCA サイクルの重要性を謳っているにもかかわらず，PDCA サイクルが動いている成功事例もまた少ない。多くの場合，「Plan-Do-Check」のプロセスは機能しているが，「Check-Action」プロセスが機能していない。

　そもそも，ISO900X，ISO1400X，さらにはアセットマネジメントの ISO5500X は，マネジメントの継続的改善を達成するためのプロセス標準であることを忘れてはならない。言い換えれば，欧米各国においてもマネジメントサイクルにおいて「Check-Action」のプロセスは，やはり自発的には機能しにくい部分なのである。そこで，ISO プロセス標準を導入することにより，半ば強制的に「Check-Action」のプロセスを機能させるのである。ISO5500X は，アセットマネジメントに関するいくつかの基本的な質問に答えることにより，アセットマネジメントにおける基本的な「Check-Action」プロセスが機能するように設計されている。欧米の組織に対して，ISO プロセス標準が役に立っているのかと問えば，多くの組織は役に立っていると答えるだろう。ここに，「日本的組織風土」と「欧米的組織風土」の間に，どのような根本的な差異があるのかという基本的な疑問が湧いてくる。この問いに一言で答えるのは難しいが，筆者は「Check」という行為を経て，仮に改善が必要だと判明した時に，直ちに改善を実施できるような「マネジメントの対象」が存在しているのかという点に集約されると考える。ISO を導入するためには，現行のマネジメントシステムやビジネスモデルの再編が必要となることが少なくない。いわゆる，ビジネス・リエンジニアリングが必要である。あわせて，マネジメントの継続的改善を実施するためにはマネジメントシステムのモニタリングとそれを支えるマネジメント情報システムが必要となる。しかし，日本的組織風土においては，マネジメントシステムの改変や適応を経ずして，ISO プロセス標準の形式的導入にとどまっている場合が少なくない。ISO プロセス評価における自己評価の過程は，評価項目がチェックリストとして一応の役割を果たすものの，課題が発見されたとしても部分的修正にとどまり，プロセスシステムの継続的改善につながらないのである。

日本的組織風土において，マネジメントシステムが存在していないのかというと決してそうではない。むしろ，欧米組織と比較して，より緊密で細やかなマネジメントシステムが発達している場合が多い。しかし，マネジメントシステムのガバナンスが，ローカルな組織固有のルールや慣習，責任者による場あたり的な判断や指示に依存している。ガバナンスが人的資源に多くを依存している場合，人的資源の移動により，マネジメントの生産性やガバナンスが著しく低下するリスクにさらされている。これに対して，ISO標準が想定している組織風土は，「あなたの後継者（部下）が，あなたほど思い入れがなかったり，優秀でない」ことが当然であるような環境である。そこでは，マネジメントシステムを可能な限り人的資源の資質に依存しないように，単純なルールや記述可能な規範に還元するとともに，現場での経験を通じて継続的に改善しようとするマネジメント理念が貫かれている。これは，まさに「歩きながら考える」というアングロサクソン的発想であり，「歩く前に考える」というゲルマン的発想や，人的な和を尊ぶ日本的発想とは異質である。

3.3　メタマネジメントとしての PDCA

行政組織におけるマネジメントは，予算執行管理マネジメントを中心に機能する。図7-1に示したアセットマネジメントは，予算計画（Plan），執行（Do），管理業務（Check & Action）により構成されている。その基本は単年度予算の計画と，その執行過程にある。インフラの蓄積，劣化過程をマネジメントするためには，インフラの長期的なパフォーマンスを評価することが必要である。さらに，将来時点におけるインフラに対するニーズや老朽化の過程に不確実性が介在することから，階層的なマネジメントが不可欠となる。行政組織であれ，企業組織であれ，アセットマネジメントが図7-1に示したような予算執行管理システムとして運営されることは直感的に理解できよう。しかし，ISO5500Xによるアセットマネジメントは，図7-1に示した予算執行管理システム自体を継続的に改善することを目指している。予算執行管理システムは，さまざまなマニュアルや規則，現場における経験や慣習に基づい

第7章 アセットマネジメントとは

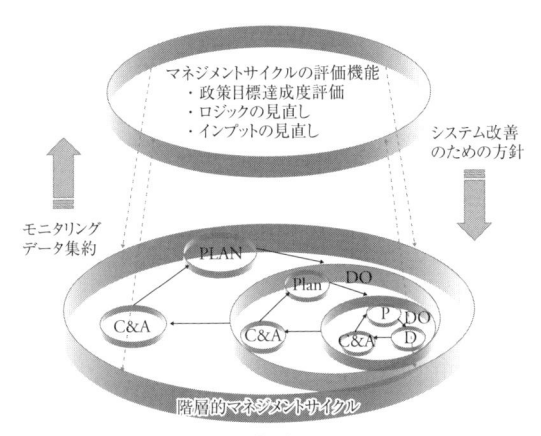

図 7-2 ● メタマネジメントシステム

て運営されており，マネジメントシステムの改善は，管理システムを運営するマニュアル，規則，経験，慣習など自体を修正することが必要となる。このようなマネジメントシステムの改善を，予算執行管理システムの日常的な運営の中で達成することは困難であるといわざるを得ない。予算執行管理システム全体を見通し，システム全体の効率性を改善するような俯瞰的な立場にたって，システムの改善をめざすことが必要となる。

　ISO5500X によるアセットマネジメントでは，図 7-2 に示すように予算執行管理システムのパフォーマンスをモニタリングし，予算執行管理システム自体を改善するようなマネジメントシステムを構築することが必要である。すなわち，マネジメントシステムのマネジメントを司るメタマネジメントシステムが必要となる。

　現場で実行される維持補修業務や予算執行管理過程は，定型化された，あるいは定型化されない数多くのルールや規範，手引きやマニュアル，情報システム，利用可能な資源や人的リソース，維持補修技術，契約方法や契約管理システムで構成されている。これらのアセットマネジメントを実践するための技術の総体がアセットマネジメント技術である。アセットマネジメントにおける PDCA サイクルは，マネジメント実践の中で課題や問題点を発見し，それを解決するためにアセットマネジメント技術を改善や更新すること

を目的とする。日本のアセットマネジメントにおける PDCA サイクルが機能しないのは，マネジメントサイクルの評価者と，マネジメント技術の管理者・運用者が乖離しており，マネジメントに関わるモニタリング情報や改善方針に関するコミュニケーションが機能しないことに原因がある。マネジメント技術は，組織内の担当部局にアドホックな形で分散保有されている。しかも，多くのマネジメント技術が非定型的な形で，担当者の経験や担当部局の慣習として温存されている。

したがって，マネジメントサイクルの評価者にとって，「何を改善すればいいのか」，「どの部局がマネジメント技術に責任を持っているのか」，「誰がコミュニケーションの窓口なのか」という「改善すべき対象」に関する情報を獲得するために多大なエネルギーが必要となる。すなわち，PDCA サイクルを運営するための，組織内における調整やコミュニケーションのための費用が極めて大きいのである。このような環境では，PDCA サイクルが機能しないのは当然であると言わざるを得ない。PDCA サイクルを機能させるためには，組織内に分散化されたアセットマネジメント技術の集約化（あるいは，どのような技術が蓄積されているかという目録の構築）を図ることが必要である。

❹ アセットマネジメントの国際標準化戦略

4.1 国際標準の種類

現在，世界銀行をはじめとする国際金融機関が，開発途上国におけるプロジェクト融資にあたり，融資国がアセットマネジメントを実施することを条件づけている。さらに，アセットマネジメントを実施するにあたり，それを支援する標準的ソフトウェアを推奨している。例えば，舗装マネジメントでは世界銀行をはじめとして多くの国際機関が HDM-4[4] というソフトウェア

---

[4] Kerali, H. G. R., 2000, The highway development and management series Vol. 1: Overview

の利用を推奨しており，HDM-4 は国際的な標準ソフトウェアとして国際市場を席巻している。HDM-4 を利用した舗装アセットマネジメントのコンサルタントビジネスが確立しており，HDM-4 以外のソフトウェアを用いたビジネスモデルは排斥されているのが実情である。ただし，現行の HDM-4 は，マクロレベルを対象として，道路舗装のアセットマネジメントを実施するために必要となる予算額を算定することを目的としている。このため，HDM-4 を用いて実施レベルの舗装マネジメントを支援することは不可能である。

　ISO5500X は，実施レベルのアセットマネジメントを含めたマネジメントのプロセスの内容に関する標準（プロセス標準と呼ばれる）であり，具体的なアセットマネジメント技術やソフトウェアを指定するものではない。しかし，プロセス標準を用いてアセットマネジメントを実施するためには，それを支援するソフトウェアが不可欠となる。ISO5500X 支援ソフトウェアは現場におけるアセットマネジメント業務を直接支援するものであり，支援ソフトウェアのデファクト標準は，それが対象としないハード，ソフトなアセットマネジメント技術を市場から排斥してしまう危険性がある。むしろ，競争的関係にある技術を排斥するための武器として，デファクト標準を開発するといった方がいい。筆者らは，ISO5500X に基づくソフトウェアの開発をベトナムなどとのコンソーシアムを通じて開発している。今後，国際建設市場において，官民パートナーシップによるインフラプロジェクトが加速的に増加していくことが予想されるが，ISO5500X が発効する 2014 年以降，プロジェクトに参加する企業には ISO5500X の取得が義務付けられるだろう。このためには，国際建設市場においてプロジェクト参画を試みる企業は，ISO5500X を用いたアセットマネジメント技術に習熟しておく必要がある。

---

of HDM-4, World Road Association, (PIARC).

4.2 標準化競争とつきあいの原理

　国際的な技術標準として，ISO（国際標準化機構）や関連政府機関など公的機関が定める国際標準が存在する。このように国際的機関により策定される標準をデジュール標準と呼ぶ。一方，市場において特定の技術が多くの顧客を惹きつけ，結果として国際標準としての地位を確立することがある。このような国際標準をデファクト標準と呼ぶ。例えば，コンピュータのOSの分野でマイクロソフトが圧倒的な市場シェアと高い成長率と利益率を獲得するようになり，市場競争の結果としてデファクト標準としての地位を獲得した。インフラの建設，管理運営には，さまざまなデジュール標準とデファクト標準が同時に関連している。インフラは複雑なシステムであり，インフラ技術の国際標準化をめぐって激烈な競争が起こっている。

　技術標準にはインターフェイス/互換性標準とクォリティ標準が存在する[5]。インターフェイス/互換性標準はマニュアル，業務プロセス，経営システムなど，人間のつきあいに関する標準である。一方，クォリティ標準には品質，仕様，製造・プロセスに関わる技術標準が含まれる。広義には，クォリティ標準も，モノとモノ，ヒトとモノ，ヒトとヒトが連携するために不可欠な境界情報であり，インターフェイス標準と考えることができる。ISO5500Xはインターフェイス/互換性標準であり，同時にクォリティ標準である。技術標準の経済価値は，インターフェイスの標準化による部品，サブシステム間の調整や技術改良に関わるような直接的なコストの減少と，インターフェイスの共有化によるつきあい量（接続される部品やシステムの種類）の増加にある。さらに，インターフェイスの改善は，それを用いて接続が可能となるシステムの種類を増大させる。その結果，さらにつきあい量が増加するというポジティブ・フィードバックが機能する。本章では，このようなポジティブ・フィードバックに基づく規模の経済性をつきあいの原理と呼ぼう。また，技術標準には，利用者に心理的安心感を与えるという間接効果がある。特に，インフラの品質は，それを購入する政府や顧客が理解しにくい

---

5)　土井教之，2001，技術標準と競争，日本経済評論社．

情報であり，インフラプロジェクトに関わるさまざまな技術標準は，顧客に対してインフラの品質に関わる情報を伝達するという役割を果たす。日本国内では，長期的な契約関係を通じて，ステークホルダー間にインフラの品質に関する信頼関係が成立している。海外市場でも日本ブランドという評判効果は存在しうるが，あくまでも人づてのあやふやな評判にとどまる。国際市場では，クォリティ標準が信頼形成のために重要な役割を果たすことになる。

インフラ技術を海外輸出する場合，対立する技術標準との競争関係を戦略的に検討することが必要である。市場競争に勝つためには，インフラを支える技術標準に,国際標準としての優位性が存在しなければならない。さらに，国際市場で同じ技術標準を利用する仲間を増やすことにより，つきあいの原理を通じてポジティブ・フィードバックを機能させるための戦略が必要である。つきあいの原理を生み出すためには，輸出しようとするインフラが相手国の社会経済状況にとって適切な技術内容でなければならない。日本のインフラ技術が，当時国にとって過度に高品質，高機能であり，価格競争に敗れたという事例は枚挙にいとまがない。日本には当事国の経済水準にみあった簡単で安価なインフラを建設する技術がないといった方がいいかもしれない。インフラのカスタマイゼーション技術，モジュール化技術が育っていないのである。インフラ運営を責務とする企業における知識マネジメントは極めて重要である。さらに，ISO5500Xが目指しているのは，インフラ技術のカスタマイゼーション技術，モジュール化を通じて，アセットマネジメントの継続的改善を図ることを究極の目標にしている。

近年，アライアンス形成を通じて，技術標準の価値を増大する手段が着目されている。アライアンスは，つきあいの原理を通じたポジティブ・フィードバックを機能させる手段である。アライアンス形成にあたって，知的所有権の開放政策が重要な役割を果たすことになる。末松[6]は知的所有権の開放政策を以下のように整理し，オープンソース戦略が知的所有権を戦略的に公開することにより，アライアンスの形成に貢献することを指摘している。

---

6) 末松千尋，2004，標準化戦略（日置弘一郎・川北眞史編著，2004，日本型MOT，中央経済社．

(1) プロプライエタリー（クローズ）仕様

　自社の持つ製品の知的所有権を100％保持し，他者が使用する際には高いロイヤリティを徴収する。標準化は単独で行わなければならないので，コストとリスクは大きいが，標準化に成功した場合は市場を独占できるため利益は膨大となる。

(2) オープン仕様

　自社製品の仕様を公開し，他者の参入を許し，自社仕様の市場シェアを拡大する。ライセンスフィーは多様な形態があるが，自社仕様を標準化することが目的化しているため，だれもが無料で参入できる。標準の乱立が利益をもたらさないことが広く知られるようになり，アライアンスを統合し，ライセンスフィーを低くする傾向が強まっている。

(3) オープンソース

　製品を普及させるために製品の価格をゼロにする戦略が一般化しつつある。オープンソースは販売の対象となる製品・サービスの価格を無料とする戦略である。

4.3　国際標準化戦略

　日本のインフラ産業が海外展開する場合，相手国に先行する技術標準が既に導入されている場合が少なくない。新たに技術基準の導入をもくろむのであれば，技術標準を導入することのメリットが相手国に理解されなければならない。相手国が既に先行する技術標準を導入している場合，技術標準を切り替えるためのスイッチング費用は無視できない。先行する技術標準との互換性を確保しながら，中長期的に技術標準を切り替えていくためのロードマップを示す必要がある。相手国が技術標準の切り替えに同意するためには，先行する技術標準よりも当該国の実情にとって明らかに適応する内容を持っていなければならない。一度，先行する技術標準が導入された場合，ユーザーがその技術を利用することに習熟したり，その技術を前提とした社会・技術的な制度ができあがるため，後発の技術標準に多少の優先性があったとしても，新しい技術水準に置き換えるメリットが存在しない場合も少なくない。

例えば，韓国政府は2005年に国家政策とし道路舗装マネジメントシステム（PMS）の開発に踏み切ったが，韓国企業の国際道路建設市場への展開に資するために，PMSの国際デファクト標準であるHDM-4の国内導入政策を選択した。それと同時にHDM-4の限界も認識し，京都大学の研究グループが開発した京都モデル[7]とHDM-4の双方とコンパチビリティを有するハイブリッド型舗装マネジメントシステム[8]を開発しており，その実用化も進められている。

単一の技術標準が，世界のどこでも画一的に通用するというものではない。必ず，技術標準のカスタマイズが必要となる。技術標準を展開することにより付加価値が生まれ，そこに，標準を活用して実行する付帯事業，ノウハウの販売，補完的製品の販売，ブランドや集客力の活用，リクルーティングや社内活性化策としてのブランドの活用，市場情報蓄積による顧客満足の向上などの新しいビジネスチャンスが生まれる。技術が複雑化すればするほど技術を活用するサービスの重要性が増加する。知的所有権の一部を開示する戦略を採用する場合，標準化の対象となる製品は無料で提供されるが，それを基盤とした製品の展示・説明，受発注処理，決済，品質保証，メンテナンス，サポート，インテグレーション，コンサルティング，教育・出版，講演，ブランド活用などの付帯事業が収益事業の対象となる。もちろん，クローズ仕様やオープン仕様の直接的価値による事業展開を無視していいということではなく，可能であれば徹底して追求すべきであることはかわらない。しかし，それが困難な場合には新たな技術標準の導入に固執せずに，既往の技術標準の活用化にビジネスチャンスを求めることも重要である[6]。インフラ技術の場合，コア技術が国際標準であっても，安全・安心技術，健康，快適などの価値を付加するための付帯事業にビジネスチャンスが生まれることもある。ISO5500Xはデジュール標準であり，かつプロセス標準であるため，それ自

---

[7] 青木一也，2011，舗装海外デファクト標準化戦略：京都モデル，アセットマネジメントサマースクール：国際規格化ISO5500xに向けて，京都ビジネスリサーチセンター，pp. 91-102.

[8] Han, D., 2012, Development of open-source hybrid pavement management system for an international standard, Ph. D. Dissertation submitted to Kyoto University.

体がデファクトとして国際市場を占拠することはない．しかし，ISO5500X に準拠したアセットマネジメント支援ソフトウェアの勝者はデファクト標準として国際市場を占有する可能性がある．特に，ISO5500X は現場のマネジメントプロセスに対する技術標準であるため，あるソフトウェアがデファクト標準として定着すれば，国際標準とコンパチビリティのないハード技術，ソフト技術の双方が開発途上国を中心とする国際プロジェクト市場から排斥されてしまう危険性がある．

技術標準の国際化を達成するために，国際的アライアンス戦略は有効な手段である．国際アライアンスを形成するためには，技術標準の普及，流通，カスタマイズ化を達成するような制度的インフラ（国際流動化プラットフォーム）を整備することが必要である．プラットフォームでは，(1) 参加者がコア技術に容易にアクセスできること，(2) 参加者間に技術標準モデルの価値に関して共通認識が形成されていること，(3) 参加者が技術標準を容易に利用できるような支援機能が存在すること，(4) 技術標準をめぐって生じるコンフリクトを解決できる機能が存在すること，(5) 技術標準モデルがブランドとして育成されること，(6) 技術標準モデルのモジュール化を設計し，モジュール機能に（例えば，松竹梅のように）品質格差を設けること，が達成されることが必要である．

5 アセットマネジメント導入事例

5.1　ベトナムでの導入事例

アセットマネジメントは，維持補修に関する多くの要素技術を利用しながら，現実に進展しているインフラの劣化現象をマネジメントする試みである．アセットマネジメントの実践においては，維持補修に関わる要素的技術が必要であることは論を待たないが，現場で展開しているインフラの劣化過程をモニタリング・診断し，インフラの維持補修計画を策定し，必要な維持補修を実施するというマネジメントの方法論を確立していくことが極めて重要な

課題となる．先進国，開発途上国を問わず，常にインフラの劣化は進展しており，アセットマネジメントに関する研究の発展は人間安全保障工学にとっても重要な課題である．アセットマネジメントは，インフラが置かれている社会・経済状態やインフラ管理に関わるさまざまな制度的条件と密接に関連しており，ある研究機関で開発したアセットマネジメントの方法論をそのまま現場で適用すれば事足りるというものではない．インフラが置かれている状況に配慮して，現実的で，かつ効果的なマネジメントの方法，すなわちソリューションをフィールドの中から導きだしていかなければならない．この意味で，アセットマネジメントにおいては，極めて実践的なアプローチが必要とされる．筆者らは，ベトナム国をはじめとする ASEAN 各国において，各国の実情にあった望ましいアセットマネジメントのあり方を模索するために，アジア各国における研究者と国際研究プラットフォームを立ち上げる努力を行っている．以下では，その一端を紹介したい．

　舗装マネジメントソフトウェアである HDM-4 は 150 以上の国々に導入され，いわゆる国際デファクト標準として国際マーケットを席巻している．ベトナムでは 2002 年，2004 年，2007 年に舗装調査が実施され，HDM-4 による予算計画が策定された．しかし，HDM-4 が完全に機能するためには，150 項目以上にもわたる入力データが必要となる．舗装マネジメントでは，舗装の劣化予測をすることが非常に重要な課題であるが，HDM-4 の劣化予測モデルの予測精度は良好ではない．劣化予測モデルを統計的に推計するのではなく，モデルのパラメータを恣意的に設定する内容になっているからである．ベトナム政府もこのような HDM-4 の問題点を認識している．しかし，代替的な舗装マネジメントのソフトウェアが存在しておらず，また，舗装マネジメントを実施する技術者などのストックが不足しており，舗装マネジメントは機能していない．

　筆者らはベトナム交通通信大学と，より簡便な舗装マネジメントシステムを共同開発し，ベトナム政府が作成したデータベースを用いて，より簡便に，精度よく舗装劣化予測，ライフサイクル費用評価が可能であることを明らかにした．筆者らが開発したシステムは，現実の計測データを用いて劣化予測モデルを統計的に推計する方式を採用しており，日本国内においても実務に

図 7-3 ● ベトナムサマースクールの光景

おける適用事例がある[9]。舗装マネジメントでは,舗装の劣化過程が初期施工の条件や維持管理状態,道路の使用環境など,さまざまな要因の影響を受ける。そのため,劣化予測モデルを実測データに基づいて作成し,道路区間ごとの劣化速度を相対的に比較することにより,問題箇所を特定することができるという利点があり,より実態に即した舗装マネジメント上の課題を検討することが可能である。

筆者らはアセットマネジメント技術の普及を目的として,2005 年以降,毎年,ベトナム政府・関係機関に所属する実務者,技術者や大学における研究者を対象として,アセットマネジメントに関する集中講義を実施してきた(図 7-3)。現在,ベトナム政府は HDM-4 をデファクト標準として用いているが,代替的なソフトウェアを実験的に用いることに一定程度の理解を示してくれるようになった。図 7-4 は,ベトナムにおける道路舗装マネジメントの将来について協議している風景である。一度,あるソフトウェアがデファ

---

9) 貝戸清之,青木一也,小林潔司,2010,実践的アセットマネジメントと第 2 世代研究への展望,土木技術者実践論文集,No. 1, pp. 67-82.

図7-4●ベトナム交通省との協議

クト標準として定着してしまえば，それよりも優れたソフトウェアを開発しても，容易には普及しない。しかし，現地研究者とのアライアンスの確立は先行するデファクト標準に対抗するための1つの有効手段であると考えている。

5.2 多様化標準システム

アセットマネジメントの分野においては，舗装ではHDM-4やRoSyが，橋梁ではBridgeManが，国際標準ソフトウェアとして普及しており，日本で独自に開発されてきたシステムは国際市場では孤立している。特に，世界銀行をはじめとする国際的融資機関がこれらの国際標準システムの活用を推奨していることもあり，日本のアセットマネジメントシステムは海外で認知されていないのが実態である。しかし，一方で国際標準ソフトウェアの多くはブラックボックス型システムであり，入出力様式が規定された仕様規定型国際標準ソフトウェア（各国の多様なニーズにも関わらず単一のソフトウェアで対応せざるを得ない単一化標準）となっている。これらのソフトウェアは，そ

の導入が制度化されているにもかかわらず，現場レベルではほとんど機能していないのが実情である．筆者らは，このような単一化標準システムに対して，多様化標準システムを提案したいと考える．多様化標準システムでは，必要最低限の技術を統一的にカバーする一方，個々の機能に対する要求については別途カスタマイズを行うという標準化戦略を採用する．すわなち，個別の技術が求める性能に対応する性能規定戦略に基づいた性能規定型標準システムであるといってもよい．

筆者らは，従来の単一化標準システムと対峙しうる多様化標準システムの開発を目的として「京都モデル」の開発を行った．本システムは，①従来システムとのデータ上のコンパチビリティの確保，②ソフトウェアのオープン化，③各国の実情に応じた制度補完的なカスタマイズ化，を柱としている．このような多様化標準システムの開発とフィールドでの試行を通して，システムのデファクト標準化を図った．以上のようなシステムの基本方針を踏襲し，さらにベトナムとの協議を踏まえて，京都モデルのプロトタイプを試作した．

ベトナムにおける京都モデルの実験的試作に至るようになった大きな原動力は，京都大学が2005年からベトナムにおいて継続的に主催している道路アセットマネジメントのサマートレーニングコースである．このトレーニングコースでは，アセットマネジメントの基本的な考え方を修得するとともに，劣化予測手法（特に，マルコフ劣化予測モデル），ライフサイクル費用評価，予算計画，財務シミュレーションなどの基本的なマネジメント要素技術を講述した．あわせて，アセットマネジメントを支援するソフトウェアはオープン化し，現地の協力大学（ハノイ交通通信大学）の研究者とともにソフトウェアのカスタマイズ化を実施した．多様化標準システムの開発にあたっては，現地における人的資本の蓄積がなによりも重要である．さらに，ベトナム交通省道路局との協議結果に基づいて，北ベトナム地域における路面性状調査を実施するとともに，京都モデルを用いた舗装マネジメントを試行している．

5.3 京都モデル

　京都モデルの基本構造は図7-5に示すように，データベース，マネジメント支援機能，ロジックモデルで構成される．今回の開発では，特にベトナム仕様とするためにデータベースとしては，台帳データとしては管理者情報（事務所），位置情報（キロポスト，上下線，車線数など），道路スペック（幅員，延長など），その他（交通量，舗装構造など），定期点検データとしてはひび割れ率，わだち掘れ量，IRI，補修履歴データ補修履歴としては補修時期と方法，という最低限の情報で構成することとした．

　マネジメント支援機能は，日常業務を対象とした予算執行・状態管理マネジメント支援機能と，日常業務を俯瞰的な視点にて定期的にモニタリングし，政策評価によって日常業務への改善事項を指摘するための戦略的マネジメント支援機能による階層構造を有している．舗装の維持管理業務は，階層的なマネジメントサイクルによって表現され，その業務プロセス全体はロジックモデルを用いてモデル化される．ロジックモデルとは，維持補修業務を「アウトカム」「アウトプット」「インプット」という視点から，業務全体の構造を表現するモデルである．一方，舗装の維持管理業務に必要な各種データ群は，舗装データベースにてアーカイブ化され，日常業務の意思決定にて参照されるほか，政策評価のためのロジックモデルの評価指標として利用される．

　予算執行・状態管理マネジメントサイクルは，3.1で言及したように，対象とするプロジェクトの違いにより，(1) 戦略レベル，(2) 戦術レベル，(3) 実施レベルの3つの階層に分割される．(1) 戦略レベルでは，管理している道路舗装を長期間にわたって維持管理するために必要となる補修・更新費用を算出し，予算計画を策定する．現在の舗装の状態と劣化予測モデルによって将来の劣化状況を予測し，対象道路への予算の配分および時間軸での予算配分を設定する．(2) 戦術レベルでは，管内全体の道路舗装から補修・更新が必要な区間を抽出し，補修・更新の緊急度に応じた補修計画を作成する．さらに，(3) 実施レベルにて，補修計画に従って個別区間の補修・更新を実施する．日常管理にて取得した情報は，舗装データベースにアーカイブとして随時入力し，保管され，参照データとして再利用する．階層的マネジメン

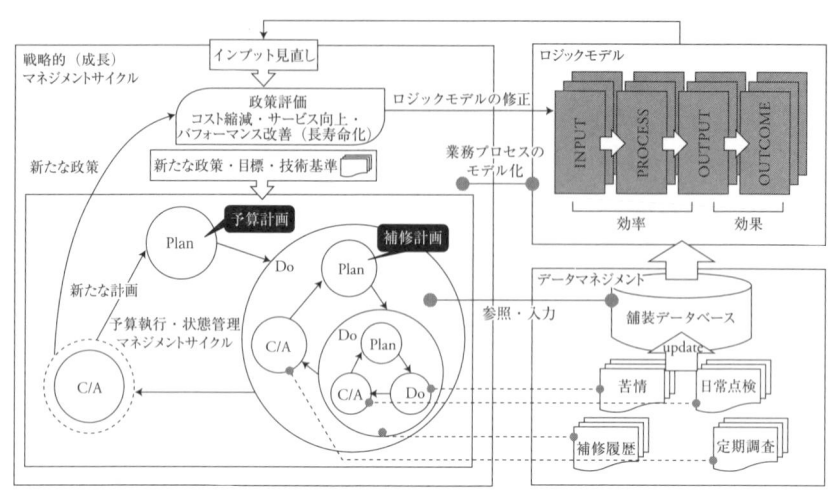

図 7-5 ● 京都モデルの基本構造

トサイクルの事後評価は，概ね3〜5年毎に実施することが望ましく，戦略的（成長）マネジメントサイクルでの政策評価により決定されるインプットの改善内容にしたがって，新たな計画を立案する。

　戦略的マネジメントサイクルの役割は，定期的に日常管理の方法を見直すことであり，コスト縮減やサービスの向上，パフォーマンスの改善（長寿命化）を達成するための新たな政策，目標，技術基準などを設定し，日常業務へ適用することである。まず，予算執行・状態管理マネジメントサイクルの結果をレビューし，目標の達成状況などから，次の目標を設定する。目標設定のために必要となるインプットを見直し，その結果を新たな技術基準としてとりまとめ，日常業務の業務改善を行う。政策評価はロジックモデルに基づいて行われ，業務プロセスの見直しとともに，ロジックモデルを再構築する。

　ロジックモデルは，維持管理業務の目標をサービスの視点にたった成果（アウトカム）として表現し，その目標を達成するための業務と成果との関係を論理的に結びつけ，業務全体を系統立てて表現するものである。図7-6には舗装マネジメントを対象としたロジックモデルの一部を示している。ロジックモデルに基づき業務を実施した結果を，アウトプット指標，アウトカ

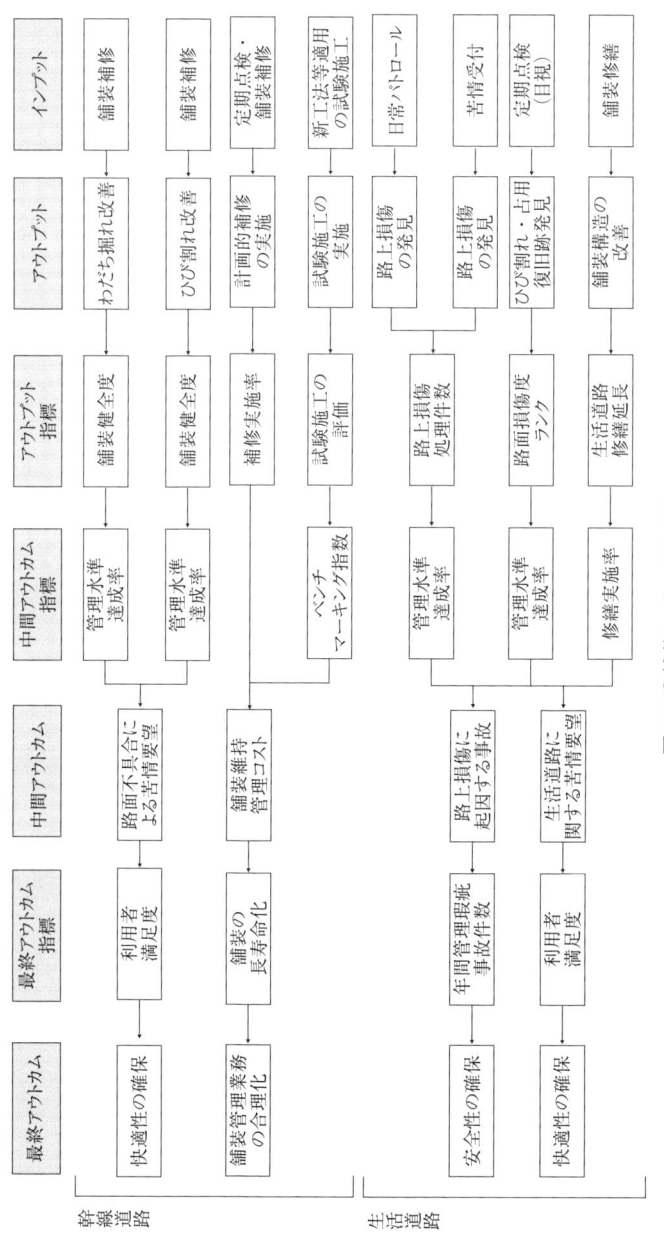

第7章 アセットマネジメントとは

最終アウトカム	最終アウトカム指標	中間アウトカム	中間アウトカム指標	アウトプット指標	アウトプット	インプット
快適性の確保	利用者満足度	路面不具合による苦情要望	管理水準達成率	舗装健全度	わだち掘れ改善	舗装補修
			管理水準達成率	舗装健全度	ひび割れ改善	舗装補修
舗装管理業務の合理化	舗装の長寿命化	舗装維持管理コスト	補修実施率	補修実施率	計画的補修の実施	定期点検・舗装補修
			ベンチマーキング指数	試験施工の評価	試験施工の実施	新工法等適用の試験施工
安全性の確保	年間管理瑕疵事故件数	路上損傷に起因する事故	管理水準達成率	路上損傷処理件数	路上損傷の発見	日常パトロール
					路上損傷の発見	苦情受付
快適性の確保	利用者満足度	生活道路に関する苦情要望	管理水準達成率	路面損傷度ランク	ひび割れ・占用復旧跡発見	定期点検（目視）
			修繕実施率	生活道路修繕延長	舗装構造の改善	舗装修繕

幹線道路／生活道路

図7-6●舗装ロジックモデル

ム指標として定量的に評価し，それにより，日常業務や個々の事業が事業全体に与える貢献度を分析し，貢献度が低い業務（活動）を抽出することで，インプット改善の対象を明らかにする．また，計画通りに目標を達成できなかった場合には，その要因をロジックモデルにより分析し，新たな計画の見直し時において，目標を達成するための手段（インプット）の組み合わせを再検討する．このように，ロジックモデルは，舗装の維持管理業務の全体をモデル化し，業務の遂行をモニタリングし改善するためのツールである．舗装の維持管理業務の方法，設定する目標などは，管理主体によって異なっており，マネジメントシステムのカスタマイズは，ロジックモデルの構築に集約される．ロジックモデルに基づく政策評価は定期的なモニタリングが必要であり，アウトプット指標，アウトカム指標の算出と評価のための情報管理が必要となる．日常の維持管理業務で取得すべき情報は，ロジックモデルの評価項目によって決定される．

ベトナムにおける京都モデルの試行は緒についたばかりであり，舗装マネジメントの最初のPDCAサイクルを機能させることに主眼を置いている．ベトナムの国道には不完全であるがキロポストが導入されている．キロポストは，道路に関するデータを蓄積するための基本単位であり，キロポストで規定される単位区間ごとに，台帳データ，定期点検データ，補修履歴データを包括的に格納する．京都モデルの試行的導入に先立って，対象区間全体にわたりキロポストシステムの精査を行った．キロポスト票が紛失している地点には，暫定的ではあるが，路面にキロポスト表記を実施した（図7-7）．ベトナム政府はキロポストシステムの重要性を認識しており，その整備を図る予定である．さらに，北ベトナム全域にわたり，路面点検車を用いて，路面性状調査を実施した．路面点検車は現地のニーズに基づいてカスタマイズするために，現地において機器を装備させた（図7-8）．2012年には北ベトナムの国道を対象として路面性状調査を実施し，定期点検データベースを作成している．さらに，2007年に実施された点検データに関しても，キロポスト単位区間と整合可能なものに関してはデータベース化を試みている．

2007年の点検は，路面性状調査車を導入せず，マニュアルで実施したものであり，調査結果の精度には多くの問題が残されている．また，キロポス

図7-7●ベトナム技術者とのキロポスト確認作業

ト区間と対応不可能なデータも少なくない。しかし，ベトナム全土にわたって，マニュアルではあるが，路面性状調査を実施したという実績は，舗装の維持補修の必要性を現地の道路管理担当者に浸透させる上で重要な意義を持っている。データベースが充実するためには，路面性状調査を継続的に実施していくことが不可欠である。現時点においては，限られた路面点検データのみが入手可能であるが，京都モデルを用いた舗装の劣化予測（路線ごとの劣化速度の相対比較）を試みた。図7-9は地域別に舗装の劣化曲線（パフォーマンスカーブ）を推計した結果を示している。劣化曲線の縦軸は舗装の健全度を表しており，上方にいくほど舗装の健全度が良好であることを表している。横軸は補修時点からの経過時間を表している。劣化曲線の傾きが大きいほど，劣化速度が大きいことを表している。この図から，地域によって劣化

図7-8●路面点検車

速度に大きな違いが存在することが理解できる。とりわけ，南部地域（例えばホーチミン）における劣化速度が大きいことが印象的である。南北に長い国土を有するベトナムでは，地域によって気象条件，地盤・地質条件に大きな差異が存在するため，現行の舗装設計基準が地域特性や交通特性に対応しているという保証はない。このような簡単な分析結果を用いても，舗装設計基準の見直しの必要性という政策課題を見出すことが可能である。このような劣化パフォーマンスの評価結果は，舗装設計基準の継続的な改善のための重要な情報であり，路面性状の継続的なモニタリング，劣化パフォーマンスの評価，舗装設計基準の改善を通じて政策的マネジメントのPDCAサイクルを実行していくことが可能となる。

　舗装マネジメントのロジックモデルの構築は時間を要する課題である。ロジックモデルのインプットを整備するためには，舗装に関わる各種の技術基準，マニュアル，現場での慣行やルール，点検要領など，さまざまなマネジメント上の制度的インフラを整備することが必要である。2012年現在，ベトナム政府に舗装マネジメントを継続的に実施するための制度的インフラが

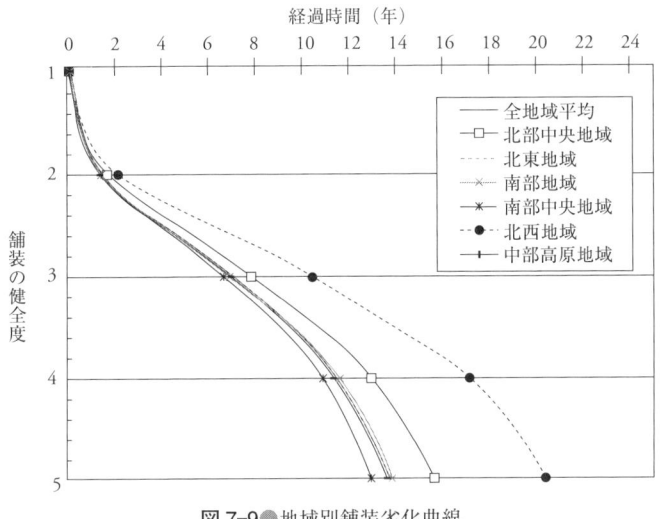

図7-9 ●地域別舗装劣化曲線

整備されていない。また，舗装マネジメントを実施するためマネジメント組織体系も未成熟であり，ロジックモデルを作成することは容易ではない。また，現時点において，膨大なエネルギーを費やして，舗装マネジメントシステムの完成形を構築する意義もないだろう。舗装マネジメントは継続的改善のプロセスであることを忘れてはならない。新しいデータや情報の解析，新しい技術の試行的導入を通じて，漸進的にロジックモデルを改善していけばよい。ロジックモデルとは，現時点におけるマネジメント体制と利用可能な技術を表している。ロジックモデルが不完全であれば，それに基づいて「どのようなマネジメント上の改善を図ることが必要なのか」，「どのような制度的インフラ（インプット）が必要なのか」，「舗装マネジメントの継続的改善を図るためには，どのような情報を継続的に収集していくことが必要なのか」を検討することが可能となる。

6 おわりに

　日本は，少なくともアセットマネジメント技術に関しては，かつての後進状態から，先進的フロンティアを形成するまでに進歩した。しかし，アセットマネジメントにおける実践に関しては，いまだ発展途上にあるといわざるを得ないことを重ねて指摘しておきたい。日本の要素技術偏重は相変わらず温存されたままであり，いっこうに総合化，システム化の機運が生まれてこない。このことは建設業界のみならず，日本経済全体が抱える課題でもある。総合化技術・システム化技術は，要素主義的な個別技術・分析技術をリストアップし，それを積み上げるという方法論だけでは開発できない。サプライサイドで発想するのではなく，市場のニーズ・組織のニーズに関する情報とシステムのコアを形成する要素技術に関する情報に基づいて，俯瞰的な立場から総合技術のありようや，システムの構造や機能を設計し，それに必要な要素技術の開発や既存の要素技術とのインターフェイスを設計していくというブレークダウン型思考，問題解決型思考が求められる。

　ISO5500Xは，アセットマネジメントの責任者が組織のトップであると明確に位置づけ，責任者によるイニシアティブでマネジメントの組織的，継続的改善を求めることを要求する。ISO5500Xはプロセス標準であり，具体的なアセットマネジメント技術を規定するものではない。しかし，実際にISO5500Xに準拠してアセットマネジメントを運用していくためには，それを支援するアセットマネジメント技術や情報システム技術が確立されていなければならない。前述したように，ISO5500Xに準拠したアセットマネジメント技術の国際デファクト標準の開発をめぐって激烈な国際競争が展開している。京都大学では，国際デファクト標準の開発をめざしているが，その開発理念として，(1) 現実のモニタリングデータに基づいた徹底した現場主義に基づくマネジメント，(2) モニタリングデータを用いた評価によるアセットマネジメントの継続的改善，(3) 劣化速度の相対評価を通じた課題の発見と要素技術に基づいた問題解決を提唱している。これらの開発理念を実現するために，(1) では統計的予測モデルを用いたライフサイクル評価，(2) 継

続的改善を通じた情報蓄積と維持補修に関連する知識データベースの構築，(3) データ蓄積による劣化予測モデルの推計と劣化速度の相対評価と日本に豊富に蓄積されている要素技術を活用することを念頭に置いている。先行する国際デファクト標準との競争関係と日本のアセットマネジメント技術の国際的優位性を考慮すれば，このような開発理念は妥当なものであろう。

　昨今，国内建設市場が縮小する中で，国際建設市場に進出を検討する企業が増えてきている。しかし，国内市場で競争力を持たない企業が，国内市場よりさらに競争が厳しい国際市場で勝ち残れるだろうか？　国際プロジェクト市場においては，官民パートナーシップをはじめとしてインフラ運営・管理サービスをパッケージ化したプロジェクトが主流になりつつある。国際市場で生き残るためには，他国，他社より卓抜して優れたアセットマネジメント技術を持たなければならない。ISO5500Xの制定は，国際プロジェクト市場に少なからぬ影響を及ぼすだろう。ISO5500X制定を契機に，日本のアセットマネジメント技術の優位性を体化した日本型ビジネスモデルを確立することが必要である。

　企業を取り巻く環境が大きく変化した現在，「日本的技術開発・経営モデル」の有効性は低下しているかも知れないが，それを構成する要素技術すべてが無意味だというわけではない。日本人から見た「日本的技術開発・経営モデル」の海外展開を一方的に押し進めるのではなく，世界の自由貿易の根底となる国際標準化の流れにいかに合理的に対応していくか，さらに一歩進めて，これまでの「厳格な標準化 (one-size-fits-all standards) モデル」ではなく，それぞれの国の実情にあった新しい「しなやかな標準化 (one-finds-own-size standards) モデル」を，アジアの国々とのアライアンスに基づいて共同開発していくことが必要とされる。しなやかな標準化モデルを構築するために，日本企業が得意とする要素技術，アセンブリ技術の発展と現場での適用能力を志向した新しい経営管理技術，ビジネスモデル，制度的プラットフォームを提案することが必要である。しなやかな標準化は，欧米流の仕様規定型標準から，性能規定型標準への移行を目指すものであり，それを規範とする新しい技術開発・経営に関する国際標準モデルを具体的に提唱することが必要とされている。

人間安全保障工学の
教育体系の実装

米田 稔

① 人間安全保障工学を習得するには

　各国，各地域において人間の安全保障を実現するためには，人間社会に対する確かな基礎知識と広い視野を持ち，それらをベースとしつつも，現実に適した戦略として紡ぎあげ，さらにそれらの遂行に必要となる技術を適切に適用・展開する能力を持った人材が必須である．

　彼らには4つの能力が要求される．その一は，確かな基礎知識である．土木工学，建築学，環境工学は，その出発点としての基礎的ディシプリンであるが，それらに留まらず，問題と状況に応じ，必要にならば類縁ディシプリンの知識も援用しつつ拡充できる程度の確かさを持った理解でなければならない．その二は，そうした確かな知識を，対象地域と課題の特徴あるいは社会的・歴史的の文脈といった固有性に応じ，技術的合理性のみならず社会的および経営的合理性を持って弾力的に適用する能力である．言い換えれば，第1章および第2章で取り上げた「省察的実践」に関する能力である．その三は，課題群とその対策の間に存在するダイナミック性に関する洞察能力である．第1章では，技術，制度およびそれらを支える体制や社会間の関わりからこれを取り上げ，それらを共進化させる戦略が重要なことを論じた．また，第3章のバンコクの例では，都市経営における先見性の重要さを指摘した．いずれも，技術および制度を，課題や社会的文脈に応じつつ，統合的かつ長期的・先見的に運用・経営する能力の必要性を説いている．その四は，人間の安全保障に向けた取り組みを，住民，コミュニティ，政府，国際機関，あるいは私企業，NGOなどといったアクター間でどのようにして役割分担し協働させていくかである．すなわち，これらの各アクターの技術的・資金的能力および統制力に通暁し，さらにそれらを組み合わせることによって，人間安全保障に向け，取りこぼしなく効率よいシステムを設計・構築・管理・運営する能力である．

　こうした能力を会得させるには，どのような教育体系が必要であり，その実装にはどのようなことに注意しなければならないか．本章では，京都大学の試みを紹介しよう．

2 京都大学での教育実践

2.1 人間安全保障工学と「人間安全保障工学教育プログラム」

　第1章で述べたように，人間安全保障工学では，都市ガバナンス，都市基盤マネジメント，健康リスク管理，災害リスク管理の4つの学問領域を基礎とし，これらを人間安全保障確立の観点から強化・連携し，問題解決型学問として体系化することを目指している。この体系化においては，人間安全保障工学がモード2の知識生産（学問）であることを念頭におきながら，4つの原則，すなわち，

1) 人間の安全を保障するといった明確な目標性
2) 徹底した現場主義と適正な地域固有性の積極的取り込み
3) 技術，制度およびそれらを支える体制や社会の共進化
4) 重層的ガバナンス構造の認識およびその相補性の積極的利用

に留意する必要がある。

　このような観点から，京都大学では，平成21年度4月から京都大学大学院工学研究科（社会基盤工学専攻・都市社会工学専攻・都市環境工学専攻・建築学専攻），地球環境学舎，防災研究所が連携して，「人間安全保障工学教育プログラム」を立ち上げた。「人間安全保障工学教育プログラム」では，都市内で複雑に絡み合う種々の課題に対して，俯瞰的な立場から科学的知見に基づいて課題に取り組む姿勢と技術を持った都市技術者，都市経営者らを輩出することを目指している。そのため，人間安全保障工学を支える4つの学問領域の確実な素養を獲得するためのサブコア科目と，これらを横断し連携させモード2の新たな学問領域に昇華するためのコア科目を設定した（図8-1）。プログラム履修生らは，これらの科目を履修することによって，複数の学問領域に跨がった素養を獲得するとともに，それらを都市の人間の安全保障という目的を達成するために統合化し適用する能力と，各領域の技法を深化・進展する能力を養うことができる。

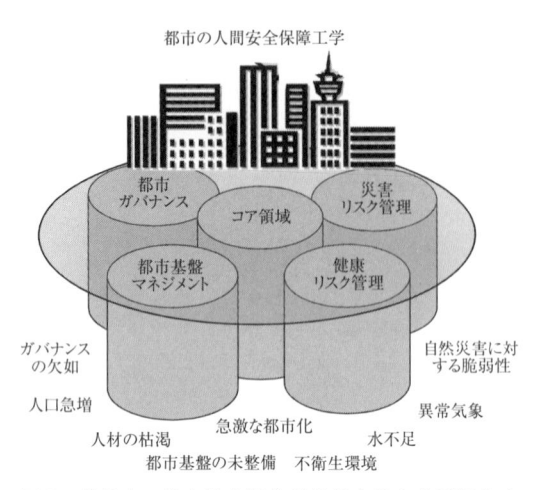

図 8-1 ● 都市の基本的人間生存条件を脅かす要因と人間安全保障工学を支える学問領域

2.2 人材が備えるべき素養

　現在の京都大学における教育プログラムは博士後期課程学生のみを対象としており，上記のような能力を持った研究者および高度な技術者，都市経営者を養成し，アジア諸国における都市づくり，国づくりに貢献することを目標としている。ただし履修生らが意識する目標としては，より具体的に「独創性」，「国際性」，「自立性」という3つのキーワードを設定している。「独創性」の養成では，人間安全保障工学に関する幅広い知識と高い専門性を有するだけでなく，既存の専門分野の垣根を越えて，それらを融合させ，より広い見地から事象を見る能力と，モード2の学問として常に新たな知識を生産していく能力獲得を目指している。「国際性」の養成では，国際的公用語としての英語での研究討論・発表能力を身に付けるとともに，さらに人的国際ネットワーク構築能力を身に付けることで，教育・研究活動を自国の狭い範囲に限ることなく活動フィールドを国際的範囲に拡大することを目指している。これによって，現場主義や体制・社会との共進化，重層的ガバナンス構造の認識といった人間安全保障工学の原則の具現化を，より広い領域において国際的な人間関係を利用して行うことが可能となる。「自立性」の養成

第8章　人間安全保障工学の教育体系の実装

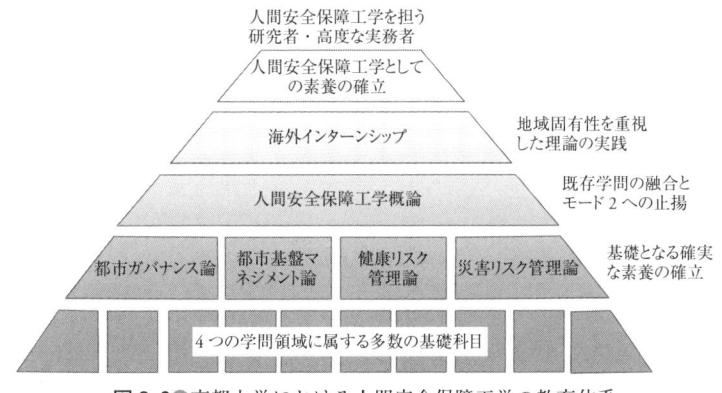

図8-2●京都大学における人間安全保障工学の教育体系

は，社会のリーダーとなるために必要な素養を身に付けることを意味し，博士課程学生を対象とした場合は，具体的には現場での解決能力，教育・研究指導力，研究立案能力，研究資金獲得能力などの豊かな素養を身に付けることを意味する。このような「独創性」，「国際性」，「自立性」といった身近なキーワードで表現した目標を意識しながら各科目を履修することによって，人間安全保障工学が求める素養を獲得できるように教育プログラムを構成している。

具体的な教育体系としては，まず確実な素養と分野融合性を身に付けるために，コア科目としての「人間安全保障工学概論」を全員に必修として課すとともに，4つの学問領域からの選択必修科目と，さまざまな分野の選択科目を履修科目として用意している。また，現場主義の体験と自立性，国際性養成のために，海外でのインターンシップを現場における研究活動を通じた研修として重視し，必修のORT（On the Research Training）科目[1]として全員に課している。この海外インターンシップにおいては，京都大学の海外拠点活動や海外研究プロジェクトとの連携を図ることで，地域固有性を重視することの重要性や国際性養成の重要性をより深く体験できるようにしている。これらの科目は全て英語のみによって実施され，海外での長期インターンシッ

---

1)　実験・研究を通して教育する型の科目。

プ中でも科目履修を可能とするため，現地集中講義や遠隔講義システム・e-Learning[2]システムを利用した講義なども開講している。図8-2はこの教育体系を図示したものである。

2.3 必修科目とコア科目

　表8-1に京都大学における人間安全保障工学教育プログラムのカリキュラムを示す。本教育プログラムを修了するためには，まず，必修科目としての人間安全保障工学概論，短期インターンシップ科目である人間安全保障工学インターンシップ（研修期間2週間以上）または長期インターンシップ科目であるアドバンスド・キャップストーン・プロジェクト（研修期間2ヶ月以上），そして4つの学問領域を表すA群～D群科目それぞれのコア科目を少なくとも1科目以上履修し，さらに各学生が必要と考える各専門領域における基礎科目をいくつか履修した上で，研究論文の審査に合格することが必要となる。京都大学では，この各専門領域における基礎科目として，表1に示すA群～D群科目の他に，修士課程学生を対象とした100近い専門科目が履修可能となっており，各学生が必要とする基礎科目がほぼ網羅されている。表8-1に示すカリキュラムにはそれぞれの科目群の中に各論1，各論2が科目名末尾に付いているものがあるが，これは既に十分な基礎的専門知識を持っている学生が，さらに自己の専門性に特化した内容を学べるように，指導教員との間で講義内容を相談して決めるテイラーメイド型の科目となっている。

　必修科目の人間安全保障工学概論と4学問領域のコア科目の科目概要を表8-2に示す。4学問領域のコア科目はそれぞれの学問領域の確実な基礎を得るために構成されているが，人間安全保障工学概論は，これらの基礎科目で得た知識をベースとして，現実問題に対応する能力を養成すべく構成されている。人間安全保障工学概論の授業スケジュールを表8-3に示す。このスケジュールからわかるように人間安全保障工学概論では各学問分野の概要を

---

2) パソコン，テレビ，インターネットなどの情報技術を使用して行う学習。

表 8-1 京都大学における人間安全保障工学教育プログラムのカリキュラム
（この他に，各専門領域における多数の修士科目を履修可能である。）

科目群	科目名	コア科目	ORT 科目	備考
	人間安全保障工学概論	○		必修
A 群	都市ガバナンス論	○		
A 群	都市ガバナンス学各論 1			
A 群	都市ガバナンス学各論 2			
A 群	地球環境法・政策論			
B 群	都市基盤マネジメント論	○		
B 群	地域・交通ガバナンス論			
B 群	都市基盤マネジメント学各論 1			
B 群	都市基盤マネジメント学各論 2			
B 群	地球環境経済論			
C 群	環境リスク管理リーダー論	○		
C 群	健康リスク管理学各論 1			
C 群	健康リスク管理学各論 2			
C 群	アジア環境工学			
C 群	地球資源・生態系管理論			
C 群	環境倫理・環境教育論			
D 群	災害リスク管理論	○		
D 群	災害リスク管理学各論 1			
D 群	災害リスク管理学各論 2			
	人間安全保障工学インターンシップ		○	
	アドバンスド・キャップストーン・プロジェクト		○	
	研究論文（博士）		○	必修

表 8-2 ● コア科目の概要

人間安全保障工学概論 　人々を日常の不衛生・災害・貧困などの脅威から解放し，各人の持つ豊かな可能性を保障する人間安全保障工学に関連する諸問題を，都市ガバナンス，都市基盤マネジメント，健康リスク管理，災害リスク管理という視点から理解を深めるとともに，それらの有機的なつながりについて体系的に教授する。
都市ガバナンス論 　大多数の人間と膨大な地球資源が集まる都市を適切にデザインすることは，生活上の脅威からの解放や生活の質の向上といった人間の安全保障問題の解決の鍵を握る。本講義では，安全性・健康性，利便性，快適性・アメニティ，持続可能性などに関わる多次元的な都市問題の解決をめざして，多様なアクターが協働するボトムアップ型の意思決定を含む都市ガバナンスの方法論について解説する。さらに複数教員からの具体的課題に即した都市ガバナンスに関する話題提供と，学生間のディスカッションをふまえて，都市ガバナンスへの理解を深める。
都市基盤マネジメント論 　本講義では，経済性のみではなく「人間安全保障工学」という観点から，都市における社会基盤をいかにマネジメントするかという学際的な知識に関する学理を提供することを目的とする。具体的には，日本を含むアジア・メガシティを対象として，人間の安全保障の観点から，1) 都市インフラアセットマネジメント，2) 都市環境会計，3) 都市エネルギーマネジメント，4) 都市食糧・水資源マネジメント，5) 都市交通・ロジスティックスマネジメントの各事項について体系化した解説を加える。
環境リスク管理リーダー論 　人の健康リスクや生態系のリスクを含め，都市の人間安全保障に関わる環境リスクを同定，分析し，リスクを定量的に評価する手法やリスクを低減・回避する方法について論じる。また，問題解決を実践するための環境リーダーとしてのあり方・考え方の構築を目的とするもので，国際環境プロジェクトなどに関する講義や環境工学の考え方の基礎を見つめ直すために外部から講師を招聘して行う特別講義を中心として構成する。
災害リスク管理論 　災害は低頻度であるが大規模な影響をもたらすリスク事象である。この種のリスクを適切に管理していくためには，リスクの「抑止」，「軽減」，「移転」，「保有」という対策を総合的に評価し，実施していくことが重要である。本講義では，災害を理解し，それに対するリスクマネジメントを構成していくことを可能とするような経済学的方法に関して講述する。

第8章 人間安全保障工学の教育体系の実装

表8-3 ● 人間安全保障工学概論の授業スケジュール（英語講義）

No.	テーマ
1	オリエンテーション，自己紹介，写真撮影
2	人間安全保障工学の概要
3	都市ガバナンス（1）：講義
4	アジア・メガシティにおける貧困問題
5	都市ガバナンス（2）：発表および討論
6	都市基盤マネジメント（1）：講義
7	アジア・メガシティにおける人権，資産，ソーシャルキャピタル
8	都市基盤マネジメント（1）：発表および討論
9	災害リスクマネジメント（1）：講義
10	レポート課題の提示と解説
11	災害リスクマネジメント（2）：発表および討論
12	健康リスク管理（1）：講義
13	人間安全保障と環境安全保障
14	健康リスク管理（2）：発表および討論
15	人間安全保障工学に関する総合討論

教授する講義の後で，学生によるそれぞれの学問分野に関するプレゼンテーションと，教員・学生間でのディスカッションを行っている。これらさまざまな国を出身国とする学生らによるプレゼンテーションを通じて，現場主義と地域固有性を持った問題の存在を認識し，さらにディスカッションによって，それらに対する解決策を検討する中で，モード2の学問としての人間安全保障工学を修得することになる。

2.4 モード2学問としてのインターンシップ

徹底した現場主義の下，地域固有性を取り込むことの重要性や，社会との共進性を意識するために，現場におけるインターンシップは非常に有効である。人間の安全保障を確立するためには，まず現場を知り，その特性を捉えることが不可欠である。本プログラムでは，学んだ知識から机上での検討の

みで解答を求めようとすることなく，まず現場で生じている問題をとらえ，多分野にわたる知識を動員することで，解決策を見つけていく訓練を行うことを目指している．

　京都大学における人間安全保障工学教育プログラムでは，各履修生に，インターンシップを実施し，その報告書を提出することを課している．本章の最後に，そのインターンシップの報告をいくつか示している．これらのインターンシップは単に現場を見るだけの体験型プログラムではない．履修生らは実際に，アジアの急激なメガシティ形成などに起因するさまざまな人間安全保障上の問題が生じている現場に飛び込んでいき，その問題を認識し，地域固有性を考慮しながらその問題の解決策を見いだすために苦しむことを要求される．インターンシップの場では，既にある程度の専門家としての能力と責任を要求され，さらに人間安全保障工学分野を専攻する学生として，現場において実際にリーダーシップを発揮して具体的解決策を実施することを期待されるのである．つまり本プログラムでのインターンシップは履修生らにとって，自分がそれまでに培ってきた基礎知識やそれらを融合発展させて現場へ適用する能力が実践において役立つかを試される真剣勝負の場であり，同時にそれらの能力にさらに磨きを掛けるための実地訓練の場なのである．また，母国以外において長期インターンシップを実施した履修生らにとっては，国際性の素養を確立するための訓練となり，同時に履修生らは将来の自身の研究フィールドに関係した人的ネットワークの形成方法を学び，実際にその形成を始めることが可能となる．このようにインターンシップは現場での研修を通じて，机上の学問のみでは得られない貴重な学習効果を履修生らに与えることになり，人間安全保障工学教育プログラムにおいては必要不可欠な科目である．

2.5　社会人を対象とした短期コースの実施

　京都大学における教育プログラムは主に博士課程学生を対象としているが，メガシティにおける人間の安全保障を確立するためのリーダーを養成するという目的から，既にメガシティにおいて都市運営に携わっている実務者

の再教育，あるいは生涯教育も視野に入れている。アジア各都市において，急激な人口増加，急速な都市化に伴って顕在化してきた各種問題に対する解決策は，地域固有性を考慮するため現場重視で確立していくことが必要ではあるが，例えば日本などが過去において経験してきた公害問題の解決過程などの中にも十分参照に値する知識が詰まっている。いわゆる「温故知新」である。このような過去の経験に学ぶ場合，学生の頃はその知識の価値が十分わからず，現場における業務に従事する中で実際の問題解決を迫られて初めてその知識の価値がわかる場合も多い。このため過去に学んだことを，実務者として学び直すことも重要である。しかし特に近年において必要とされているのは，昨今の知識・技術の急速な発展と増大，過去に学んだ知識・技術の陳腐化，地球規模で進行しつつある気候変動への適応などに対応するための最先端の知識・技術の教育である。このような知識・技術の習得は各自が過去の教科書をひもとくだけでは不可能であり，社会人教育，リカレント教育を目的とした教育機関による教育機会の提供が必須である。このような観点から，京都大学においても本教育プログラムの一貫として，各海外拠点などにおいて実務者らを再教育するための短期研修コース，あるいは現地実務者らが日本などで最先端技術を修得するための短期研修コースなども開設し実施している。このリカレント教育[3]の必要性は，本学の正規博士課程教育プログラム修了生に対しても同様であり，少なくとも10年に一度以上はこのような機会を設定すべきである。これらの研修の期間としては，その内容によって1日から数ヶ月に及ぶものが考えられ，このようなリカレント教育を定期的に実施していくためには，その実施機関である大学と修了生とが，継続して密接な情報交換を行うためのネットワークを維持するとともに，各都市の行政組織上層部がリカレント教育の重要性を認識し，そのようなコースの定期的履修を制度化することが望ましい。同時に教育機関である大学としては，常に各都市において実際に必要とされる最先端の知識・技術を組織的に提供することが必要であり，これがこれからの大学の使命の1つでもある。人間安全保障工学は，工学の教育機関の使命として，こうしたリカレン

---

[3] 社会に出た後も学校やその他の教育機関に戻って学ぶ教育システム。

ト教育も視野に入れ，その上で近年の急激なメガシティの誕生・発展に対応するべく誕生した新たな学問分野なのである．

2.6 教育システムの運営で考慮すべき事項

教育システムの運営で考慮すべき事項としては以下のことが挙げられる．

(1) 教育目的

まず何よりもどのような修了生を育てたいのかを明確にすることである．人間安全保障工学はモード2の学問であるため，恒常的な教科書やカリキュラムがあるわけではない．そのため教育内容がどうあるべきかを検討するときに頼ることができるのは，人間の安全保障確立のために工学的知識を持って貢献できる研究者・技術者，そして最終的には各国・各地域のリーダーとなっていく専門家を育てるという最終目的であり，この目的さえ見失わなければ，さまざまな形態の教育システムがあって良い．言い換えれば，この最終目的を軽視すると，まとまりがなく一貫性もない寄せ集めの教育システムに堕してしまう恐れがあるので注意が必要である．

(2) 確かな基礎教育

モード2の学問として現場主義の研究を進めていくためには，4分野の既存学問の内のいくつかにおいて，しっかりした基礎を身に付けておくことが必要である．

既存分野の融合により人間安全保障工学的な学問分野を構成するにしても，まずは核となる部分を確立しておくと，大きな失敗や無為な努力を避けることができる．京都大学の場合はこれを必修科目とコア科目によって，最低限の知識を担保するようにしているが，まったく異なった分野の知識しか持たない学生に対しては，4つの学問領域からの100科目近い基礎科目から自身の専門性に関連する科目を履修することも可能としている．これらの科目は主に修士課程学生を対象とした科目であるが，京都大学においては教育プログラムの国際化を進めていくために，これら基礎科目の英語化も進行中

である。

(3) 広く偏らない教育内容

　一部の既存分野に偏ってしまわないように教育システムを構成することが必要である。現場の実際の問題を検討する場合，一部の分野の知識しか持っていないと，問題の本質を見抜く能力に欠け，非効率かつ一時的な解決策しか提供できない修了生を輩出してしまう可能性がある。教育システム自体，履修生が一部の既存分野しか履修しないような可能性を排除しておく必要があり，京都大学の場合は必修科目である人間安全保障工学概論と，その科目の中でさまざまな分野出身者が混在する状況でのディスカッションを行うことによって，広い視野を培うことを求めている。さらに，机上の学問のみに偏ることなく，前述したインターンシップなどを通じて現場の問題解決を実践する機会を必須としておくことが必要である。この際，他の国・地域の大学などと連携することによって，より広い領域での現場研修を可能としておくことが望ましい。

(4) 訓練と履修の喜び

　現場において発生する問題の本質を捉え，解決策を検討する中で知識を深めていくモード2学問としての人間安全保障工学のスキルを獲得するため，講義においても多くの現実問題の分析，そしてプレゼンテーションやディスカッションによる訓練を行うようにする。さらにこれらの機会を利用して，履修生らがお互いにコミュニケーションを図り，同一の教育システムへの帰属意識を醸成し，教育システム内で人的ネットワークを構成する機会を提供するようにする。京都大学の場合，本来ならば同じ研究室と同じ国の出身者くらいとしか接触する機会を持たない博士課程学生らが，実に楽しそうにディスカッションしている。現在，十数カ国からの学生が本プログラムを履修しているが，全ての学生がさまざまな地域固有の問題を知り，お互いに人的ネットワークを構成する貴重な機会となっている。これらの機会を通じて，履修生らが学ぶ喜びを実感し，人間安全保障工学をライフワークとして選択することも，教育システムの成功の1つの因子である。

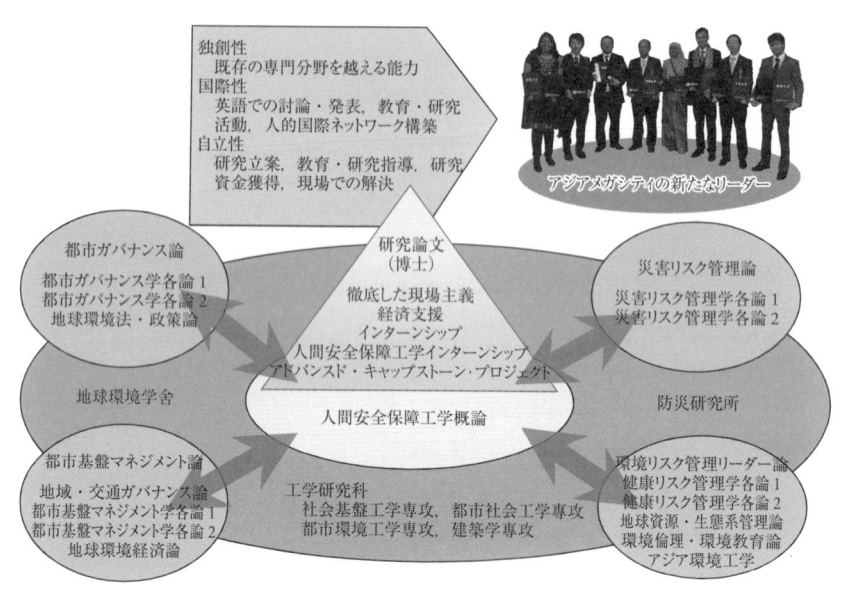

図8-3●京都大学人間安全保障工学教育プログラムの内容とその実施部局

　前項に示したコアとなる科目の特性に加え，これらのことを考慮して教育システムを構成することで，モード2の学問としての人間安全保障工学の素養を確立することが可能となると考えられる。図8-3は京都大学における人間安全保障工学教育プログラムの内容とその実施部局を示したものである。本教育プログラムには200名以上の教員が参加し，自然科学系のみならず，社会科学や経済学なども含めた多彩な教員組織を構成している。

３　今後の展開

　人間安全保障工学が徹底した現場主義に立脚する以上，さまざまな国・地域において固有の教育活動の基盤を構成することが必要となる。このための方法の1つが海外拠点の活用である。海外拠点を運営するためには，それ相応の費用を必要とするが，各国，各現場の情報などを収集し，現場の人的ネッ

トワークを確保した海外拠点は，現場主義の教育を有効にすすめるためには不可欠のものである．京都大学では現在7つの海外拠点を運営しているが，これらの海外拠点の運営をよりしっかりしたものとし，さらに多くの国・地域に拡大することができれば教育システムの拡張にも繋がると考えられる．

　しかし，実際にはこのような海外拠点の運営には多くの資金と人的資源を必要とすることから，1つの大学が多くの海外拠点を運営することは難しい．このための解決策の1つが，多くの国・大学に人間安全保障工学の教育プログラムを構成し，これらの大学がネットワークを構成して，お互いが利用できる海外拠点を運営することである．できれば人的交流プログラムや学生の交換留学制度なども利用することによって，人間安全保障工学に関する1つの大きなキャンパスをアジアに，そして世界に構成することが望ましい．このような構想は近年，キャンパス・アジアなどと呼ばれることも多く，その具体化が，アジア主要大学間において，必要科目をどの大学で取得しても修了に必要な単位とすることができる，統一したクレジット・トランスファー（単位互換）制度や，同時に2大学，あるいは複数大学の学位を取得できるダブルディグリー制度の確立である．ダブルディグリー制度については，デュアルディグリー制度，あるいはジョイントディグリー制度などと呼ばれることもあり，それぞれは少しずつ異なった制度に対し使用される場合が多いが，はっきりと定義が統一されているわけではない．その原因としては各国，各地域においてさまざまな大学間連携学位制度が検討，実施中であり，現在はそれらの制度自体がまだ発展途上の段階にあって，1つの統一した定義とすることが困難な状況にあることも背景にあると考えられる．しかしこれらの方法の利点を組み合わせ活用することで，比較的少ない費用で，大きな海外拠点ネットワークを利用できる，教育効果の高いシステムの構成が可能になると考えられる．先進国で最先端の知識・技術を学び研究している学生は，途上国における都市問題を体験し，その解決策の提案を迫られることで，先進国での最先端の技術研究の内容やその価値を実感することができ，逆に途上国において都市の人間安全保障確立のための知識・技術を学ぼうとするものは，先進国においても教育を受ける機会を得ることで，より効率的に最先端の知識・技術を吸収することができる．また，発展途上国には急激な人口

増加と基本的インフラの欠如といった発展途上国特有の都市問題が存在し，先進国には人口高齢化や各種インフラの老朽化といった先進国特有の都市問題が存在している。さらに，単に基本的インフラの欠如といっても，その内容，形態は国・地域によって大きく異なっており，極めて地域固有性が強い。これらさまざまな都市問題への対処を学ぶ上で，キャンパス・アジアのような構想は有益であり，クレジット・トランスファー制度，ダブルディグリー制度などの整備が急務である。今後，人間安全保障工学教育プログラムを多くの国・地域において設置することで，このような体制の整備を加速していくことが可能となる。

　今後期待されるもう1つの展開は，修士課程教育プログラムの設置である。前述したように，履修者がしっかりした基礎を確立することと，専門分野を片寄せすぎないこと，現場主義の教育を具現化するインターンシップを経験することの条件を満たす必要があるが，修士課程で特に問題となるのは，専門分野を片寄せないという条件下で，しっかりした既存の学問分野の基礎を培うだけのカリキュラムを構成することである。京都大学の教育プログラムにおいては，博士課程学生の場合，既存学問分野に関するある程度の専門的知識を既に確立していることが期待できるとして，各学問分野において最低1つのコア科目を履修することで，基礎の確立を保障できると考えた。一方で，修士課程学生の場合は，既存の学問分野に関しても実質的な教育カリキュラムを構成することが必要となるため，既存の学問分野を代表する複数の専攻間でのより実質的な共同運営システムが必須になると考えられる。また，教育システムの目的を考えても，博士課程学生を対象とした場合よりも，より実務者，行政者などの育成を目指す教育内容となることが想定され，特に途上国などにおいて喫緊に必要とされている人材を育成する教育システムとなることを想定している。言い換えるならば，修士課程のコースについては，人間安全保障工学に関する国際的な教育ネットワークの確立と合わせて考えることが有効である。

　京都大学においては，本教育プログラムを開始してからの4年間で，148名の博士課程学生が本プログラムを履修し，その内の8割以上はアジアからの留学生である。この留学生の多さは，アジア各国において人間安全保障工

学が今まさに強く求められている学問であることを示している。同様な教育プログラムを各国の大学で開設する場合も，自国の学生と留学生とが混在した教育プログラムとなることが期待でき，またアジア圏全体にそして世界全体に人間安全保障を確立するためには，そのような国の枠を越えた教育プログラムであるべきである。今後さらに多くの大学に人間安全保障工学の理念が広がり，人間安全保障工学教育プログラムの多くの修了生がネットワークを構築し，アジアにおける人間安全保障問題の工学的見地からの解決のために活躍していくことを我々は確信している。

コラム 4
プログラム修了生の声

日本人学生：念願だった国際研究機関での海外研修に，長期インターンシップとして行かせて頂きました。研究に要する知識やスキルのみならず，他国の研究者や学生との交流を通して，国際的な業務に要するコミュニケーション力も身についたように感じています。また，人間安全保障工学 (HSE) プログラムでは多くの留学生と交流でき，本当に有意義な時間を過ごせました。本当にありがとうございました。

日本人学生：HSE プログラムは「人間の安全保障」(HS) について考える良い機会となりました。博士論文で扱ったガバナンス論は，政府部門における資源と信頼の低下により多元的統治へ移行する「ガバメントからガバナンスへ」という背景を持っていますが，HS も従来の軍事，外交といった安全保障の伝統的概念の限界を前提としている点は類似しており，相互に関係する部分も大きいといえます。童話「北風と太陽」ではありませんが，真に平和で幸福な社会を創造するためには既存の接近手法に加え，HS のように人間を重視した手法が欠かせないと考えます。また，私は学部では歴史学を専攻しており，工学とは縁のない世界で生きてきましたが，環境政策に身を置いたことで今回のような機会を得ることができました。博士課程まで進むと狭い専門性に囚われて自由な発想をすることができないことも多いといいますが，HSE プログラムでは多様な方法論を知ることができ，視野を広くすることができたと考えています。

日本人学生：HSE プログラムでは，ヒトへの健康リスク評価を行うべく，ナノ粒子の毒性に関して教養を深めました。受講科目では，英語でのプレゼン，ディスカッション，レポートにより国際的に業務を行うための基礎を磨きました。また，長期インターンシップでは台湾の工業技術研究院に滞在し，実際に海外での業務を遂行しました。これらの経験は，仕事先であるマレーシアでの業務に大いに役立つものとなりました。

韓国人学生：環境問題は非常に広範囲にわたり，またその数も多いですが，HSE プログラムに参加することでさまざまな環境問題をより深く理解することができました。さらに人間安全保障の確立のために，それら環境問題をどのように解決していくべきかについて，環境工学の先生方や他の学生らとともに研究できたことを感謝しています。

ベトナム人学生：HSE プログラムの目的は，人間安全保障を実現するための知識を統合，応用し，新たな方法論を作り出すことにあり，そのための教育プログラムを提供することになります。本プログラムの授業およびインターンシップでは，異なる専門分野を持つ学生が参画しており，包括的な視点から研究を理解する能力を習得することができました。

インドネシア人学生：HSE プログラムの目的および内容は幅広い分野にわたり，人間安全保障工学に関連した研究に携わる学生が身に付けるべき知識や技術を提供している。実証研究の一環としてのインターンシップを通じて，理論と実践を結びつけることができた。したがって，HSE プログラムを今後も継続し更なる拡大を進めるべきだと考える。

中国人学生：3 年間 HSE プログラムで融合的な知識を学びました。単一な視点より多角的視点で物事を考える能力を身につけました。今後，HSE プログラムで学んだものを活かして社会に貢献したいと思っています。

フィリピン人学生：HSE プログラムに参加できたことは，幸運なことであったと感じている。講義の中で複数の課題について議論することにより，現在の環境問題に取り組む上で必要な学際的な思考法を身に付けることができた。また研修では，自分の将来的なキャリアに応用できる実用的な知識を身に付けることができ，さらには各国の出席者を前に研究結果について発表する機会を得ることができた。

付録　履修生らのインターンシップ報告から

マレーシアからの留学生
研究テーマ：「マレーシアにおける低炭素社会に向けたエネルギー効率改善の研究」
研修期間：26日間

　今年2月，HSEインターンシッププログラムの一環として，マレーシア・スクダイにあるマレーシア工科大学において，インターンシップ研修を行いました。今回の研修の目的は，温室効果ガス排出削減へ向け，マレーシアの工業部門でどのような技術が採用され，また持続可能な取り組みが実施されているかを検証することです。また，今後実現の可能性がある工業および技術のパラダイム・シフトについても，考慮しています。マレーシアにおける低炭素社会（LCS）に向けた戦略は，自然環境や経済活動の異なる他国とは違ったものであるべきです。そのため，今回のインターンシップでは，Malaysia Green Technology Corporationなど，マレーシア政府における環境研究機関やエネルギー関係機関を訪問し，政策決定者やキーパーソンと討議し，必要なデータを収集することに重点を置きました。今回のインターンシップを通して，低炭素社会の実現が，世界の未来と現代社会にとっていかに重要であるかとの認識を新たにすることができ，大変有意義な研修となりました。

インドからの留学生
研究テーマ：「持続可能な都市人口密度を求めて：アジア・メガシティのための最適密度関数」
研修期間：19日間

　今回のインターンシップによって，ムンバイとアーメダバードの都

市計画について，行政当局，学識経験者，民間のコンサルタント，その他関連組織の方々にお会いすることができました。2つの都市で得られた経験は，全く異なるものでした。ムンバイは 430 km^2 の面積を有する都心部に 1,200 万の人口を抱えるメガシティであり，その際だった中心業務地区にはインド全土から多くの移民が集まっています。その結果，ムンバイは，驚くほど異質のものが混在する集合体となっています。ムンバイでは，そこに住む人々の経済的地位，居住条件，購買力，生存に必要な基本的資源へのアクセスについて，極度の差異があります。さまざまな都市問題が発生しているにもかかわらず，スラムと人口密度の極大化を伴いながら，この都市は生き延びているのです。アーメダバードは放射状にスプロールし成長している都市です。アーメダバードでは活動地域は散在しており，過密地域や人口過多地域がいくつか存在しているとはいえ，生活の質は全般的に高いといえます。この都市は，人口増加に適合するように空間的な成長が進んでいるため，全体として人口密度の飛躍的な増大は生じていません。インターンシップを通じて，都市の人口密度，発展段階，市民の人間安全保障を計測するための膨大なデータを収集することができました。これらのデータを統一のフォーマットに変換し，地図上にマッピングし，相互に比較することが今後の研究課題です。

タイからの留学生
研究テーマ：「都市内物流施策を評価するためのマルチエージェントモデリング」
研修期間：11日間

　本インターンシップでは，多様なものから構成されるロジスティクスマネジメントシステムの1つである配送センターに焦点を当てています。配送センターは種々の用途を持つ基盤施設であり，在庫コスト，および物品の荷役の手間の減少，そして積載容量の向上の役割を担います。消費需要が高く，また一日中需要が生じうる小売店に，商品を

供給する配送センターは，流通，運輸，そして小売を管理するために，クロスドッキングという概念を用いています。規模の経済や環境問題を達成するために，クロスドッキングは複数のサプライヤーから商品を統合，整理し，さまざまな小売店への出荷に使用されています。私は，ロジスティクスマネジメントシステムについて，これらの問題およびその他の関連する研究課題について議論するために配送センターを訪問しました。私自身の研究に関連する配送センターのシステムについての疑問を明らかにするために，専門家と議論する機会を得ました。このインターンシップにより，ロジスティクス関係者との共通の研究の関心を有することができました。

ネパールからの留学生
研究テーマ：「カトマンズにおける水の安全保障」
研修期間：16日間

今回のネパールにおけるインターンシップの目的は，カトマンズでの水供給および衛生システムの現状を理解し，それらの問題点を調査することでした。今回のインターンシップによって水供給や衛生システムに従事する政府・非政府の組織とのネットワークを築く機会を得ることができました。また，彼らとの意見交換や施設見学によって，カトマンズの水供給および衛生システムに関する基礎的な情報を得ることができました。現場の職員や専門家たちには，増大する水需要を満たす上での問題点や，それらの問題点を解決するために行ってきた計画について教えて頂きました。彼らは，バグマチ川アクションプランの準備や，アクションプランを実行するために必要な調査によってしばしばストレスを感じていました。個人的な感想では，彼らの努力は水需要を管理することより，水供給量を増加する方へ向けられているようでした。彼らや私の指導教員とさらに意見交換を行い，水需要の管理に基づいた私の研究テーマを設定したいと思います。

インドからの留学生
**研究テーマ：「インドのデリーにおける，災害リスク軽減のための
　　　　　　コミュニティ行動計画」**
研修期間：27日間

　私のインターンシップにおける主な目的は，以下の2つです。1つ目の目的は，私が住民福祉協会団体（RWAs）とともに災害リスク軽減のための地域行動計画について東デリーにて実施したアンケート調査の結果を共有することです。2つ目の目的は，東デリーで災害リスク軽減のためのマルチステークホルダー・イニシアティブを発足させることです。最初の目的のために，東デリー政府の主要な役人や国会議員，RWAsとの会議を通じて分析結果を共有しました。2つ目の目的のためには，多数の利害関係者とのワークショップを行いました。このワークショップは，京都大学からの技術的サポートを受けて，災害リスク軽減と適合のための国家同盟（NAADRR）によって開催されました。ワークショップには，災害マネジメント局，RWAs，病院や地域NGO団体から主要な職員を招待し，意見を伺いました。こういった多数の利害関係者による災害リスク削減のためのフォーラムは，私の以前の調査に基づいて立ち上げられました。このフォーラムは今後も定期的に行われ，知識の共有を通して地域自治強化を目指します。トレーニング支部も設け，災害時に備えて東デリー地域の指導，訓練，強化を実施します。

ベトナムからの留学生
研究テーマ：「採鉱現場における環境中の鉛，亜鉛における研究」
研修期間：45日間

　今回のインターンシップでは，ベトナムの鉱山現場における作業環境について理解し，採掘現場における廃棄物の処分方法などの対策方法についても学びました。公共機関，組織，大学，企業などから多くの関連情報を集め，その結果，鉱山現場の廃棄場の状況について深く

知ることができました．また，ベトナムの Bac Kan 省 Cho Don 県の鉱山地域で鉛と亜鉛のモニタリング調査を行いました．この地域はベトナムでも有数の鉱山地域であり，多くの環境問題を抱えているとマスメディアに報じられている地域です．さらに，環境中の有害物質の濃度を調べるため，土壌，表層水，地下水，植物もサンプリングし，解析を行いました．今回のインターンシップから，鉱山現場における重金属，特に鉛や亜鉛の汚染についてよく知ることができました．博士論文のためになるインターンシップとなりました．

日本人学生
研究テーマ：「医薬品類における環境汚染の評価と対策」
研修期間：61 日間

　私は，水環境における医薬品類の汚染による人の健康への影響についてグローバルな視点から研究に取り組んでいます．今回のインターンシップでは，アドバンスド・キャップストーン・プロジェクトの一環として，清華大学深圳研究生院（京都大学―清華大学環境技術共同研究・教育センター）において，中国における河川とその海域の汚染状況を調査する機会を得ました．現地では，河川と深圳海域を対象にした比較的広範囲なサンプリングを行いました．調査を通じて，急速に発展を遂げつつも一部の河川では水質汚染や PPCPs 汚染が発生していることを見出し，汚染の実態を正確に把握し，そこから解決に向けての対策を試みることの必要性を肌で感じることができました．そして，これらのことを実践するためには，現地の方々と信頼関係を築き，お互いに助け合い協力をしていく姿勢が重要であることを強く認識しました．研究成果は，広州で開催された 2009 年度 EPS 国際医薬・製薬理科学シンポジウムおよび清華大学深圳研究生院で開催された第 1 回 GCOE 深圳拠点シンポジウムで発表しました．今回のインターンシップをきっかけとして国際性・リーダー性がいっそう身に付くように努めています．

日本人学生
研究テーマ：「ネパール・ヒマラヤの地形が氷河の融解と氷河湖拡大に与える影響に関する研究」
研修期間：35日間

　私はヒマラヤの氷河の融解と氷河湖の拡大メカニズムに関する研究を行っています。ヒマラヤの周辺国では，氷河の融解速度の加速や，融解水が形成した氷河湖が決壊し発生する「氷河湖決壊洪水」が大きな問題になっています。しかし多くの氷河は標高5000 m付近に位置し，十分な観測や調査結果がありません。今回の調査は単身で観測地に赴き，10日間の気象観測を行いました。観測の結果と現地の様子から，氷河の融解は広く認識されているような温暖化による気温上昇が直接的な要因ではなく，強い風による氷河の風化作用が主な要因であるという仮説を得ました。インターネットの発達で容易に最新の報告や論文が手に入っても，やはり現地に行かないとわからない事が多い事を痛感しました。観測地周辺で暮らしている人と話した時に，「研究者や記者は写真を撮って帰って安易に"Imja湖は危ない"と世界に報道するから嫌いだ。調査は聖なる山を汚すことになる。」という話を聞きました。海外での観測に成功するには現地の人に研究に興味を持ってもらえるような意義を説明する必要があり，その為には語学だけでなく，相手の文化にも配慮したコミュニケーション能力を磨いていくことが非常に重要であることを実感しました。

用語集

用語	説明
アカウンタビリティ	accountability：委託者と受託者の二者間で受託者がその成果を委託者に対して説明する責任。
アドボカシー	advocacy：社会的弱者などの権利主張を代弁し，特定の問題について，政治的な政策提言を行うこと。
アライアンス	alliance：複数の企業間の連携や協働行動。
暗黙知	tacit knowledge：言葉にすることができない知識。個人の技術やノウハウ，ものの見方や洞察などが当てはまる。科学哲学者マイケル・ポラニーが提唱。
インフラストラクチャー	infrastructure：本書では，社会基盤と同義で使用。すべての人々の生存・生活を守り，安全で健康的な生活を営む権利を保障するのに不可欠な共通の基盤であり，人々の潜在能力を発揮させ，可能性を実現させるための共通の基盤としての役割をもつもの（JICA, 2004）を指す。本書では，橋梁や道路といった物理的な資産のみを表した用語でない点は留意されたい。
エクスポージャ	exposure：ハザードの脅威にさらされている対象物。自然災害の文脈におけるエクスポージャとは，具体的には人口や資産を指す。
エンパワーメント	empowerment：個人や集団，組織が自律的に行動をとれるように，権力や能力を身につけさせること。能力強化。
オーナーシップ	ownership：本書では，当事者意識あるいは自主性と同義で使用。対象とするプロジェクトや課題などに参加している当事者あるいは関係者であるという自覚のこと。
ガバナンス	governance：複数のアクターの間で，合意形成，権力や資源の分配，意思決定の仕方などを決めるメカニズムやルールの形成・運営。
環境権	environmental rights：人間が良好な環境の中で生活を営む権利。

共進化	co-evolution：密接な関係をもつ対象が，互いに影響を及ぼし合いながら進化すること。本書では，技術，制度づくり，都市経営管理が共に影響を及ぼし合いながら発展していく過程を「共進化」という用語を用いて表している。
キャパシティ・ディベロップメント	capacity development：個人，組織，制度や社会が個別にあるいは集合的にその役割を果たすことを通じて，問題を解決し，また目標を設定してそれを達成していく能力を発展するプロセス (UNDP)。開発援助の分野において重要視されている概念。発展途上国が主体的，自発的に問題を解決していく能力を養成していくことが重要であるという考えから，多くの援助機関において広く浸透している。
技術的合理性	technical rationality：実践において，科学的な理論と技術を道具的に適用し理論・技術の説く範囲で合理性判断をする基準。
グッドガバナンス	good governance：政治や行政において，効率性，効果，透明性，法の支配，市民社会との会話などを確保すること。
工学	engineering：数学と自然科学を基礎とし，ときには人文科学・社会科学の知見を用いて，公共の安全，健康，福祉のために有用な事物や快適な環境を構築することを目的とする学問。1章2.1参照。
公助，共助，互助，自助	government assistance, community cooperation, mutual help, self-help：ある課題に対して，行政による支援，地域住民による制度化された相互扶助，地縁や血縁に基づく自発的な支え合い，当事者自身による対処をそれぞれ，公助，共助，互助，自助と呼ぶ。なお，互助と共助を区別せず，共助として用いる場合も多い。
国際連合国際防災戦略事務局	The United Nations International Strategy for Disaster Reduction, UNISDR：国際連合の事務局の組織の1つ。国際防災戦略のための事務局として1999年12月に設立され，その目的は「国際防災の10年 (1990～1999年)」の事務局を継承し，国際防災戦略を確実に実施することにある (国連総会決議54/219)。

国際連合人間居住計画	The United Nations Human Settlements Programme：略称は UN-Habitat。1978年に設立された国際連合の組織。すべての人々に適切な住居を提供し，社会的また環境的に持続可能な都市の形成を推進することが目的。その事務局は，ケニアのナイロビにある。
コミュニティ	community：利害，関心，自治，風俗，習慣，居住地区などをともにする共同体。地域社会。
コンパチビリティ	compatibility：互換性。両立性。本書では，異なるアセットマネジメントシステム（HDM-4や京都モデル）においても，共通のデータベースを用いることが出来るようにする，という意味で，コンパチビリティという単語を用いている。
災害債券	catastrophe bond：自然災害リスクとリンクさせた債券の1つ。一般の債券よりも高い利率での利息を受け取ることができる代わりに，自然災害などが生じた場合には，投資家に対する利息の支払いや償還元本が減少する特約が付帯した債券。通称，キャットボンド（cat-bond）。
参加型農村調査	participatory rural appraisal, PRA：プロジェクトの立案や評価に対して住民の参加の必要性から，ロバート・チェンバースらが提唱した参加型調査手法の1つ。
自己言及的	reflexive：実践者が自身の言動を自ら省みること。
残余不確実性	residual uncertainty：あるリスク事象に関して，さまざまなリスクマネジメント対策を実施したとして，それでも残る不確実性。
社会権	social rights：人間に値する生活を営むための権利。生存権，教育を受ける権利，労働基本権，社会保障の権利などが含まれる。
純便益	net benefit：費用─便益分析において，プロジェクトを実施することによって得られる便益から，その費用を差し引いたもの。

障害調整生存年数	disability-adjusted life year, DALY：疾病や障害，早世により，死が早まることで失われた生命年数と健康でない状態で生活することにより失われている生命年数を合わせた時間換算の指標。死亡数と（年齢階層別の）平均余命の積で定義される損失生存年数（years of life lost, YLL）と，障害発生数，障害の重度，余命の損失年数で定義される障害生存年数（years lost due to disability）の和で定義される。総合的な疾病負担（burden of disease）の指標。単に，死亡件数や患者発生件数，あるいは生命の短縮としてのみでなく，それ以外の障害も考慮に入れた定量化指標である。
省察的実践	reflective practice：実践をすすめながら意識的，体系的に状況や経験を振り返り，行動を適切に調整して，洞察を深めること。直面する複雑で複合的な問題との「状況との対話（conversation with situation）」を重視する。行為の中の省察（reflection in action）を実践するプロフェッショナルを反省的実践家（reflective practitioner）と呼ぶ。2章4.1参照。
死亡率 （粗死亡率）	(crude) mortality rate：一定期間の死亡者数をその期間の人口で割った値。人口10万人における1年あたりの死亡者数で表記される場合が多く，本書ではこの定義を採用。年齢調整をしない死亡率という意味で，明示的に粗死亡率という用語が用いられる場合もある。
ステークホルダー	stakeholder：本書では，利害関係者と同じ意味で使用。
スラム	slum：都市部で極貧層が居住する過密化した地区。UN-Habitatによれば，実務上の定義として，安全な水供給の欠如，衛生施設や他のインフラの欠如，構造上欠陥のある住居，超過密な住居郡，不安定な居住権の特徴が見られる地区をスラムとしている。5章1.2参照。
脆弱性	vulnerability：個々のエクスポージャのハザードに対する被害の受けやすさの程度。5章1.1, 2.1参照。
ソーシャル・キャピタル	social capital：物的資本，人的資本（人間がもつ知識や技能）に連なる第三の資本概念であり，信頼や互酬性，規範，社会的ネットワークなどを指す。日本語では，社会関係資本と訳されることが多い。

地盤沈下	subsidence：地盤が沈む現象。通常は，一度沈下が発生すると元の高さに戻ることはないという不可逆的な性質をもつ。地下水の過剰揚水，天然ガスの汲み上げなどが主要因。
ディシプリン	discipline：本書では，学問領域という意味で使用。人間安全保障工学は，「都市ガバナンス」，「社会基盤マネジメント」，「健康リスク管理」，「災害リスク管理」の4つのディシプリンから成る。
マルチ・ディシプリナリー，インター・ディシプリナリー，トランス・ディシプリナリー	multi-, inter-, trans-disciplinary：幾つかの学問領域が協力し合う関係をマルチ・ディシプリナリー，方法論や概念を共有する関係をインター・ディシプリナリー，領域界にかかわらず越境的に取り込むアプローチをトランス・ディシプリナリーと称する。
人間安全保障工学	human security engineering, HSE：人々の生活を，日々の生活に埋め込まれた非衛生・不健康および非日常的な大規模災害・大規模環境破壊などの脅威から解放し，各人が尊厳ある生命を快適に全うすることができる社会を，デザイン・管理する技術の体系。1章2.1参照。
人間開発	human development：人間が自らの意思に基づいて自分の人生の選択と機会の幅を拡大させること。健康で長生きすること，知的欲求が満たされること，一定水準の生活に必要な経済手段が確保できること，など，経済指標だけでなく，人間にとって本質な選択肢を増やしていくことを重要視する。パキスタンの経済学者マブーブル・ハクが提唱。
人間開発指標	human development index, HDI：その国の人々の生活の質や発展度合いを示す指標。平均余命指数，教育指数，GDP指数の3つの指標の平均値として定義し，それぞれの指数を決まった定義式によって算出する。国際連合開発計画（United Nations Development Programme, UNDP）が毎年発行している人間開発報告書の中で使用されている。

人間の安全保障	human security：国連開発計画（UNDP）による報告書『人間開発報告 1994 ── 人間の安全保障の新次元』の中で示された安全保障の概念。それまでの国土の安全を主目的とした国家安全保障と異なり，人々の安全を主目的とした安全保障観。1 章 2.2 を参照。
ハザード	hazard：危険の原因。自然災害の文脈におけるハザードとは，地震や台風，大雨といった自然現象そのものを指す。
ハザードマップ	hazard map：ハザードによるエクスポージャの被害の程度とその空間的範囲を予測し，それらの情報を地図化したもの。洪水，土砂災害，地震災害，噴火災害，津波浸水・高潮などさまざまな自然災害に関するハザードマップの開発が進められている。
パートナーシップ	partnership：共通の目標を追求するさまざまな主体間の相互の協力および責任の共有の関係。
パンデミック	pandemic：複数の国家や地域にまたがって，その広範囲において多くの人々が影響を受ける流行病。
標準化	standardization：市場にあるさまざまな技術仕様の中から，ある一定の規格が確立する過程。なお，デファクト標準（defacto standard）とは，市場における競争の結果，採用された標準であり，デジュール標準（dejure standard）とは，国家や専門家集団が策定した標準を指す。
兵庫行動枠組	Hyogo framework of action：UNISDR が 2005 年兵庫県神戸市で開催した国連防災世界会議において採択された，災害に強い国・コミュニティの構築をテーマとする防災・減災に関する包括的な行動指針。
フィールド的な知	個々の場所や時間のなかで，対象の多義性を十分考慮に入れながら，それとの交流のなかで得た事象に関する理解，認識。
フレーミング	framing：状況や課題を取りまとめたり，切り取ったりする視点。1 章 2.3 参照。

プロジェクト・サイクル・マネジメント	project cycle management, PCM：ある一定の期間と予算の範囲で，定められた目標を達成する事業のことをプロジェクトと呼び，プロジェクト・サイクル・マネジメントとは，そのプロジェクトが計画・立案・実施・モニタリング・評価のように，サイクル的に展開することを考慮し，各段階を効果的，効率的に運営，管理することを指す。
ベーシック・ヒューマン・ニーズ	basic human needs：基本的人間ニーズ。第一義的には，食料，住居，衣服など，生活するうえで必要最低限の物資を指し，二義的に，コミュニティに供給されるべき基本的なサービス，すなわち，安全な飲料水，衛生環境，公共交通，教育，文化など人間としての基本的なニーズを指す。本書では，そのどちらも含めた形で，本語を用いる。
ミチゲーション	mitigation：本書では，災害リスク対策の文脈の中で，災害発生以前の脆弱的な資産がもつリスクを軽減するための対策を総称して使用。
ミレニアム開発目標	millennium development goals, MDGs：2000年に開催された国連ミレニアムサミットにおいて189の加盟国によって採択された宣言と，それまで国際社会で合意されたさまざまな開発目標を1つの枠組みとしてとりまとめたもの。2015年までに達成すべき8つの目標（極度の貧困と飢餓の撲滅，普遍的な初等教育の達成，ジェンダーの平等の推進と女性の地位向上，幼児死亡率の引き下げ，妊産婦の健康状態の改善，HIV/エイズ，マラリア，その他の疾病の蔓延防止，環境の持続可能性の確保，開発のためのグローバル・パートナーシップの推進）が掲げられ，具体的な数値目標が定められている。1章2.2参照。
メガシティ	mega-city：巨大都市。1000万人を超える都市と定義されることが多い。本書では，シンガポールやハノイ，クアラルンプールなど，人口規模は1000万人を超えないが各国の政治・経済・文化上の重要な都市を含めて，メガシティという用語を用いる。なお，日本では都市（city）を行政区画上の「市」として用いられることがあるが，本書ではそれに限らず，明確な行政区画を考慮せず，理念上の用語として用いている点は留意されたい。

モード2の科学	mode 2 science：マイケル・ギボンズは，研究すべき課題はその学問領域内部の論理により設定され，同領域の専門家（peer）により評価がなされる科学をモード1の科学と呼び，社会的要請による課題設定と超領域的な取り組みを特徴とする．モード2の科学と区別した．筆者らは，人間安全保障工学をモード2の科学として位置付けている．1章2.3参照．
レジリエンシー（レジリエンス）	resiliency：ハザードにさらされたシステムやコミュニティ，社会が，その影響に抵抗し（抵抗力），また元の状態へ戻ろうとする力（回復力）．5章2.3，6章4.1参照．

索　引

【ア行】

アカウンタビリティ　45, 67
アジェンダ21　101
アセット　215
アセットマネジメント　215
　　──サイクル　217, 218
　　──システム　216, 217
　　──のアセットマネジメント　222
　　──標準　221
アナモックス　126
雨水利用　130
アライアンス　229
アルマ・アタ宣言　11
安全保障　174, 176
　環境（の）──　175, 180, 200
　経済──　180
　健康──　180
　個人──　180
　国家──　24, 176
　コミュニティ──　180
　食糧──　180
　生計手段の──　200
　政治──　180
　人間の──　23, 174, 175, 176, 209, 248
暗黙知　43, 59, 63
　フィールド的な──　42, 44, 54, 71
意思決定の正統性　→正統性
意味の構造　68
インター・ディシプリナリー（学際的）
　　→学問
インターセプタースワー　117
インターンシップ　251, 252, 255
インド洋大津波　139, 187

インフラ
　　──構造物　74
　　──ストラクチャー　7, 22, 214
　都市環境──　98, 114
　水──　115
飲料水施設　104, 107
衛生設備　105, 107
エクスポージャ　142, 143, 153, 156
エンジニア　40
エンド・オブ・パイプ　123
エンパワーメント　→能力強化
往還できる境界（permeable）　63
オーナーシップ　11, 16
オープン仕様　230
オープンソース　230

【カ行】

加圧減圧（PAR）モデル　156, 157
海岸浸食　75, 76
外助　35
回復力　160, 187, 188
　都市──　187
関わりのエトス　56
下気道疾患　102
学問（ディシプリン）　20, 31
　インター・ディシプリナリー（学際的）
　　　31
　トランス・ディシプリナリー（領域横断
　　　的）　31, 32
　マルチ・ディシプリナリー　31
カスタマイゼーション技術　229
河川浸食　75, 95
活性汚泥法　120, 132
ガバナンス　70

279

グッド―― 82, 176, 190, 192, 205
　　災害リスク―― 163, 165
　　重層的――構造 34, 35, 36, 249
　　都市―― 36, 152, 249, 254
　　リスク――プロセス 165, 167
簡易化下水道 →下水道
簡易水道 16
環境 101
　　――衛生 98
　　――権 174
　　――健康リスク →健康リスク
　　――の安全保障 →安全保障
観察者（observer） 48
観衆（audience） 48
官民パートナーシップ →パートナーシップ
気象および災害からの回復力評価イニシアティブ（CDRI） 189, 190, 192, 195
気候変動 4, 75, 103, 110, 111, 206
技術 20
　　――的合理性 →合理性
　　――標準 →標準
　　適正―― 34, 114, 131
規制的措置 77
客観化 43, 44
　　――の客観化 44, 57
　　実践の―― 57
客観性の原理 40, 41
キャパシティ・デベロップメント 13, 34
脅威からの自由 7, 20, 23, 214
共助 12
共進化 34, 36, 70, 249
協働生産 70
京都モデル 231, 236, 237, 238
グッド・プラクティス 34
グッドガバナンス →ガバナンス
クレジット・トランスファー（単位互換）

　　制度 261
グローバルリスク →リスク
経営的合理性 →合理性
経済的措置 77
経済被害額 140, 142
下水
　　――再生水 128, 129, 130
　　集中型――処理 120
　　――処理場 120, 132, 133
下水道 16, 117, 119
　　簡易化―― 117
　　合流式―― 119
　　コンドミニアル―― 117
　　分流式―― 119
結果的妥当性基準 →妥当性
欠乏からの自由 23
下痢症 102, 109
限界降雨包絡線 92
厳格な標準化 →標準
健康リスク 98
　　環境―― 103
　　――管理 36, 113, 152, 249
現場主義 →徹底した現場主義
厳密性基準 66
厳密性と適切性のジレンマ 46
権源的アプローチ 70
行為の中の省察 52
工学 22, 71, 72
公助 12, 35
洪水 75, 83
　　――リスク 75, 80, 81
行動および実施型回復力評価（AoRA） 203
合理性
　　技術的―― 33, 34, 52, 66, 72, 248
　　経営的―― 248
　　社会的―― 248
合流式下水道 →下水道

国際性　250
国際標準　→標準
国連人間居住計画（UN-Habitat）　146, 186
コジェネレーション技術　127
互助　12, 35
国家安全保障　→安全保障
個別学問領域（ディシプリン）　→学問
個別性の原理　41
コミュニティ行動計画（CAP）　201
コンサーンアセスメント　166, 167
コンドミニアル下水道　→下水道
コンパチビリティ　231, 236

【サ行】
災害　142, 143, 144
　　──債券　158
　　──保険　140
　　──リスクガバナンス　→ガバナンス
　　──リスク管理　36, 152, 158, 161, 249, 254
　　人為──　5, 75
　　大規模──　136
参加型農村調査　202
散水ろ床法　120
残余不確実性　159
自己言及的　32
自助　12, 35
　　──努力　11, 16
地すべり　75, 89
自然資本　25
持続可能な開発　175, 178, 200
実施レベル　218, 220, 237
実践
　　──的学問　41, 42, 44
　　──の客観化　→客観化
　　──の中の知の生成　53
　　省察的──　34, 57, 248

反省的──家　52
室内汚染　103
疾病負担　3, 4
　　世界──　99
実用的正統性　→正統性
しなやかな標準化　→標準
し尿　116
　　──処理　121
支配の構造　68
地盤沈下　75, 77
死亡率（粗死亡率）　3, 4, 5, 6, 15
市民工学　37
市民参加アプローチ　70
社会，制度および経済回復力行動（SIERA）　207, 208
社会権　174
社会資本　25
社会的合理性　→合理性
重層的ガバナンス構造　→ガバナンス
ジョイントディグリー制度　261
障害調整生存年数（DALY）　5, 100, 103
状況との対話　34, 52
触媒的妥当性基準　→妥当性
自立性　250
人為災害　→災害
人権　174, 176, 209
人口変動　144
人的資本　25
シンボリズムの原理　41
信頼　68, 167
スコーピング　166, 167
スタイライズド・ファクト　33
ステークホルダーアプローチ　70
スマトラ島沖地震　6, 35, 139
スモールボアシステム　117
スラム　145, 147, 148, 153, 186
省察的実践　→実践
脆弱性　142, 143, 153, 156

——の形成過程　156, 157
生体モデル　156
正統化の構造　68
正統性（legitimacy）　47, 48, 68
　　実用的——　49
　　道徳的——　49
　　認識的——　49
制度従属性　54
生物保全　111
世界疾病負担　→疾病負担
絶滅危機　112
戦術レベル　218, 219, 237
専門的アカウンタビリティ　→アカウンタビリティ
戦略的マネジメントサイクル　→マネジメントサイクル
戦略レベル　218, 237
創エネルギー　126
早期警戒体制　90, 91, 92
ソーシャルキャピタル　59, 190, 192, 198, 205
損失生存年数　100

【夕行】
大気汚染　101, 103, 107, 109, 111
大規模災害　→災害
耐震改修促進法　162
耐震基準　162
対話的妥当性基準　→妥当性
ダウンサイドリスク　→リスク
高潮　76, 146
多重バリア　113
妥当性
　　結果的——基準　66
　　触媒的——基準　66
　　対話的——基準　66
　　——境界　69
　　プロセス的——基準　66

民主的——　66
ダブルディグリー制度　261
多様化標準システム　→標準
単位互換制度　→クレジット・トランスファー制度
単一化標準システム　→標準
地域学習アプローチ　70
地域固有性　32, 249
知識資本　25
知識生産　31, 32, 249
チェンジ・エージェント　210
地下水維持課金　79
地下水利用課金　79
つきあいの原理　228, 229
抵抗力　160
ディシプリン　→学問
適正技術　→技術
適切性基準　66
デジュール標準　→標準
徹底した現場主義　32, 36, 249
デファクト標準　→標準
デュアルディグリー制度　261
当事者意識　11
当然性（take-for-grantedness）　50
道徳的正統性　→正統性
都市
　　——回復力　→回復力
　　——ガバナンス　→ガバナンス
　　——経営　82, 248
　　——者　82, 93, 94, 249
　　——代謝　123, 125, 127
　　——水循環システム　129
都市基盤マネジメント　36, 152, 249, 254
土石流　75, 89
土木　20, 21, 28
　　——技術　20
　　——工学　21

索 引

トランス・ディシプリナリー（領域横断的） →学問

【ナ行】
鉛暴露　3, 4, 103
新潟県中越地震　138
人間安全保障工学　20, 31, 249
　——教育プログラム　249, 252, 253
人間開発　6, 23, 175
　——指数　5, 6
人間の安全保障　23, 24, 174, 175, 176, 180, 181, 209
　——委員会　23, 176
　——インデックス　194
認識的正統性　→正統性
ネガティブフルクション　80
能動性の原理　41, 42, 56
能力開発　19
能力強化（エンパワーメント）　24, 35, 174, 176

【ハ行】
パートナーシップ　12, 63, 67, 68
　官民——　12, 227, 245
バイオマス　126, 127
廃棄物　101, 110
ハザード　113, 128, 142, 143, 153, 157
　——マップ　90, 168, 193, 197
橋渡し理論　62
パブリックインボルブメント　50
バンコク大水害　83
反省的実践家　→実践
東日本大震災　132, 137, 161, 177
ビジネス・リエンジニアリング　223
必須管理点　113
兵庫行動枠組　178, 180, 181, 182, 194
標準
　技術——　228, 229, 230

　厳格な——化　245
　国際——　222, 226
　しなやかな——化　245
　多様化——システム　235, 236
　単一化——システム　235, 236
　デジュール——　228, 231
　デファクト——　228, 232, 233, 244
　——化競争　228
　プロセス——　223, 227, 231
表面流出　95
フィールド
　——実験　60
　——的な知　40, 41, 42, 65
フォーマルな形式知　65, 71
不同沈下　79, 80, 81
普遍性の原理　40
プライマリ・ヘルス・ケア　8
フレーム　46, 51
　——の相対化　50, 51
　——分析　57, 58
プロジェクト・サイクル・マネジメント（PCM）　13
プロセス的妥当性基準　→妥当性
プロセス標準　→標準
プロフェショナル　40, 52, 68
プロプライエタリー仕様　230
文脈の設定　164, 165
分流式下水道　→下水道
ベーシック・ヒューマン・ニーズ　7, 22
方法概念　43
方法論　43
保護（protection）　24, 35, 176
舗装マネジメント　→マネジメント

【マ行】
マイクロクレジット　12
マスキー法　17

283

マネジメント
　舗装―― 226
　――サイクル　218, 223, 225, 226, 237, 238
　メタ―― 224
　メタ――システム 225
マルチ・ディシプリナリー　→学問
慢性閉塞性肺疾患　100
水インフラ　→　インフラ
ミチゲーション　160
ミレニアム開発目標　25, 26, 28
民主的妥当性　→妥当性
メガシティ　74, 98, 114, 115, 183, 184
メタマネジメント　→マネジメント
モード1　31
モード2　31, 32, 36, 249
　――の学問　250, 255
モジュール化　232
　――技術　229

【ヤ行】
優先度　31, 100, 182
理解可能性（comprehensibility）　49, 50

【ラ行】
リスク
　グローバル―― 3
　ダウンサイド―― 175
　――アセスメント 164
　――ガバナンスプロセス　→ガバナンス
　――管理　113, 128, 131
　――コミュニケーション　166, 167
　――コントロール　158, 159
　――対応　164

　――（の）移転　158, 159
　――の回避・予防　158, 159
　――の軽減　158, 159
　――の保有　158, 159
　――ファイナンス　158, 159
　――要因　99, 100, 102, 103
レジリエンス（レジリエンシー）　160, 188
レパートリー　44, 52, 58
ローカル・ノレッジ　34
ローカルな知　51, 69
ロジックモデル　237, 238, 239
論理性の原理　40

【A-Z】
AoRA　→行動および実施型回復力評価
BOD (Biological Oxygen Demand)　120
CAP　→コミュニティ行動計画
CDRI　→気候および災害からの回復力評価イニシアティブ
COD (Chemical Oxygen Demand)　120
DALY　→障害調整生存年数
HDM-4　226, 231, 233
NPM (New Public Management)　215
ORT (On the Research Training) 科目　251
PAR モデル　→加圧減圧モデル
PCM　→プロジェクト・サイクル・マネジメント
PDCA サイクル　218, 223, 225, 226
SIERA　→社会，制度および経済回復力行動
UN-Habitat　→国連人間居住計画

執筆者紹介

松岡 譲（京都大学大学院　工学研究科（都市環境工学専攻）教授）

1950 年生まれ。京都大学大学院工学研究科修士課程修了。工学博士。名古屋大学工学部教授を経て，1998 年より京都大学教授。専門は環境システム工学。
著書／『水質データの統計的解析』森北出版（共著）1980，『地球温暖化を防ぐ』日本放送出版協会（分担執筆）1990，『環境システム―その理念と基礎手法―』共立出版（共著）1998，『地球水資源の管理技術』コロナ社（共著）2003，『Climate Policy Assessment』（共著，Springer, 2003），『エネルギーと環境の技術開発』コロナ社（編著）2005 など。

小林 潔司（京都大学　経営管理大学院／工学研究科（都市社会工学専攻）教授）

1953 年生まれ。京都大学大学院工学研究科修士課程修了。工学博士。鳥取大学工学部教授を経て，1996 年より京大教授。専門は計画・マネジメント論，インフラ経済学。
著書／『The Management and Measurement of Infrastructure』（共著，Edward Elgar, 2007），『Asian Catastrophe Insurance』（共著，Risk Books, 2008），『Joint Ventures in Construction』（共著，Thomas Telford, 2009），『確率統計学 AtoZ』（共著，電気書院，2012），『Joint Ventures in Construction 2: Contract, Governance, Performance and Risk』（共著，Thomas Telford, 2012）など多数。

大津 宏康（京都大学大学院　工学研究科（都市社会工学専攻）教授）

1955 年生まれ。京都大学大学院修士課程修了。博士（工学）（京都大学）。大成建設株式会社，カナダ ブリティッシュ・コロンビア大学客員研究員，京都大学助教授，タイ アジア工科大学助教授を経て，2003 年より京都大学教授。専門は地盤・岩盤工学，ジオリスク工学。
著書／『地盤の三次元弾塑性有限要素解析』（共著，丸善，1996），『ロックメカニクス』（共著，技報堂出版，2002），『岩盤構造物の建設と維持管理におけるマネジメント―ジオリスクマネジメントへの取り組み』（共著，土木学会，2009），『Joint Ventures in Construction』（共著，Thomas Telford, 2009），『プロジェクトマネジメント』（単著，コロナ社，2011）。

田中 宏明（京都大学大学院　工学研究科（附属流域圏総合環境質研究センター）教授）

1956年生まれ。京都大学大学院修士課程修了。博士（工学）（京都大学）。技術士（建設・上下水道・総合監理部門）。建設省，奈良県，（独）土木研究所上席研究員を経て，2005年より京都大学教授。専門は下水道工学，水環境工学。
著書 /『水質衛生学』（共著，技報堂出版，1996），『水環境ハンドブック』（共著，朝倉書店，2006），『環境工学の新世紀』（共著，技報堂出版，2008），『日本の水環境行政改訂版』（共著，ぎょうせい，2009），『水再生利用学』（監訳，技報堂出版，2010），『水の処理・活用大事典』（共著，産業調査会，2011）など。

多々納 裕一（京都大学大学院　情報学研究科（社会情報学専攻）/ 防災研究所　教授）

1961年生まれ。京都大学大学院修士課程修了。博士（工学）（京都大学）。島根県土木部，鳥取大学助手，助教授，国際応用システム分析研究所（IIASA，オーストラリア）研究員，京都大学防災研究所助教授を経て，2003年より京都大学防災研究所教授。専門は，災害リスク管理，災害の経済分析，土木計画学。
著書 /『総合防災学への道』（共著，京都大学学術出版会，2006），『防災の経済分析―リスクマネジメントの施策と評価』（共著，勁草書房，2005），『Modeling Spatial and Economic Impacts of Disasters (Advances in Spatial Science)』，（分担執筆，Springer，2004），防災学ハンドブック（京都大学防災研究所編，分担執筆，朝倉書店，2001）など。

ショウ ラジブ（京都大学大学院　地球環境学堂　准教授）

1968年生まれ。大阪市立大学大学院博士課程修了。理学博士。国連地域開発センター研究員を経て，2004年より現職。専門は環境防災マネジメント論。
著書 /『Community Based Disaster Risk Reduction』(Emerald Publisher, 2012)，『East Japan Earthquake and Tsunami: Evacuation, Communication, Education and Voluntarism』(共著，Research Publishing, 2012)，『Environment and Disaster Linkages』(共著，Emerald Publisher, 2012)，『Climate and disaster resilience in cities』(共著，Emerald Publisher, 2011)，『Climate Change Adaptation and Disaster Risk Reduction: Issues and Challenges』(共著，Emerald Publisher, 2010) など多数。

米田 稔（京都大学大学院　工学研究科（都市環境工学専攻）教授）

1959年生まれ。京都大学大学院工学研究科博士課程中退。工学博士。京都大学大学院工学研究科准教授を経て，2007年より京大教授。専門は環境リスク工学。
著書 /『日本の水環境 5 近畿編』技報堂（共著）2000，『土壌圏の管理技術』コロナ社（分担執筆）2002，『アプローチ環境ホルモン，その基礎と水環境における最前線』技報堂出

版（共著）2003，『水環境ハンドブック』朝倉書店（共著）2006，『日本の水環境行政』ぎょうせい（共著）2009，『福島原発事故の検証と環境放射能汚染』環境コミュニケーションズ（共著）2011 など。

吉田　護（熊本大学大学院　自然科学研究科（附属減災型社会システム実践研究教育センター）特任准教授）

1981 年生まれ。京都大学大学院修士課程修了。博士（情報学）（京都大学）。京都大学特任助教（グローバル COE「アジア・メガシティの人間安全保障工学拠点」）を経て，2013 年 3 月より熊本大学特任准教授（自然科学研究科附属減災型社会システム実践研究教育センター）。専門は土木計画学，災害リスク管理。
論文／「口蹄疫の感染伝染モデリング」（土木学会論文集 D3, 67 (4), 2012），「社会基盤テロリスクと情報開示」（土木学会論文集 D3, 68 (4), 2011），「Payment Plan for the Delegation of One or Two Inspection Agencies」（Journal of Computers, 4 (10), 2009）など。

人間安全保障工学		©Y. Matsuoka, M. Yoshida 2013

平成 25 (2013) 年 8 月 25 日　初版第一刷発行

編者　　松　岡　　　譲
　　　　吉　田　　　護

発行人　　檜　山　爲次郎

発行所　**京都大学学術出版会**

京都市左京区吉田近衛町69番地
京都大学吉田南構内（〒606-8315）
電話（075）761-6182
FAX（075）761-6190
URL　http://www.kyoto-up.or.jp
振替　01000-8-64677

ISBN 978-4-87698-298-1
Printed in Japan

印刷・製本　㈱クイックス
定価はカバーに表示してあります

本書のコピー，スキャン，デジタル化等の無断複製は著作権法上での例外を除き禁じられています。本書を代行業者等の第三者に依頼してスキャンやデジタル化することは，たとえ個人や家庭内での利用でも著作権法違反です。